高职高专"十二五"规划教材

工业分析实训

刘　红　何晓文　主编

U0251092

化学工业出版社

·北京·

本书是《工业分析技术》("十二五"职业教育国家规划教材）的配套实训教材。按照相关实训模块化进行编写，主要内容包括：工业分析实训基础知识、水质分析实训、硅酸盐分析实训、煤质分析实训、钢铁分析实训、肥料分析实训、农药分析实训、石油产品分析实训、涂料分析实训、气体分析实训、综合实训。全书所选编的实训内容，根据现代社会发展对职业技能的需求，运用经典的化学分析和先进的仪器分析方法，按照工作过程，突出任务驱动、模块化学习。同时，采用最新国家标准及高职高专工业分析检验技能大赛相关内容，注重对学生的专业知识水平和职业能力的培养，提高学生综合运用能力。

本书可作为高职高专工业分析与检验、化工等专业学生的职业技能培训教材，也可以作为中级、高级及技师分析检验技能培训教材，还可供从事化工生产技术工作的人员参考。

图书在版编目（CIP）数据

工业分析实训/刘红，何晓文主编. —北京：化学
工业出版社，2014.7
高职高专"十二五"规划教材
ISBN 978-7-122-20845-3

Ⅰ.①工…　Ⅱ.①刘…②何…　Ⅲ.①工业分析-高
等职业教育-教材　Ⅳ.①TB4

中国版本图书馆 CIP 数据核字（2014）第 116864 号

责任编辑：陈有华　江百宁　　　　　　　　　文字编辑：向　东
责任校对：徐贞珍　　　　　　　　　　　　　装帧设计：尹琳琳

出版发行：化学工业出版社（北京市东城区青年湖南街 13 号　邮政编码 100011）
印　　装：北京云浩印刷有限责任公司
787mm×1092mm　1/16　印张 15½　字数 377 千字　　2015 年 3 月北京第 1 版第 1 次印刷

购书咨询：010-64518888（传真：010-64519686）　　售后服务：010-64518899
网　　址：http://www.cip.com.cn
凡购买本书，如有缺损质量问题，本社销售中心负责调换。

定　　价：32.00 元　　　　　　　　　　　　　　　　　　版权所有　违者必究

前言

本书是《工业分析技术》("十二五"职业教育国家规划教材）的配套实训教材，也是校企、校校合作开发的基于工作过程，精选典型工作任务，突出实际操作，强化技能培养的特色教材。本书在编写过程中结合企业实际和化学检验工的职业需求，从相关企业中选择了真实的工作任务，并与最新国家标准及高职高专工业分析检验技能大赛相关内容紧密对接，突出强调职业技能能力培养。全书分为十个实训模块，每个模块的项目由具体的检测任务体现，具有科学性、系统性和实际可操作性，适应现代高职高专教学改革的需求。在编写中力求突出以下特点：

1. 依据"工作过程系统化"为导向，项目化教学。校企（安徽舜岳水泥股份有限公司及安徽淮化集团等企业）合作分析归纳典型工作任务和工作过程，进一步归并出职业行动领域，构建相应学习领域体系，精选真实的工作任务进行教材的编写。

2. 结合工业分析检验技能大赛，以赛促教。教材编写过程中除了考虑学生的平时能力的培养，还重视和技能大赛紧密对接，以提高学生的专业技能。

3. 采用最新国家标准，具有科学性。本书在编写过程中引入现代企业所使用的国家最新标准分析方法，力求体现新标准的内容和要求，增加新方法、新仪器和新技术，突出实践性、实用性和应用性。

4. 与兄弟院校合作，组织有丰富经验的教师参与。编写组的成员来自不同的院校（淮南联合大学安徽职业技术学院、安徽工贸职业技术学院），长期从事该课程的理论和实践教学，均指导学生参与国家级、省级技能大赛，并获得优异成绩，具有丰富的教学实践经验，使教材内容更具有广泛性。

5. 附录配有项目任务单，方便教师和学生进行任务完成的质量考核和评分。

本书由淮南联合大学刘红、何晓文担任主编，姜坤、崔洪珊、方星任副主编，全书由刘红统稿。实训模块一、实训模块五、实训模块十、附录 2 和附录 3 由刘红编写；实训模块二和实训模块三由何晓文编写；实训模块四和实训模块六由姜坤编写，工业分析技术实训基础知识由崔洪珊编写；实训模块七、实训模块八和附录 1 由安徽职业技术学院方星编写；实训模块九由安徽工贸职业技术学院刘春生编写。

由于编者水平有限，书中有不尽如人意之处，希望各位同仁提出宝贵意见。

编者
2014 年 10 月

目录

实训模块 二 硅酸盐分析实训

实训模块 三 煤质分析实训

实训模块 六 农药分析实训

实训模块 七 石油产品分析实训

附　　录

参考文献

基础知识

第一节　导言

"工业分析实训"是一门实践性课程，是和"工业分析技术"专业理论课密切联系、加深对理论的理解和掌握的实训环节，也是完成专业培养计划对学生素质教育和专业技能训练必不可少的教学环节。为此，每一位学生都必须明确专业实训的目的和要求，了解课程和其他课程的联系，认真按要求做好每一次实训。

一、专业实训与本专业开设的其他课程的关系

"工业分析实训"作为一门实践性强的专业课程，与"工业分析技术""食品分析""环境化学"和"环境监测"等专业理论课有着密切的联系。因此在学习专业实训课的过程中一定要不断学习专业理论知识，并用来指导实训，分析与解决实训过程中遇到的各种现象和问题。

同时，工业分析实训是建立在基础化学实训、仪器分析实训上的一门专业实训课程。要充分运用基础化学和仪器分析实训中学到的知识和技能来解决专业实训中的问题。

专业实训的内容包括单项实训和综合实训等，其目的是综合培养学生各种技能和严谨求实的作风，并使学生学会应用理论知识解决实际问题的办法，提高分析问题与解决问题的能力，为学生的生产实习和将来工作打下良好的基础。

因此，专业实训在本专业实践性教学环节和专业能力培养中具有承前启后的作用。

二、专业实训的目的和要求

工业分析实训内容，包括工业分析实训基础知识、水质分析实训、硅酸盐分析实训、煤质分析实训、钢铁分析实训、肥料分析实训、农药分析实训、石油产品分析实训、涂料分析实训、气体分析实训、综合实训等。要求学生通过本课程的学习，了解工业分析的全过程及其特点，熟悉样品采集、制备和预处理的主要方法，熟练掌握干法和湿法分解样品的方法，沉淀分离、溶解萃取、柱色谱分离富集方法以及有关项目测定方法的原理和实训技术，培养熟练的化学分析操作技能和严谨的工作作风，学习分析问题和解决问题的方法，培养学生查阅资料并学以致用的能力。

为了上好每一堂实训课，使实训达到预期目的，每个学生必须做到以下要求。

① 实训前，必须认真预习实训教材，理解实训目的，理解并熟悉操作步骤，找出实训关键，了解每种试剂与操作的作用，熟悉仪器原理和操作方法，了解所用器皿的性质及其使用注意事项，写出预习报告。预习报告内容包括实训原理、简要操作步骤、主要试剂及其配

制方法，以及教师布置的预习作业题。

对于设计性实训，学生必须按教师提出的要求，广泛查阅资料，并将资料加以整理分析后，提出自己的实训方案提纲，经教师审查批准后，写出具体实训操作方案作为预习报告。

② 实训过程中，要做好实训工作安排，尽可能使分析流程设计及工作安排合理化，做到紧张而不忙乱、快而准确；要细心操作、仔细观察，善于发现和解决实训中出现的各种现象和问题，并及时做出必要的记录（注意：必须有专门的原始记录本，或与预习报告合为一本，不能使用零星纸张）；要正确操作仪器，如实地、准确地读取和记录实训数据（实训过程中对已记下的实训数据要纠正、修改时，要在原数据上划一道线，将改正数据写在旁边）；要尊重指导教师的指导，遵守实训操作规程和实训室规章制度；注意做好器皿清洗工作和保持台面整洁；注意节约试剂和用水；保持实训室整洁、安静；切实注意安全。

③ 实训后，要及时处理实训数据，认真总结成果并按附录 2 撰写实训项目任务单。在数据处理中，要按规范取舍实训数据和对数字进行运算及修改；要用图或表直观表述的，既要写出原始数据，又要按要求制作出规范化的图或表。实训任务单的内容及要求是：简明扼要地写出任务方法提要或实训原理，写出任务数据处理方法及结果，大胆讨论任务中的问题和解释任务过程中遇到的重要的正常与异常现象，并对实训课教学提出意见和建议。

三、工业分析过程

工业分析的特点是由工业生产和工业物料的性质决定的。工业分析提供的信息必须快速、准确。但工业物料不是纯净的，其量往往以成千上万吨计，而且组成不均匀，溶解性能差，不同的分析对象要求的分析结果准确度不同，因此工业分析过程应包括试样的采取、试样的分解、试样的预处理、试样的测定、分析结果及评价等，特殊情况要具体问题具体分析。

1. 试样的采取

固体、液体和气体试样或样品是指在工业分析中被采取且用来进行分析的物质。工业分析要求被分析试样在组成和含量上能代表被取样的物料总体，否则会给生产和科研带来错误的结论，造成不必要的损失。试样的采取应严格遵守国家标准或行业标准的有关规定。

2. 试样的分解

工业分析方法通常是在水溶液中进行的，即将干燥好的试样分解后转入溶液中进行测定，仅有少量可采用特殊分析方法而不需要分解试样。试样的分解方法主要有溶解法和熔融法，根据试样的性质和工业分析任务的要求选用适当的方法。

3. 试样的预处理

试样中常含有各种组分，在测定其中某一种组分时，其他共存组分往往干扰测定。预处理就是去除被测组分中复杂的共存干扰成分，将含量低、形态各异的组分处理到适合分析的含量及形态。一般采用加入掩蔽剂掩蔽，或采用沉淀、萃取、离子交换、色谱等分离方法将被测组分与干扰组分进行分离后再进行测定。

4. 试样的测定

每一种分析方法的灵敏度、选择性和适应范围不同，常根据被测组分的性质、含量、准确度和分析速度的要求选择合适的分析方法。一般常量组分选择化学分析法，微量组分选择仪器分析法。

5. 分析结果及评价

试样的测定都是按一定的计量关系来进行的，根据分析测定的数据计算出有关组分的含量。应用所学有关误差、统计学知识对测定结果进行判断和评价，确定分析结果的可靠性和准确度。

四、工业分析的质量保证

工业分析的结果是否准确受各种因素的影响，因此在建立工业分析实训室进行分析的同时，还要建立分析质量保证体系，建立获取可靠分析结果的全部过程就是分析质量的控制和保证，将整个分析过程的误差降到最低。

1. 工业分析实训室的质量控制

工业分析所得数据质量的要求限度与分析成本、分析的安全、环保、分析的速度等因素有关。通常这个限度就是在一定置信概率下所得到的数据能达到的准确度与精密度，为达到所要求的限度、获得准确的测定结果所采取的全部活动就是工业分析实训室的质量控制。

2. 工业分析实训室的质量保证

工业分析实训室的质量保证的任务就是把系统误差、偶然误差、过失误差等所有误差降低到预期水平之内。质量保证的核心就是减少误差和保证分析结果准确可靠，即一方面，对从试样的采取到获得分析结果的分析全过程采取各种降低误差的措施，进行质量控制；另一方面，采用切实有效的方法评价分析结果的质量，及时发现分析中存在的问题，保证分析结果的准确可靠。

分析实训室为了提高工作的科学化和管理水平，都编制了大量的质量保证文件和章程，建立了一整套规范可行的质量保证体系。

3. 分析结果准确可靠的保障措施

为使分析结果准确可靠，其实质就是提高分析结果的准确度，常采用如下方法：

（1）选择合适的分析方法以满足工业分析对准确度和灵敏度的要求。

（2）减小分析误差。

（3）增加平行测定次数，使平均值趋近真实值，从而减小偶然误差。

（4）消除分析过程中的系统误差。

① 用已知准确结果的标准试样与被测试样一起进行对照实训，用其他可靠的分析方法进行对照实训。

② 在不加试样的情况下，设置按照试样分析同样的操作步骤和条件进行测试，获得空白值的空白试验。

③ 为防止由于分析仪器不准确引起的系统误差，需在精确分析中校准仪器。

④ 对分析过程中的系统误差可采用适当的方法进行分析结果的校正。

第二节　工业分析实训室常用仪器介绍

一、pHS-3C 型精密 pH 计的使用

1. 使用前的准备工作

（1）使用 pH 计之前先用三蒸水清洗电极，注意不要碰碎玻璃电极。

（2）在平台 pH 计的旁边放调节用的 NaOH 液和 HCl 液。

（3）从冰箱中拿出定 pH 液（pH＝7.0），放于平台上。

（4）打开 pH 计，调定 pH，按上下键选择 pH 和 CAL 选项，选择其中的 CAL 项，调节插入到定 pH 液（pH＝7.0）中，按"＜""＞"键选择数据值到 7.0 处，出现小"×"即可。

（5）先将玻璃电极插入到待测的溶液中，再放入另一电极，适当地搅动液面（注意：不要碰碎玻璃电极）。

（6）pH 计的电子单元使用必须注意电路的保护，在不进行 pH 测量时，要将 pH 计的输入短路，以避免 pH 计的损坏。

（7）pH 计的玻璃电极插座必须保持干净、清洁和干燥，不能接触盐雾和酸雾等有害气体，同时严禁玻璃电极插座上沾有任何的水溶液，以避免 pH 计高输入阻抗。

（8）未到需要的 pH 时要小心地加入 NaOH 液和 HCl 液（据调节范围不同可以选择不同浓度的调节液，浓度小时可以快加，浓度大时要慢加）。

（9）加液时小心不要超过所需的定容量。

2. 使用方法和步骤

（1）打开后盖，装入电池一块。

（2）装上复合玻璃电极应注意：

① 复合电极下端是易碎玻璃泡，使用和存放时千万要注意，防止与其他物品相碰。

② 复合电极内有 KCl 饱和溶液作为传导介质，如干涸结果测定不准，必须随时观察有无液体，发现剩余很少量时要及时灌注。

③ 复合电极仪器接口绝不允许有污染，包括有水珠。

④ 复合电极连线不能强制性拉动，防止线路接头断裂。

（3）打开电源开关后，再打到 pH 测量挡。

（4）用温度计测量 pH＝6.86 标准液的温度，然后将 pH 计温度补偿旋钮调到所测的温度值下。

（5）将复合电极用去离子水冲洗干净，并用滤纸擦干。

（6）将 pH＝6.86 标准溶液 2～5mL 倒入已用水洗净并擦干的塑料烧杯中，洗涤烧杯和复合电极后倒掉，再加入 20mL pH＝6.86 标准溶液于塑料烧杯中，将复合电极插入溶液中，用仪器定位旋钮调至读数 6.86，直到稳定。在调节的时候必须用 pH＝6.86 标准液调定位。调完后，绝不能再动定位旋钮。

（7）将复合电极用去离子水洗净，用滤纸吸干，然后用温度计测量 pH＝4.00 溶液的温度，并将仪器温度补偿旋钮调到所测的温度值下。

（8）将 pH＝4.00 标准溶液 2～5mL 倒入另一个塑料烧杯中，洗涤烧杯和复合电极后倒掉，再加入 20mL pH＝4.00 标准溶液，将复合电极插入溶液中，读数稳定后，用斜率旋钮调至 pH＝4.00。应该注意斜率旋钮调完后，绝不能再动。

（9）用温度计测定待测液温度，并将仪器温度补偿调至所测温度。

（10）将复合电极插入待测溶液中，读取 pH，即为待测液 pH。在测定时温度不能过高，如超过 40℃测定结果不准，需用烧杯取出稍冷。此外，复合电极避免和有机物接触，一旦接触或沾污，要用无水乙醇清洗干净。

3. 使用注意事项

（1）仪器在使用前必须进行校准。如果仪器不关机，可以连续测定，一旦关机就要校准。但 12h 即使不关机也必须校准一次。一般情况下，pH 计仪器在连续使用时，每天要标定一次；一般在 24h 内仪器不需再标定。

（2）标定的缓冲溶液一般第一次用 pH＝6.86 的溶液，第二次用接近被测溶液 pH 的缓冲液，如被测溶液为酸性时，缓冲液应选 pH＝4.00；如被测溶液为碱性时，则选 pH＝9.18 的缓冲液。

（3）测量时，电极的引入导线应保持静止，否则会引起测量不稳定，且切忌浸泡在蒸馏水中。pH 计所使用的电极如为新电极或长期未使用过的电极，则在使用前必须用蒸馏水进行数小时的浸泡，这样 pH 计电极的不对称电位可以被降低到稳定水平，从而降低电极的内阻；并要保证电极的球泡完全浸入到被测量介质内，这样才能获得更加准确的测量结果。为了保持电极球泡的湿润，如果发现干枯，在使用前应在 $3mol \cdot L^{-1}$ 氯化钾溶液或微酸性的溶液中浸泡几小时，以降低电极的不对称电位。

（4）复合电极的外参比补充液为 $3mol \cdot L^{-1}$ 氯化钾溶液（附件有小瓶一只，内装氯化钾粉剂若干，用户只需加入去离子水至瓶 20mL 刻线处并摇匀，此溶液即为 $3mol \cdot L^{-1}$ 外参比补充液），补充液可以从电极上端小孔加入，复合电极不使用时，套上橡胶套，防止补充液干涸。电极经长期使用后，如发现斜率略有降低，则可把电极下端浸泡在 4% HF（氢氟酸）中，用蒸馏水洗净，然后在 $0.1mol \cdot L^{-1}$ 盐酸溶液中浸泡，使之复新。

二、DDS-11A 电导率仪的使用

1. 使用方法和步骤

（1）未开电源开关前，观察表针是否指零，如不指零，可调正表头上的螺钉，使表针指零。

（2）将校正、测量开关 K_2 扳在"校正"位置。

（3）插接电源线，打开电源开关，并预热数分钟（待指针完全稳定下来为止）调节"调正"调节器使电表指示满度。

（4）当使用（1）～（8）量程来测量电导率低于 $300\mu S \cdot cm^{-1}$ 的液体时，选用"低周"，这时将 K_3 扳在"低周"位置。当使用（9）～（12）量程来测量电导率在 $300～10^5\mu S \cdot cm^{-1}$ 范围里的液体时，则将 K_3 扳在"高周"位置。

（5）将量程选择开关 K_1 扳到所需要的测量范围，如预先不知被测溶液电导率的大小，应先把其扳到最大电导率测量挡，然后逐挡下降，以防表针打弯。

（6）将电极常数旋钮调节至与之所配套的电极的常数指示值。当被测液的电导率低于 $10\mu S \cdot cm^{-1}$，使用 DJS-1 型光亮电极；当被测液的电导率在 $10～10^4\mu S \cdot cm^{-1}$ 范围，选用 DJS-1 型铂黑电极。

（7）将电极插头插入电极插口内，旋紧插口上的紧固螺钉，再将电极浸入待测液中。

（8）接着校正，当用（1）～（8）量程测量时，校正时 K_3 扳在"低周"位置；当用（9）～（12）量程，则校正时 K_3 扳在"高周"位置，即将 K_2 扳在"校正"位置，调节 R_{w3} 使指示在满度。

（9）读数：将 K_2 扳在"测量"位置，表针所指示的读数×量程开关 K_1 的倍率即为补测液的实际电导率；K_1 的倍率挡所指示的线为黑色，则读上面（黑色）的读数，K_1 的倍率挡所指示的线为红色，则读下面（红色）的读数。

2. 使用注意事项

（1）电极的引线不能潮湿，否则将测不准。

（2）高纯水被盛入容器后应迅速测量，否则电导率将很快升高，因为空气中的 CO_2 溶入水中，变成碳酸根离子。

（3）盛被测溶液的容器必须清洁，无离子沾污。

三、UV-1801 紫外分光光度计的使用

使用方法和步骤

（1）打开仪器主机右侧电源开关　稍等约十几秒钟，在仪器的屏幕上出现一个提示"请按键"，说明仪器可以进行自检或连接计算机自检。

（2）仪器操作

① 仪器所有操作不连接计算机。按仪器面板键盘上除 "Reset" 的其他任意键，仪器进行自检（包括钨灯、氘灯、滤色片、灯定位、波长等的自检时间大约 2min）。仪器使用之前保证有一个平的工作台、稳定的电压，仪器后边离墙 20cm 左右，开机后等仪器蓝色液晶大屏幕上五项都显示 "OK" 后，最好预热时间 20min 以上使用。按任意键进入仪器操作主菜单。

② 光度测量。在主菜单界面下，按数字键 1，进入"波长扫描"；按数字键 2，进入"光度测量"；按数字键 3，进入"定量分析"；按数字键 6，进入"系统设置"；按仪器面板上参数设置键 "F1"，进入"参数设置"。比色皿校正，一般看测定要求高低，如果不高的话，可以关着，如果需要则打开。要求每一个比色皿都要装上相同的溶液，以第一个作参比，按照面板提示进行操作，特别提醒的是比色皿的顺序和方向在测定的过程中都不能再改变。其他的功能操作同上面的基本相似，只要按"上下"方向键可使手形指示图标到相应的位置，打开对应的标签，按照面板提示，选择或输入所需波长及其他参数，按 "Enter" 键进行编辑确认。

四、原子吸收分光光度计的使用

1. 开机

依次打开打印机、显示器、计算机电源开关，等计算机完全启动后，打开原子吸收分光光度计的主机电源。

2. 仪器联机初始化

在计算机桌面上双击 AAwin 图标，出现窗口，选择联机方式，点击确定，出现仪器初始化界面。等待 3～5min，等初始化各项出现确定后，将弹出选择元素灯和预热灯窗口。依照用户需要选择工作灯和预热灯，点击下一步，出现设置元素测量参数窗口。可以根据需要更改光谱带宽、燃气流量、燃烧器高度等参数，设置完成后点击下一步。出现设置波长窗口。不要更改默认的波长值，直接点击寻峰。将弹出寻峰窗口，等寻峰过程完成后，点击关闭，点击下一步，点击完成。

3. 设置样品

点击"样品"，弹出样品设置向导窗口：

① 选择校正方法（一般为标准曲线法）、曲线方程（一般为一次方程）和浓度单位，输入样品名称和起始编号，点击下一步。

② 输入标准样品的浓度和个数，点击下一步。

③ 可以选择需要或不需要空白校正和灵敏度校正（一般为不需要），然后点击下一步。

④ 输入待测样品数量、名称、起始编号，以及相应的稀释倍数等信息，点击完成。

4. 设置参数

点击参数，弹出测量参数窗口。

① 输入标准样品、空白样品、未知样品等的测量次数，选择测量方式（手动），输入间隔时间和采样延时（一般均为1s），石墨炉没有测量方式和间隔时间以及采样延时的设置。

② 显示：设置吸光值最小值和最大值（一般为0～0.7）以及刷新时间（一般300s）。

③ 信号处理：设置计算方式（一般火焰吸收为连续，石墨炉多用峰高），以及积分时间和滤波系数。

④ 质量控制：（适用于带自动进样的设备）点击确定，退出参数设置窗口。

5. 火焰吸收的光路调整

火焰吸收测量方法如下：点击仪器下的燃烧器参数，弹出燃烧器参数设置窗口，输入燃气流量和高度，点击执行，看燃烧头是否在光路的正下方，如果有偏离，更改位置中相应的数字，点击执行，可以反复调节，直到燃烧头和光路平行并位于光路正下方。点击确定，退出燃烧器参数设置窗口。

6. 测量

（1）火焰吸收的测量过程

① 依次打开空气压缩机的风机开关、工作开关，调节压力调节阀，检查水封。点击点火（第一次点火时有点火提示窗口弹出，点击确定将开始点火），等火焰稳定后首先吸喷纯净水。以防止燃烧头结盐。点击能量，再点击自动能量平衡，等能量平衡完毕，点击关闭，退出能量调节窗口。

② 点击测量，开始，吸喷空白溶液校零，依次吸喷标准溶液和未知样品，点击开始，进行测量。测量完成后，点击终止，完成测量，退出测量窗口。挡住火焰探头或者按熄火开关熄火。点击确定，退出熄火提示窗口，吸喷纯水1min，清洗燃烧头，防止燃烧头结盐。

③ 点击视图下的校正曲线，查看曲线的相关系数，决定测量数据的可靠性，进行保存。

（2）石墨炉测量过程

① 打开冷却水，打开氩气钢瓶主阀，调节出口压力在0.6～0.8MPa。在软件中点击仪器测量方法中选择为氢化物发生法。

② 光路调整：点击仪器下石墨管，装入石墨管，点击确定。点击仪器下的原子化器位置，点击两边的箭头改变数字，点击执行，通过反复调节原子化器位置中的数字使吸光值降到最低。点击确定，退出原子化器位置窗口。用手调节石墨炉炉体高低和角度，使得吸光值最低。点击能量，点击自动能量平衡，等能量平衡完毕，点击关闭，退出能量调节窗口。

③ 点击仪器下的石墨炉加热程序，弹出石墨炉加热程序设置窗口。输入相应的温度和升温时间以及保持时间，一般为4步，即干燥阶段、灰化阶段、原子化阶段和净化阶段。干燥阶段一般为100℃，灰化阶段、原子化阶段温度设置随待测元素不同而不同，净化阶段要求温度高于原子化阶段温度50～100℃，升温1s，保持1s。

（3）氢化物测量过程

① 打开氢化物的氩气钢瓶。在软件中点击仪器测量方法中选择为氢化物。

② 把氢化物的石英管插到燃烧头的缝隙中，用目镜观看元素灯的光斑，点击仪器下的燃烧器参数，反复调节位置和高度，使光斑在管路的中间。

③ 点击能量，再点击自动能量平衡，等能量平衡完毕，点击关闭，退出能量调节窗口。

④ 点击参数信号处理，设置计算方式为峰高，积分时间设置为从开始测量到出现峰，

再到峰结束的全部时间。

⑤ 点击测量下的开始，开始测量。

7. 关机过程

依次关闭 AAwin 软件、原子吸收主机电源、乙炔钢瓶主阀（石墨炉注意关闭氩气钢瓶主阀、冷却水）、空压机工作开关，按放水阀，排空压缩机中的冷凝水，关闭风机开关，退出计算机 Window 操作程序，关闭打印机、显示器和计算机电源。盖上仪器罩，检查乙炔、氩气、冷却水是否已经关闭，清理实训室。

五、气相色谱仪的使用

1. 使用方法和步骤

（1）检漏 先将载气出口处用螺母及橡胶堵住，再将钢瓶输出压力调到 $3.9 \times 10^5 \sim 5.9 \times 10^5$ Pa，继而再打开载气稳压阀，使柱前压力 $2.9 \times 10^5 \sim 3.9 \times 10^5$ Pa，并察看载气的流量计，如流量计无读数则表示气密性良好，这部分可投入使用；倘发现流量计有读数，则表示有漏气现象，可用十二烷基硫酸钠水溶液试漏，切忌用强碱性皂水，以免管道受损。找出漏气处，并加以处理。

（2）载气流量的调节 气路检查完毕后在密封性能良好的条件下，将钢瓶输出气压调到 $2 \times 10^5 \sim 3.9 \times 10^5$ Pa，调节载气稳压阀，使载气流量达到合适的数值。注意，钢瓶气压应比柱前压（由柱前压力表读得）高 4.9×10^4 Pa 以上。

（3）恒温 在通载气之前，将所有电子设备开关都置于"关"的位置，通入载气后，按一下仪器总电源开关，主机指示灯亮，柱箱鼓风电动机开始运转。打开温度控制器电源开关，调节柱箱温控调节器向顺时针方向转动，柱箱的温度升高，主机上加热指示灯亮表示柱箱在加温，升温情况可以由测温毫伏表（根据测温毫伏表转换开关的位置）读得。当加热指示灯呈暗红或闪动则表示柱箱处于恒温状态。调节柱箱温控调节器，使柱箱的温度恒定于所要求的温度上。柱箱的温度可根据需要在室温至250℃之间自由调节。开汽化器加热电源开关，汽化器加热指示灯亮，调节汽化器加热调节器，分数次调到所要求的温度上。升温情况可由测温毫伏表读得。汽化器（样品进入处）及氢焰离子室加热温度的调节由温度控制器内汽化器加热电路直接控制，其调节范围为 $0 \sim 200$V。汽化器及氢焰离子室所需温度应逐步升高，以防止温度升得过高而损坏。氢焰离子室温度由旋钮开关控制，可高于、低于汽化器温度或不加热。测温的显示仪表为一测温毫伏计。柱箱、汽化器、氢焰离子室合用同一测温仪表，其显示方法是用一单刀三掷的波段开关予以切换完成的。柱箱的温度、汽化器及氢焰离子室的温度、气体流量和进样量等，应根据被测物质的性质、所用色谱柱的性能、分离条件和分析要求而定。

（4）热导检测器的使用 柱箱温度恒定一段时间后，将热导、氢焰转换开关置于"热导"上，并打开电源及氢焰离子放大器的电源开关，用热导电流调节器把桥路电流调到合适的值。用 H_2 为载气时，以 $150 \sim 200$mA 为佳；用 N_2 为载气时，以 $100 \sim 150$mA 为佳。把信号衰减调节器置于合适值上。等半小时左右，接通记录器电源，调节热导平衡调节器和热导零调调节器使记录仪指针在零位上。然后打开记录纸开关，待基线稳定后即可进样分析。如果基线一直不稳定，需找出原因，并加以处理，直至基线稳定后才可进样分析。记录纸速的调节，根据试样分离情况而定。

（5）氢火焰离子化检测器的使用 柱箱温度恒定一段时间后，将热导、氢焰转换开关置

"氢焰"上，并打开电源及氢焰离子放大器的电源开关，稍等片刻后，再打开记录器电源开关。将氢焰灵敏度选择调节器和信号衰减调节器分别置于合适值上，把基始电流补偿调节器按逆时针方向旋到底。调放大器零点调节旋钮使记录仪指针指示在"0mV"处，这时观察放大器工作是否稳定，基线漂移是否在 $0.05\text{mV} \cdot \text{h}^{-1}$ 内。调节空气针形阀及氢气稳压阀分别使空气、H_2 的流量达到所需值。在空气和 H_2 调节稳定的条件下，可开始点火，将点火开关拨至"点火处"，约 10s 后就把开关扳下，这时若记录仪指针已不在原来位置，则说明氢火焰已点燃（也可用改变 H_2 流量的大小或切换氢焰灵敏度选择调节器后指针是否有反应，来确定火是否点燃。若指针随着 H_2 流量改变而移动或指针随着氢焰灵敏度选择调节器切换而明显变动，都说明火已点燃，反之，则没有点燃）。再调节基始电流补偿粗调和细调调节器，使记录指针回到零位。然后打开记录纸开关，待基线稳定后即可进样分析。如果基线一直不稳定，需找出原因，并加以处理，直到基线稳定后才可进行分析。记录纸速的调节，根据试样分离情况而定。

（6）停机　使用完毕后，先关记录纸开关，再关记录仪电源开关，使记录笔离开记录纸。然后关热导电源及氢焰离子放大器的电源开关，如为氢火焰离子化检测器，须先关闭氢气稳压阀和空气针形阀，使火焰熄灭。接着关温度控制器开关和切断主机电源，最后关闭高压气瓶和载气稳压阀。

2. 使用注意事项

（1）仪器应在规定的环境条件下工作，在某些环境条件不符合或不具备时，必须采取相应的措施。仪器按操作规程认真细心地进行操作。

（2）用任意一种检测器，启动仪器前应先通上载气，特别是在开热导池电源开关时，必须检查气路是否接在热导上，否则当打开开关时，就有把钨丝烧断的危险。

（3）仪器的汽化加热电路接线内直接接有 220V 电压，因此只有在主机关闭时才能装接插头座，否则将烧毁接线及电子元件。

（4）使用"氢焰"时在氢火焰已点燃后，必须将点火开关拨至下面，不然放大器将无法工作。

（5）由于仪器出厂时，色谱柱内载体所涂固定液为邻苯二甲酸二壬酯，其使用温度不得超过 130℃。因此在开机测试时，应特别注意，防止温度过高使固定液蒸发而影响检测器工作。

（6）仪器测温是用镍铬-康铜热电偶和测温毫伏表完成的，柱箱或汽化器的实际温度应为毫伏表指示温度加上室温的和。由于环境温度的变化及仪器壁板温度的变化，会造成测温的误差，仪器在高温工作时，误差就较大。仪器长期工作时，由于仪器内部温度的升高，也会造成误差。为此，在仪器的左边侧面备有测温孔，以便用水银温度计直接测得柱箱精确温度。

（7）稳压阀和针形阀的调节须缓慢进行。稳压阀只有在阀前后压差大于 $4.9 \times 10^4 \text{Pa}$ 的条件下才能起稳压作用。在稳压阀不工作时，必须放松调节手柄（顺时针转动），以防止波纹管因长期受力疲劳而失效。针形阀不工作时则相反，应将阀门处于"开"的状态（逆时针转动），防止阀针密封圈粘贴在阀门口上。

（8）气体钢瓶压力低于 $1.47 \times 10^6 \text{Pa}$ 时，应停止使用。氢气和氮气是检测器常用的载气，它们的纯度应在 99.9% 以上。

（9）主机及记录仪要接地良好，记录笔走动时，不要改变衰减，以免线路过载。仪器使用完毕要用仪器罩罩好。

（10）仪器的预热稳定时间约为 4h，能适应 24h 连续工作。一般在正常情况下，能连续工作一周以上。

六、高效液相色谱仪的使用

使用方法和步骤

（1）开机

① 将待测样品按要求前处理，准备 HPLC 所需流动相，检查线路是否连接完好，检查废液瓶是否够用等。

② 开机。打开电脑、HPLC 各组件电源、打开软件。

③ 打开工作界面，按操作要求赶流动相气泡。[排气：打开"Purge"阀，点击"Pump"图标点击"Setup pump"选项，进入泵编辑画面，设 Flow 为 3~5mL·min^{-1}，点击"Ok"。点击"Pump"图标，点击"Pump control"选项，选中"On"，点击"Ok"，则系统开始"Purge"，直到管线内（由溶剂瓶到泵入口）无气泡为止，切换通道（A—B—C）继续"Purge"，直到所有要用通道无气泡为止。点击"Pump"图标，点击"Pump control"选项，选中"Off"，点击"Ok"关泵，关闭 Purge valve。点击"Pump"图标，点击"Setup pump"选项，设 Flow 为 1.5mL·min^{-1}。]

④ 配置仪器。（配置 1200 系统模块，根据需要配置。）

⑤ 建立平衡柱子分析方法，保存并运行。

（2）编辑方法及样品分析

① 方法信息：从"Method"菜单中选择"Edit entire method"项，选"Data analysis"以外的三项，点击"Ok"，进入下一画面。在"Method comments"中写入方法的信息。点击"Ok"进入下一画面。

② 自动进样器参数设定：选择合适的进样方式，"Standard injection"——只能输入进样体积，此方式无洗针功能。"Injection with needle wash"——可以输入进样体积和洗瓶位置，此方式针从样品瓶抽完样品后，会在洗瓶中洗针。"Use injector program"——可以点击"Edit"键进行进样程序编辑。点击"Ok"进入下一画面。

③ 泵参数设定（以四元泵为例）：在"Flow"处输入流量，如 1.5mL·min^{-1}，在"Solvent B"处输入 70（A＝100－B－C－D），也可 Insert 一行"Time table"，编辑梯度。在"Pressure limits max"处输入柱子的最大耐高压，以保护柱子。点击"Ok"进入下一画面。

④ 柱温箱参数设定：在"Temperature"下面的空白方框内输入所需温度，并选中它。

⑤ DAD 检测器参数设定。检测波长：一般选择最大吸收处的波长。样品带宽 BW：一般选择最大吸收值一半处的整个宽度。参比波长：一般选择在靠近样品信号的无吸收或低吸收区域。参比带宽 BW：至少要与样品信号的带宽相等，许多情况下用 100nm 作为缺省值。Peak width（Response time）：其值尽可能接近要测的窄峰峰宽。Slit——狭缝窄时，光谱分辨率高；宽时，噪声低。同时可以输入采集光谱方式、步长、范围、阈值。选中所用的灯。

⑥ FLD 检测器参数设定。Excitation A：激发波长 200~700nm，步长为 1nm，或 Zero Order。Emission：发射波长 280~900nm，步长为 1nm，或 Zero Order。同时可以输入范围（Range）、步长（Step）、采集光谱。

⑦ 运行序列：新建序列，在序列参数中输入样品信息，在序列表中输入样品位置、方

法等，运行该序列，等仪器显示"Ready"，可运行样品。

（3）数据分析

① 从"View"菜单中，点击"Data analysis"进入数据分析画面。

② 从"File"菜单选择"Load signal"，选中数据文件名，则数据被调出。

③ 从"Integration"菜单中选择"Integration events"选项。选择合适的"Slope sensitivity""Peak width""Area reject""Height reject"。

④ 从"Integration"菜单中选择"Integrate"选项，则数据被积分。

⑤ 如积分结果不理想，则修改相应的积分参数，直到满意为止。

（4）关机

① 关机前，先关灯，用相应的溶剂充分冲洗系统。

② 退出化学工作站，依提示关泵及其他窗口，关闭计算机（用"Shut down"关）。

③ 关闭色谱仪各模块电源开关。

④ 使用注意事项：

a. 色谱柱长时间不用存放时，柱内应充满溶剂，两端封死（乙腈-甲醇适于反相色谱柱，正相色谱柱用相应的有机相）。

b. 流动相使用前必须过滤，不要使用多日存放的蒸馏水（易长菌）。

c. 使用含盐流动相，要配制90％水＋10％异丙醇，开启"Seal-wash"清洗泵。

d. 溶剂不能干涸。

第三节 工业分析实训室安全知识

我们国家一贯重视安全与劳动保护工作。保护实训室人员的安全和健康，防止环境污染，保证实训室工作安全而有效地进行是实训室管理工作的重要内容。根据化学分析化验工作的特点，实训室安全包括防火、防爆、防毒、防腐蚀、保证压力窗口和气瓶的安全、电气安全和防止环境污染等方面。

一、防止中毒、化学灼伤、割伤

① 一切药品和试剂要有与其内容相符的标签。剧毒药品严格遵守保管、领用制度。发生散落时，应立即收起并做解毒处理。

② 严禁试剂入口及以鼻直接接近瓶口进行鉴别。如需鉴别，应将试剂瓶口远离鼻子，以手轻轻扇动，稍闻即止。

③ 处理有毒的气体、产生蒸气的药品及有毒有机溶剂（如氮氧化物、溴、氯、硫化物、汞、砷化物、甲醇、乙腈、吡啶等），必须在通风橱内进行。取有毒试样时必须站在上风口。

④ 取用腐蚀性药品，如强酸、强碱、浓氨水、浓过氧化氢、氢氟酸、冰乙酸和溴水等，尽可能戴上防护眼罩和手套，操作后立即洗手。如瓶子较大应一手托住底部，另一只手拿住瓶颈。

⑤ 稀释硫酸时，必须在烧杯等耐热容器中进行，必须在玻璃棒不断搅拌下，缓慢地将

酸加入到水中。溶解氢氧化钠、氢氧化钾等时大量放热，也必须在耐热的容器中进行。浓酸和浓碱必须在各自稀释后再进行中和。

⑥ 取下沸腾的水或溶液时，需先用烧杯夹夹住摇动后再取下，以防使用时液体突然剧烈沸腾溅出伤人。

⑦ 切割玻璃管（棒）及将玻璃管、温度计插入橡胶塞时易割伤，应按规程操作，垫以厚布。向玻璃管上套橡胶管时，应选择合适直径的橡胶管，玻璃管口先烧圆滑并以水、肥皂水润湿。把玻璃管插入橡胶塞时，应握住塞子侧面进行。

二、防火、防爆

① 实训室内应备有灭火用具、急救箱和个人防护器材。实训人员要熟知这些器材的使用方法。

② 燃气灯及燃气管道要经常检查是否漏气。如果在实训室已闻到燃气的气味，应立即关闭阀门，打开门窗，不要接通任何电器开关（以免发生火花），禁止用火焰在燃气管道上寻找漏气的地方，应该用家用洗涤剂水或肥皂水来检查漏气。

③ 操作、倾倒易燃液体时应远离火源，瓶塞打不开时，切忌用火加热或贸然敲打。倾倒易燃液体时要有防静电措施。

④ 加热易燃溶剂必须在水浴或严密的电热板上缓慢进行，严禁用火焰或电炉直接加热。

⑤ 点燃燃气灯时，必须先关闭风门、划着火柴，再开燃气，最后调节风量。停用时要先闭风门。不依次序，就有发生爆炸和火灾的危险。还要防止燃气灯内燃。

⑥ 使用酒精灯时，注意切勿装满，应不超过容量的 2/3，灯内酒精不足 1/4 容量时，应灭火后添加酒精，要熄灭燃着的灯焰时应用灯帽盖灭，不可用嘴吹灭，以防引起灯内酒精起燃。酒精灯应用火柴点燃，不应用另一正燃的酒精灯来点，以防失火。

⑦ 易爆炸类药品，如苦味酸、高氯酸、高氯酸盐、过氧化氢等应放在低温处保管，不应和其他易燃物放在一起。

⑧ 蒸馏可燃物时，应先通冷却水后通电。要时刻注意仪器和冷凝器的工作是否正常。如需往蒸馏器内补充液体，应先停止加热，放冷后再进行。

⑨ 易发生爆炸的操作不得对着人进行，必要时操作人员应戴面罩或使用防护挡板。

⑩ 身上或手上沾有易燃物时，应立即清洗干净，不得靠近灯火，以防着火。

⑪ 严禁可燃物与氧化剂一起研磨。工作中不要使用不知其成分的物质，因为反应时可能形成危险的产物（包括易燃、易爆或有毒产物）。在必须进行性质不明的实训时，应尽量先从最小剂量开始，同时要采取安全措施。

⑫ 易燃液体的废液应设置专用贮器收集，不得倒入下水道，以免引起燃爆事故。

⑬ 燃气灯、电炉周围严禁有易燃物品。电烘箱周围严禁放置可燃、易燃物及挥发性易燃液体。不能烘烤能放出易燃蒸气的物料。

三、灭火

一旦发生火灾，实训人员要临危不惧、冷静沉着，及时采取灭火措施。若局部起火，应立即切断电源，关闭燃气阀门，用湿抹布或石棉布覆盖熄灭。若火势较猛，应根据具体情况，选用适当的灭火器灭火，并立即拨打火警电话，请求救援。

我国对火灾的分类采用国际标准化组织的分类方法，根据燃烧物的性质，将火灾分为A、B、C、D 四类。A 类火灾是指由固体物质燃烧发生的火灾。发生 A 类火灾的物质包括：

木材、棉、麻等纤维材料，丝、毛等含蛋白材料，合成纤维、塑料、橡胶等。B 类火灾是指由液体物质和在燃烧条件下可熔化的固体物质燃烧所产生的火灾。产生 B 类火灾的物质包括：石油及石油工业产品，如原油、汽油、煤油、柴油、燃料油、苯、萘等含烷烃的有机液体；醇、酯、醚、酮、胺等极性液体；沥青、石蜡、油脂等固体材料。C 类火灾是指由气体物质燃烧造成的火灾。常见的产生 C 类火灾的气体有煤气、天然气、乙烷、丁烷、乙烯、氢气等。D 类火灾是指由金属燃烧产生的火灾，常见产生 D 类火灾的物质有镁、钠、钾等碱金属或轻金属。

燃烧必须具备三个要素——着火源、可燃物、助燃剂（如氧气）。灭火就是要至少去掉其中一个因素。水是最廉价的灭火剂，适用于一般木材、各种纤维及可溶（或半溶）于水的可燃液体着火。沙土的灭火原理是隔绝空气，用于不能用水灭火的着火物。实训室应备干燥的沙箱。石棉毯或薄毯的灭火原理也是隔绝空气，用于扑灭人身上燃着的火。

实训室应配备灭火器，各种灭火器适用的火灾类型及场所不同，常用的灭火器及适用范围见表 0-1。实训室应该选择适用的灭火器，实训人员都应熟知灭火器的使用方法，灭火器材应定期检查，按有效期更换灭火剂。

表 0-1　常用的灭火器及适用范围

灭火器	灭火剂	适用范围
二氧化碳灭火器	液化二氧化碳(气态的清洁灭火器)	用于扑救油类、易燃液、气体和电器设备的初起火灾,人员应避免长期接触
"1211"灭火器	"1211"即二氟一氯一溴甲烷(灭火原理为化学抑制)	用于扑救油类、档案资料、电器设备及贵重精密仪器的着火,因破坏大气臭氧层,已逐渐被限制生产及使用
干粉灭火器	ABC 型为内装磷酸铵盐的干粉灭火器,BC 型为内装碳酸氢钠的干粉灭火剂,以氮气为驱动气体	用于扑救油类、可燃液、气体和电器设备的初起火灾,灭火速度快
合成泡沫	发泡剂为蛋白、氟碳表面活性剂等	用于扑救非水溶性可燃液体、油类和一般固体物质火灾

四、化学毒物及中毒的救治

1. 毒物

某些侵入人体的少量物质引起局部刺激或整个机体功能障碍的任何疾病都称为中毒，这类物质称为毒物，根据毒物侵入的途径，中毒分为摄入中毒、呼吸中毒和接触中毒。接触中毒和腐蚀性侧重点有一定区别，接触性中毒是使接触它的那一部分组织立即受到伤害。

毒物的剂量与效应之间的关系称为毒物的毒性，习惯上用半致死剂量（LD_{50}）或半致死浓度（LC_{50}）作为衡量急性毒性大小的指标，将毒物的毒性分为剧毒、高毒、中等毒、低毒和微毒五级。

上述分级未考虑其慢性毒性及致癌作用，我国国家标准 GBZ 230—2010《职业性接触毒物分级列表》根据毒物的 LD_{50}、急慢性中毒的状况与后果、致癌性、工作场所最高允许浓度 6 项指标全面权衡，将毒物的危害程度分为 I～IV 级，分级依据列于表 0-2 中，该表列出了该标准对我国常见毒物的危害程度级。

2. 中毒症状与救治方法

实训室接触毒物造成中毒的可能发生在取样或管道破裂、阀门损坏等意外事故；样品溶解时通风不良；有机溶剂萃取、蒸馏等操作中发生意外；实训过程违反安全操作规程等方面。预防中毒的措施主要是：①熟悉所使用的仪器、试剂的安全性能，严格执行安全操作规

表 0-2　职业性接触毒物分级列表（2010）

级别	毒物名称	行业举例
Ⅰ级（极度危害）	汞及其化合物	汞冶炼、汞齐法生产氯碱
	苯	含苯黏合剂的生产和使用（制皮鞋）
	砷及其无机化合物（非致癌的无机砷化合物除外）	砷矿开采和冶炼、含砷金属矿（铜、锡）的开采和冶炼
	氯乙烯	聚氯乙烯树脂生产
	铬酸盐、重铬酸盐	铬酸盐和重铬酸盐生产
	铍及其化合物	铍冶炼、铍化合物的制造
	羰基镍	羰基镍制造
	八氟异丁烯	二氟一氯甲烷裂解及其残液处理
	氯甲醚	双氯甲醚、一氯甲醚生产,离子交换树脂制造
	氰化物	氰化钠制造、有机玻璃制造
	丙烯腈	丙烯腈制造、聚丙烯腈制造
	硫酸二甲酯	硫酸二甲酯的制造、贮运
	甲苯二异氰酸酯	聚氨酯塑料生产
Ⅱ级（高度危害）	铅及其化合物	铅的冶炼、蓄电池的制造
	二硫化碳	二硫化碳制造、黏胶纤维制造
	氯	液氯烧碱生产、食盐电解
	硫化氢	硫化染料的制造
	甲醛	酚醛和脲醛树脂生产
	苯胺	苯胺生产
	氟化氢	电解铝、氢氟酸制造
	五氯酚及其钠盐	五氯酚、五氯酚钠生产
	镉及其化合物	镉冶炼、镉化合物的生产
	钒及其化合物	钒铁矿开采和冶炼
	溴甲烷	溴甲烷制造
	金属镍	镍矿的开采和冶炼
	环氧氯丙烷	环氧氯丙烷生产
	砷化氢	含砷有色金属矿的冶炼
	敌敌畏	敌敌畏生产、贮运
	光气	光气制造
	氯丁二烯	氯丁二烯制造、聚合
	一氧化碳	煤气制造,高炉炼铁、炼焦
	氯化氢及盐酸	盐酸制造、贮运
	三氯乙烯	三氯乙烯制造、金属清洗
	苯酚	酚醛树脂生产、苯酚生产
	硝酸	硝酸制造、贮运

程；②改进实训设备与实训方法，尽量采用低毒品代替高毒品；③有符合要求的通风设施将有害气体排除；④消除二次污染源，即减少有毒蒸气的逸出及有毒物质的洒落、泼溅；⑤选用必要的个人防护用具，如眼镜、防护油膏、防护面具、防护服装等。表 0-3 列出了常见化学毒物的急性致毒作用与救治方法。

表 0-3 常见化学毒物的急性致毒作用与救治方法（严重者现场急救处理后速送医院）

分类	名称	主要致毒作用与症状	救治方法
酸	硫酸、盐酸、硝酸	接触：硫酸局部红肿痛，重者起水泡、呈烫伤症状；硝酸、盐酸腐蚀性小于硫酸	立即用大量流动清水冲洗，再用 2%碳酸氢钠水溶液清洗，然后清水冲洗，去医院治疗
		吞服：强烈腐蚀口腔、食道、胃黏膜	初服可洗胃，时间长忌洗胃，以防穿孔；应立即给服 7%氢氧化镁悬液 60mL，鸡蛋清调水或牛奶 200mL，去医院治疗
	氢氟酸	局部烧伤感，开始疼痛，较小不易察觉；氢氟酸渗入指甲，剧痛	立即用大量水冲洗，将伤处浸入 0.1%～0.133%氯化卞烷胺水或乙醇溶液（冰镇）；饱和硫酸镁溶液（冰镇）；70%乙醇溶液（冰镇），去医院治疗
		眼烧伤	大量清洁冷水淋洗，每次 15min，间隔 15min，去医院治疗
碱	氢氧化钠、氢氧化钾	接触：强烈腐蚀性，化学烧伤	迅速用水、柠檬汁、2%乙酸或 2%硼酸水溶液洗涤，去医院治疗
		吞服：口腔、食道、胃黏膜糜烂	禁洗胃或催吐，给服稀乙酸或柠檬汁 500mL，或 0.5%盐酸 100～500mL，再服蛋清水、牛奶、淀粉糊、植物油等，去医院治疗
无机物	汞及其化合物	大量吸入汞蒸气或吞食氯化汞等汞盐；引起急性汞中毒，表现为恶心、呕吐、腹痛、全身衰弱、尿少或尿闭，甚至死亡	误服者不得用生理盐水洗胃，迅速灌服蛋清水、牛奶或豆浆并及时送医院救治
		汞蒸气慢性中毒症状：头晕、头痛、失眠等神经衰弱症候群；植物神经功能紊乱、口腔炎及消化道症状及震颤	脱离接触汞的岗位，医院治疗
		皮肤接触	用大量水冲洗后，湿敷 3%～5%硫代硫酸钠溶液，不溶性汞化合物用肥皂和水洗
	砷及其化合物	皮肤接触	用肥皂水冲洗，皮炎可涂 2.5%二巯基丙醇油膏
		吞服：恶心、呕吐、腹痛、剧烈腹泻，粉尘和气体也可引起慢性中毒	立即洗胃、催吐，洗胃前服新配氢氧化铁溶液（12%硫酸亚铁与 20%氧化镁混悬液等量混合）催吐，或服蛋清水或牛奶，导泻，医生处置
		皮肤烧伤	大量水冲洗，依次用 0.01%的高锰酸钾和硫化铵洗涤，或用 0.5%硫代硫酸钠冲洗
	氰化物	吸入氰化氢或吞食氰化物，量大者造成组织细胞窒息，呼吸停止而死亡	
		急性中毒：胸闷、头痛、呕吐、呼吸困难、昏迷	用亚硝酸异戊酯、亚硝酸钠、硫代硫酸钠解毒（医生进行）
		慢性中毒：神经衰弱、肌肉酸痛等	
	铬酸、重铬酸钾等铬化合物	铬酸、重铬酸钾对黏膜有剧烈的刺激作用，产生炎症和溃疡；镉化合物可以致癌	用 5%硫代硫酸钠溶液清洗受污染皮肤
		吞服中毒（略）	

分类	名称	主要致毒作用与症状	救治方法
有机化合物	石油烃类(石油产品中的各种饱和或不饱和烃)	吸入高浓度汽油蒸气,出现头痛、头晕、心慌、神志不清等	移至新鲜空气处,重症可给予吸氧,去医院治疗
		汽油对皮肤有脂溶性和刺激性,皮肤干燥、皲裂,个别人起红斑、水疱	温水清洗
		石油烃能引起呼吸、造血神经系统慢性中毒症状	医生治疗
		某些润滑油和石油残渣长期刺激皮肤可能引起皮癌	涂5%炉甘石洗剂
	苯及其同系物(如甲苯)	吸入蒸气及皮肤渗透	皮肤接触用清水洗涤
		急性:头晕、头痛、恶心,重者昏迷抽搐甚至死亡	人工呼吸、输氧、医生处理
		慢性:损害造血系统、神经系统	
	三氯甲烷	皮肤接触:干燥、皲裂	皮肤皲裂者选用10%尿素冷霜
		吸入高浓度蒸气急性中毒:眩晕、恶心、麻醉	脱离现场,吸氧,医生处理
		慢性中毒:肝、心、肾损害	
	四氯化碳	接触:皮肤因脱脂而干燥、皲裂	2%碳酸氢钠或1%硼酸溶液冲洗皮肤和眼
		吸入急性:黏膜刺激、中枢神经系统抑制和胃肠道刺激症状	脱离中毒现场急救、人工呼吸、吸氧
		慢性:神经衰弱症候群,损害肝、肾	
	甲醇	吸入蒸气中毒,也可经皮肤吸收	皮肤污染用清水冲洗
		急性:神经衰弱症状、视力模糊、酸中毒症状	溅入眼内,立即用2%碳酸氢钠冲洗
		慢性:神经衰弱症状,视力减弱,眼球疼痛	
		吞服15mL可导致失明,70~100mL致死	误服,立即用3%碳酸氢钠溶液充分洗胃后医生处理
	芳胺、芳族硝基化合物	吸入或皮肤渗透	皮肤接触用温肥皂水(忌用热水)洗,苯胺可用5%乙酸或70%乙醇洗
		急性中毒致高铁血红蛋白症、溶血性贫血及肝脏损害	去医院治疗
氮及硫氧化合物	氮氧化物	呼吸系统急性损害 急性中毒:口腔、咽喉黏膜、眼结膜充血、头晕、支气管炎、肺炎、肺水肿 慢性:呼吸道病变	移至新鲜空气处,必要时吸氧
	二氧化硫、三氧化硫	对上呼吸道及眼结膜有刺激作用;结膜炎、支气管炎、胸痛、胸闷	移至新鲜空气处,必要时吸氧,用2%碳酸氢钠洗眼
气体	硫化氢	眼结膜、呼吸及中枢神经系统损害	生理盐水洗眼
		急性:头晕、头痛甚至抽搐昏迷;久闻不觉其气味更具危险性	移至新鲜空气处,必要时吸氧,去医院治疗

五、实训室安全守则

（1）化验室应配备足够数量的安全用具，如沙箱、灭火器、灭火毯、冲洗龙头、洗眼器、护目镜、防护屏、急救药箱（备创可贴、碘酒、棉签、纱布及本实训室使用药品可能发生事故的急救药，如2%碳酸氢钠、2%硼酸溶液、5%乙酸溶液等）。每位工作人员都应知道这些用具放置的位置和使用方法。每位工作人员还应知道实训室内燃气阀、水阀和电路开关的位置，以备必要时及时关闭。

（2）分析人员必须认真学习分析规程和有关的安全技术规程，了解设备性能及操作中可能发生事故的原因，掌握预防和处理事故的方法。

（3）进行有危险性的工作，如危险物料的现场取样、易燃易爆物品的处理、焚烧废液等应有第二者陪伴，陪伴者应处于能清楚看到工作地点的地方并观察操作的全过程。

（4）玻璃管与胶管、胶塞等拆装时，应先用水润湿，手上垫棉布，以免玻璃管折断扎伤。

（5）打开浓盐酸、浓硝酸、浓氨水试剂瓶塞时戴防护用具，在通风橱中进行。

（6）夏季打开易挥发溶剂瓶塞前，应先用冷水冷却，瓶口不要对着人。

（7）稀释浓硫酸的容器，如烧杯或锥形瓶要放在塑料盆中，只能将浓硫酸慢慢倒入水中，不能相反，必要时用水冷却。

（8）蒸馏易燃液体严禁用明火。蒸馏过程中不得离人，以防温度过高或冷却水突然中断。

（9）实训室内每瓶试剂必须贴有明显的与内容物相符的标签。严禁将用完的原装试剂空瓶不更新标签而装入别的试剂。

（10）操作中不得离开岗位，必须离开时要委托能负责者看管。

（11）实训室内禁止吸烟、进食，不能用实训器皿处理食物。离室前用肥皂洗手。

（12）工作时应穿工作服，长发要扎起，不应在食堂等公共场所穿工作服。进行有危险性的工作要加戴防护用具。最好能做到做实训时都戴上防护眼镜。

（13）每日工作完毕检查水、电、气、窗，进行安全登记后方可锁门。

第四节　溶液的配制

一、溶液的基本知识

1. 溶液的概念

溶液是一种或一种以上的物质以分子、原子或离子状态分散于另一种物质中构成的均匀而又稳定的混合物。组成溶液的物质分别被叫作溶剂和溶质。用来溶解别种物质的物质叫溶剂，能被溶剂溶解的物质叫溶质。溶质和溶剂可以是固体、液体和气体。按溶剂的状态不同，溶液可分为固态溶液（又称固溶体，如合金）、液态溶液（如 NaCl 水溶液）和气态溶液（如空气），通常所说的溶液是指液态溶液，最常用的溶剂指的是水。水是一种很好的溶剂，由于水的极性较强，能溶解很多极性化合物，特别是离子晶体，因此，水溶液是一类最重要、最常见的溶液。不指明溶剂的溶液一般指的是水溶液。溶液中溶质和溶剂的规定没有绝对的界限，只有相对的意义。通常把单独存在和组成溶液时状态相同的物质叫作溶剂，如氯化钠的水溶液，水称为溶剂，氯化钠称为溶质。如果是两种液体相混合，把量多的物质称为溶剂，例如，20％的乙醇水溶液，水是溶剂，乙醇是溶质；含5％甲醇的乙醇溶液，把甲醇叫作溶质，乙醇则是溶剂。

2. 溶液的分类

根据用途，可以将溶液分成以下几类。

普通溶液：指由各种固体或液体试剂配制而成的溶液，如一般的酸、碱、盐溶液及指示剂溶液、洗涤剂溶液、缓冲溶液等。这类溶液对浓度的准确度要求不高。

标准滴定溶液：用于滴定分析的已知准确浓度的溶液称为标准滴定溶液。如配位滴定中使用的 EDTA 标准滴定溶液，酸碱滴定中使用的盐酸标准滴定溶液。

基准溶液：采用基准物质准确称量配制并知道准确浓度的溶液，这种溶液可以用于标定其他的溶液。如配位滴定中用于标定 EDTA 的碳酸钙基准溶液，氧化还原滴定中重铬酸钾基准溶液等。

标准对比溶液：已经准确知道或已经规定了有关特性（如色度、浊度）的溶液，用来评价与某特性有关的试验溶液。标准对比溶液仅用于此类溶液的统称，其每个溶液通常用适当的形容词更加具体的命名，如标准比色溶液、标准比浊溶液。它可以由标准滴定溶液、基准溶液、标准溶液或具有所需特性的其他溶液配制。

3. 溶解度

物质在水中溶解能力的大小可用溶解度衡量。所谓溶解度即在一定温度下，饱和溶液中所含溶质的量。对于固体溶质来说，通常以一定温度下，某种物质在100g溶剂中制成饱和溶液时溶解的克数，叫作某物质在某温度时的溶解度。例如，在20℃时，KNO_3 在100g水中最多能溶解31.4g，KNO_3 的溶解度就是 $31.4g \cdot (100g 水)^{-1}$。

影响物质溶解度的因素很多，其中温度的影响较大，大多数固体物质的溶解度随温度升高而增加，例如 KNO_3，硝酸钾在水中的溶解度见表0-4。少部分固体溶解度受温度影响不大，例如 NaCl。只有极少数物质溶解度随着温度的升高反而减少，例如 $Ca(OH)_2$。

表 0-4　硝酸钾在水中的溶解度

温度/℃	0	10	20	30	40	50	60	70
溶解度/g·(100g 水)$^{-1}$	13.3	20.9	31.4	45.8	63.9	85.5	110.0	138

根据相似相溶的原理，物质易溶解于性质相似的物质之中。例如，极性物质易溶于极性溶剂，非极性物质易溶于非极性溶剂中。由此可以得知，不同的物质在同一种溶剂中溶解度不同，同一物质在不同溶剂中的溶解度也不相同。

各种物质的溶解度不同，习惯上把在室温时，在100g溶剂中，能溶解10g以上的物质称为易溶物质；溶解1～10g的物质称为可溶物质；溶解0.01～1g的物质称为微溶物质；溶解少于0.01g的物质称为难溶物质或不溶物质。

根据溶解度的概念可知，不同物质在水中的饱和溶液浓度是不相同的。配制饱和溶液的方法是：查阅溶解度表，得知该物质在室温下的溶解度，称取稍过量的溶质，配制溶液，在溶解达到平衡后（可充分搅拌或放置过夜），在溶液中保持过量未溶解的溶质固体。

二、溶液配制用器皿

1. 玻璃仪器的特性及其化学组成

由于玻璃具有一系列优良的性质，如高的化学稳定性、热稳定性、绝缘性及良好的透明度、一定的机械强度，所以溶液配制时经常使用大量玻璃仪器。通过改变玻璃的化学组成，可以制作成适应各种不同要求的玻璃。

玻璃的化学组成成分主要是 SiO_2、Al_2O_3、B_2O_3、Na_2O、K_2O、CaO、ZnO，表 0-5 中列出了用于制造各种仪器的玻璃化学组成、性质及其用途。

表 0-5　玻璃的化学组成、性质及用途

玻璃分类	通称	化学组成/%						主要用途
		SiO_2	Al_2O_3	B_2O_3	Na_2O	CaO	ZnO	
特硬玻璃	特硬料	80.7	2.1	12.8	3.8	0.6	—	制作耐热烧器
硬质玻璃	九五料	79.1	2.1	12.5	5.7	0.6	—	制作一般烧器产品
一般仪器玻璃	管料	74	4.5	4.5	12	3.3	1.7	制作滴管、吸管及培养皿等
量器玻璃	白料	73	5	4.5	13.2	3.8	0.5	制作量器等

从表 0-5 中可以看出，特硬玻璃和硬质玻璃含有较高 SiO_2 和 B_2O_3 成分，属于高硼硅酸盐玻璃一类，具有较好的热稳定性、化学稳定性，能耐热急变温差，受热不易发生破裂，用于生产允许加热的玻璃仪器。

玻璃器皿有较好的热稳定性，能够耐一般的酸、碱、盐的腐蚀和 600℃ 高温，当采用一般的酸、碱、盐溶解样品，配制或标定无机和有机溶液时可使用玻璃烧杯、试剂瓶、锥形瓶、量筒、吸管、容量瓶、滴定管、称量瓶、表面皿、滴管、滴瓶、蒸发皿等。

但是，氢氟酸和碱液对玻璃有很强的腐蚀作用。因此不能使用玻璃仪器进行含有氢氟酸的实训，也不能长时间使用玻璃容器存放碱液，更不能使用磨口玻璃容器存放碱液。

2. 溶液配制中常用玻璃仪器名称、常用规格、主要特点、主要用途、使用注意事项

（1）玻璃量器的等级分类　玻璃容器按其标称容量准确度的高低分为 A 级和 B 级两种。此外还有一种 A2 级，实际上是 A 级的副品。量器上均有相应的等级标志，如无上述字样符号，则表示此类量器不分级别，如量筒、量杯等。

（2）溶液配制常用的玻璃仪器　表 0-6 列出了在溶液配制中常用玻璃仪器。

3. 几种常用溶液配制用器皿的使用方法

在溶液配制中，常要用到三种准确量取溶液体积的玻璃器皿：滴定管、移液管和容量瓶。这些器皿按其准确度分为 A 级或 B 级。一般说来配制标准溶液要选用 A 级容器，并经过检定合格方可以使用。配制一般溶液可采用 A 级或 B 级。这三种器皿的正确使用是溶液配制中基本的操作。

（1）滴定管的使用　滴定管是溶液配制中最基本的玻璃量器，它是由具有准确刻度的细长玻璃管及开关组成，是在滴定时来准确测定自管内流出溶液体积的玻璃量器。

滴定管按其用途分，可以分为酸式滴定管和碱式滴定管。酸式滴定管的玻璃活塞是固定配合该滴定管的，所以不能任意更换。要注意其玻璃塞是否旋转自如，通常是取出活塞，拭干，在活塞两端沿圆周抹一薄层凡士林作润滑剂，然后将活塞插入，顶紧，旋转几下使凡士林分布均匀（几乎透明）即可，再在活塞尾端套一橡胶圈，使之固定。注意凡士林不要涂得太多，否则易使活塞中的小孔或滴定管下端管尖堵塞。在使用前应试漏。一般的标准溶液均

表 0-6　溶液配制中常用玻璃仪器

容器名称	常用规格	主要特点	主要用途	使用注意事项
烧杯	容量/mL：1、5、10、15、25、100、250、400、600、1000、2000	分普通、高型、有刻度和无刻度等几种。能加热	配制溶液、溶解样品	加热时杯内待加热溶液体积不要超过总容积的2/3，应放在石棉网上使其受热均匀；一般不可烧干
锥形瓶	容量/mL：5、10、15、20、25、50、100、150、200、250、300、500、1000、2000	分具塞、无塞两种	容量滴定分析，加热处理样品	加热时应置于石棉网或石墨板上，使其受热均匀；具塞锥形瓶加热时要打开塞子；非标准磨口要保持原配塞
量筒、量杯	容量/mL：5、10、25、50、100、250、600、1000、2000	量出式不能加热	用于量取一定体积的液体，但量出体积的准确度不高，属于粗略量取	不应加热，不能在其中配液；不能在烘箱中烘；不能盛热溶液；操作时要沿着器壁加入或倒出溶液
酸式滴定管	容量/mL：5、10、50、100	有棕色和无色；按准确度分为一等（A级）和二等（B级）不能加热	容量滴定分析	需要定期检定或校准后使用；活塞要原配；漏水的不能用；不能长期存放溶液
碱式滴定管	容量/mL：5、10、50、100	有棕色和无色；按准确度分为一等（A级）和二等（B级）；不能加热	容量滴定分析	需要定期检定或校准后使用；活塞要原配；漏水的不能用；不能长期存放碱性溶液；不能放与橡胶有作用的有机溶液
单标线移液管	容量/mL：0.5、1、2、5、10、15、20、25、50、100	量出式按准确度分为一等（A级）和二等（B级）	准确移取一定体积的液体，常用于配制标准溶液	应定期检定或校准后使用；稀释或配制标准溶液时应使用A级
分度吸管	容量/mL：0.1、0.2、0.5、1、2、5、10、15、20、25、50	量出式按准确度分为一等（A级）和二等（B级）	准确移取不同体积的液体	应定期检定或校准后使用；如必须用分度吸管稀释或配制标准溶液时，应使用A级
容量瓶	容量/mL：0.1、0.2、0.5、1、2、5、10、15、20、25、50	量入式：有棕色和无色；按准确度分为一等（A级）和二等（B级）	准确配制溶液	应定期检定或校准后使用；配制标准溶液时，应使用A级。塞子要保持原配；不能直接用火加热，可用水浴加热，漏水的不能使用
胶头滴管			吸取溶液	避免将溶液吸入橡胶头内

可用酸式滴定管，但因碱性滴定液常使玻塞与玻孔黏合，以致难以转动，故碱性滴定液宜用碱式滴定管。碱式滴定管的管端下部连有橡胶管，管内装一玻璃珠控制开关，一般用作碱性标准溶液的滴定。其准确度不如酸式滴定管，主要由于橡胶管的弹性会造成液面的变动。具有氧化性的溶液或其他易与橡胶管起作用的溶液，如高锰酸钾、碘、硝酸银等不能使用碱式滴定管。在使用前，应检查橡胶管是否破裂或老化及玻璃珠大小是否合适，无渗漏后才可使用。

在使用前应做以下几点准备：①在装滴定液前，须将滴定管洗净，使水自然沥干（内壁应不挂水珠），先用少量标准溶液荡洗三次（每次5～10mL），除去残留在管壁和下端管尖内的水，以防装入标准溶液被水稀释。②标准溶液装入滴定管应超过标线零刻度以上，这时滴定管尖端会有气泡，必须排除，否则将造成体积误差。如为酸式滴定管可转动活塞，使溶液急流而逐去气泡；如为碱式滴定管，则可将橡胶管弯曲向上，然后捏开玻珠，气泡即可被溶液排除。③最后再调整溶液的液面至零刻度处，即可进行滴定。

在滴定的时候应当注意以下几点：

① 滴定管在装满标准溶液后，管外壁的溶液要擦干，以免流下或溶液挥发而使管内溶液降温（在夏季影响尤大）。手持滴定管时，也要避免手心紧握装有溶液部分的管壁，以免手温高于室温（尤其在冬季）而使溶液的体积膨胀，造成读数误差。

② 使用酸式滴定管时，应将滴定管固定在滴定管架上，活塞柄向右，左手从中间向右伸出，拇指在管前，食指及中指在管后，三指平行地轻轻拿住活塞柄，无名指及小指向手心弯曲，食指及中指由下向上顶住活塞柄一端，拇指在上面配合动作。在转动时，中指及食指不要伸直，应该微微弯曲，轻轻向左扣住，这样既容易操作，又可防止把活塞顶出。

③ 在装满标准溶液后，滴定前"初读"零点，应静置 1～2min 再读一次，如液面读数无改变，仍为零才能滴定。滴定时不应太快，每秒放出 3～4 滴为宜，更不应成液柱流下，尤其在接近计量点时，更应一滴一滴逐滴加入（在计量点前可适当加快些滴定）。滴定至终点后，需等 1～2min，使附着在内壁的标准溶液流下来以后再读数，如果放出滴定液速度相当慢时，等半分钟后读数亦可，"终读"也至少读两次。

④ 滴定管读数可垂直夹在滴定管架上或手持滴定管上端使自由地垂直读取刻度，读数时还应该注意眼睛的位置与液面处在同一水平面上，否则将会引起误差。读数应该在弯月面下缘最低点，但遇标准溶液颜色太深，不能观察下缘时，可以读液面两侧最高点，"初读"与"终读"应用同一标准。

⑤ 通常，滴定管有无色、棕色两种，一般需避光的滴定液（如硝酸银标准溶液、硫代硫酸钠标准溶液等），需用棕色滴定管。

（2）移液管的使用 移液管是一种量出式仪器，只用来测量它所放出溶液的体积。它是一根中间有一膨大部分的细长玻璃管。其下端为尖嘴状，上端管颈处刻有一条标线，是所移取的准确体积的标志。

具体操作方法如下：

① 使用前 使用移液管，首先要看一下移液管标记、准确度等级、刻度标线位置等。使用移液管前，应先用铬酸洗液润洗，以除去管内壁的油污。然后用自来水冲洗残留的洗液，再用蒸馏水洗净。洗净后的移液管内壁应不挂水珠。移取溶液前，应先用滤纸将移液管末端内外的水吸干，然后用欲移取的溶液涮洗管壁 2～3 次，以确保所移取溶液的浓度不变。

② 吸液 用右手的拇指和中指捏住移液管的上端，将管的下口插入欲吸取的溶液中，插入不要太浅或太深，一般为 10～20mm 处，太浅会产生吸空，把溶液吸到洗耳球内弄脏溶液，太深又会在管外沾附溶液过多。左手拿洗耳球，先把球中空气压出，再将球的尖嘴接在移液管上口，慢慢松开压扁的洗耳球使溶液吸入管内，先吸入该管容量的 1/3 左右，用右手的食指按住管口，取出，横持，并转动管子使溶液接触到刻度以上部位，以置换内壁的水分，然后将溶液从管的下口放出并弃去，如此反复洗 3 次后，即可吸取溶液至刻度以上，立即用右手的食指按住管口。

③ 调节液面 将移液管向上提升离开液面，管的末端仍靠在盛溶液器皿的内壁上，管身保持直立，略微放松食指（有时可微微转动吸管）使管内溶液慢慢从下口流出，直至溶液的弯月面底部与标线相切为止，立即用食指压紧管口。将尖端的液滴靠壁去掉，移出移液管，插入承接溶液的器皿中。

④ 放出溶液 承接溶液的器皿如是锥形瓶，应使锥形瓶倾斜 30°，移液管直立，管下端紧靠锥形瓶内壁，稍松开食指，让溶液沿瓶壁慢慢流下，全部溶液流完后需等 15s 后再拿出

移液管，以便使附着在管壁的部分溶液得以流出。如果移液管未标明"吹"字，则残留在管尖末端内的溶液不可吹出，因为移液管所标定的量出容积中并未包括这部分残留溶液。

（3）容量瓶的使用　容量瓶主要用于准确地配制一定浓度的溶液。它是一种细长颈、梨形的平底玻璃瓶，配有磨口塞。瓶颈上刻有标线，当瓶内液体在所指定温度下达到标线处时，其体积即为瓶上所注明的容积数。

使用容量瓶配制溶液的方法如下。

① 先检查瓶塞处是否漏水（新购入清洗后检查）。具体操作方法是：在容量瓶内装入半瓶水，塞紧瓶塞，用右手食指顶住瓶塞，另一只手五指托住容量瓶底，将其倒立（瓶口朝下），观察容量瓶是否漏水。若不漏水，将瓶正立且将瓶塞旋转180°后，再次倒立，检查是否漏水，若两次操作，容量瓶瓶塞周围皆无水漏出，即表明容量瓶不漏水。经检查不漏水的容量瓶才能使用。

② 把准确称量好的固体溶质放在烧杯中，用少量溶剂溶解。然后把溶液转移到容量瓶里。为保证溶质能全部转移到容量瓶中，要用溶剂多次洗涤烧杯，并把洗涤溶液全部转移到容量瓶里。转移时要用玻璃棒引流。方法是将玻璃棒一端靠在容量瓶颈内壁上，注意不要让玻璃棒其他部位触及容量瓶口，防止液体流到容量瓶外壁上。加入适量溶剂后，振摇，进行初混。

③ 向容量瓶内加入的液体液面离标线0.5～1cm时，应改用滴管小心滴加，最后使液体的弯月面与标线正好相切。若加水超过刻度线，则需重新配制。盖紧瓶塞，用倒转和摇动的方法使瓶内的液体混合均匀。静置后如果发现液面低于刻度线，这是因为容量瓶内极少量溶液在瓶颈处润湿所损耗，所以并不影响所配制溶液的浓度，故不要往瓶内添水，否则，将使所配制的溶液浓度降低。

（4）锥形瓶的使用　锥形瓶为平底窄口的锥形容器，在使用的时候应注意以下几点：
① 注入的液体最好不要超过其容积的1/2，过多容易造成喷溅；
② 加热时使用石棉网（电炉加热除外）；
③ 外部要擦干后加热。

（5）量筒、量杯的使用　量筒和量杯是量度液体体积的工具。在使用的过程中应注意以下几点：
① 不能用量筒配制溶液或进行化学反应；
② 不能加热，也不能盛装热溶液以免炸裂；
③ 量取液体时应在室温下进行；
④ 读数时，视线应与凹液面最低点水平相切；
⑤ 量取已知体积的液体，应选择比已知体积稍大的量筒，否则会造成误差过大。

4. 玻璃仪器的洗涤

在溶液配制过程中，各种玻璃仪器是否干净，常常影响到分析结果的可靠性，所以在制备溶液前，必须进行仔细的清洗确保不含干扰物，以免影响配制溶液的量值，这一点十分重要，特别是对于配制痕量成分分析用标准溶液尤其重要。通常来说，根据不同的实训要求、污染物性质和污染程度来选用适合的器皿。

（1）洗涤要求
① 洗刷仪器时，应首先将手用肥皂洗净，以免手上的油污附在仪器上，增加洗刷的困难。

② 如仪器长久存放在附有灰尘的空间内，先用清水冲去，再按要求选用洁净剂洗刷或洗涤。例如，用毛刷蘸上少量去污粉，用自来水洗 3～6 次，最后用去离子水冲洗 3 次以上。

③ 洗干净的玻璃仪器应以挂不住水珠为度。如仍能挂住水珠，需要重新洗涤。用蒸馏水冲洗时，要用顺壁冲洗方法并充分振荡，经蒸馏水冲洗后的仪器，用酸碱指示剂检查冲洗后的蒸馏水应为中性。

④ 洗涤容器时还应符合少量（每次用少量的洗涤剂）多次的原则，既节约又提高了效率。

⑤ 用布或纸擦拭已经洗净的容器非但不能使容器变干净，反而会将纤维留在器壁上沾污了容器。已经洗净的容器壁上不应附着不溶物或油污。

（2）洗涤方法

① 用清水刷洗　根据要洗涤的玻璃仪器的形状选择合适的毛刷，如试管刷、烧杯刷、瓶刷、滴定管刷等。用毛刷蘸水洗刷，可使可溶性物质溶去，也可使附着在仪器上的尘土和不溶物脱落下来。这种洗涤方法只能洗去表面的浮灰，但往往洗不去油污和有机物质。

② 用去污粉、合成洗涤剂或肥皂液洗　一般玻璃器皿如烧杯、锥形瓶、量筒、试剂瓶等如沾有油污可用一些去污粉或合成洗涤剂等清洗。先用毛刷蘸取洗涤剂少许，先反复刷洗，然后边刷边用水冲洗，直到当倒去水后器壁不再挂水珠时，再用少量蒸馏水或去离子水分多次洗涤，洗去所沾自来水，即可使用。有时候去污粉的微小颗粒会黏附在玻璃器皿壁上，不易被水冲走，此时可用 2% 盐酸摇洗一次，再用自来水清洗。为了提高洗涤效率，可将洗涤剂配成 1%～5% 的水溶液加温浸泡要洗的玻璃仪器片刻后，再用毛刷刷洗，洗净的玻璃仪器倒置时，水流出后，器壁应不挂水珠、洁净透明。

③ 用铬酸洗液洗　若污染更为严重则可以将玻璃器皿放置于高型玻璃筒或大量筒内用铬酸洗液浸泡清洗。铬酸洗液是用研细的工业重铬酸钾 20g，溶于加热搅拌的 40g 水中，然后慢慢加入 360g 工业浓硫酸中配制而成，并贮存于玻璃瓶中备用。这种溶液具有很强的氧化性，对有机物的油污的去除能力特别强。在进行精确的定量实训时，往往遇到一些口小、管细的仪器很难用其他方法洗涤，可用铬酸洗液来洗。要洗的仪器内加入少量铬酸洗液，倾斜一定角度并慢慢转动仪器，让仪器内壁与洗液充分接触，转动几圈后，把铬酸洗液倒回原瓶内，然后用蒸馏水洗几遍。

如果需要洗涤的玻璃器皿太脏，则先使用少量自来水冲洗器皿内壁，再采用温热铬酸洗液浸泡仪器一段时间，这将大大提高铬酸洗涤效果。由于铬酸洗液是强腐蚀液体，易灼伤皮肤及损坏衣物，使用时应注意安全。且由于其具有吸水性，所以应该随时注意将装洗液的瓶子盖严，以防吸水而降低去污能力。一旦铬酸洗液用到出现绿色的时候（重铬酸钾还原成了硫酸铬的颜色），就失去了去污能力，不能继续使用。

此外，由于铬酸洗液有毒，大量使用将难以避免环境的污染，因此，若能用别的洗涤方法洗净的玻璃器皿，就不要用铬酸洗液。

④ 其他洗涤液　有机溶剂苯、乙醚、丙酮、二氯乙烷、氯仿、乙醇、丙酮等可洗去油污或溶于该溶剂的有机物质，使用时注意安全，注意溶剂的毒性与可燃性。

磷酸钠洗液：57g 磷酸钠和 285g 油酸钠，溶于 470mL 水中。用于洗涤残炭，先浸泡数分钟之后再刷洗。

（1+1）工业盐酸或（1+1）硝酸：用于洗去碱性物质及大多数无机物残渣，采用浸泡与浸煮器具的方法。

碘-碘化钾洗液：1g 碘和 2g 碘化钾溶于水中，用水稀释至 100mL 而成。用于洗涤硝酸银黑褐色残留污物。

草酸洗液：5～10g 草酸溶于 100mL 水中，加入少量浓盐酸，此溶液用于洗涤高锰酸钾洗后产生的二氧化锰。

碱性高锰酸钾洗液：4g 高锰酸钾溶于水中，加入 10g 氢氧化钾，用水稀释至 100mL 而成。此液用于清洗油污或其他有机物质，洗后容器沾污处有褐色二氧化锰析出，可用 (1+1) 工业盐酸或草酸洗液、硫酸亚铁、亚硫酸钠等还原剂去除。

碱性乙醇洗液：用 6g NaOH 溶于 6mL 的水中，再加入 50mL 95% 乙醇配成，贮于胶塞玻璃瓶中备用（久贮易失效），可用于洗涤油脂、焦油、树脂沾污的仪器。

⑤ 用于痕量分析的玻璃仪器的洗涤　痕量分析的要求较高，需要洗去吸附于玻璃器壁上及其微量的杂质离子，这就须先将洁净的玻璃器皿用优级纯的 HNO_3 (1+1) 或 HCl 浸泡几十小时，然后用去离子水洗干净后使用。

5. 玻璃仪器的干燥

每次实训完成后，玻璃仪器都应当洗净干燥，为下一次的实训工作做好准备。不同的实训对玻璃仪器的干燥程度有不同的要求。有的仪器洗净后即可使用，有的则要求干燥后使用，因此应根据不同要求来干燥仪器。

通常使用的玻璃仪器的干燥方法如下。

(1) 晾干　不急用的、要求一般干燥的仪器，可在用蒸馏水冲洗后倒置控去水分，然后将洗净的仪器放置于干净的专用橱中或其他无尘处。如安装有斜木钉的架子或有透气孔的柜子里，自然干燥。

(2) 吹干　对于急于干燥的或不适于放入烘箱的较大玻璃仪器可用电吹风将其吹干。通常是用少量乙醇、丙酮（或最后再用乙醚）倒入玻璃仪器中振荡洗涤（注意洗涤剂回收），然后用电吹风机吹，开始用冷风吹 2～3min，当大部分溶剂挥发后再用热风吹至完全干燥，再用冷风吹去残余的蒸气，不使其又冷凝在容器内壁。此法要求通风好，防止中毒，不可有明火，以防有机溶剂蒸气燃烧爆炸。

(3) 烤干　硬质试管等可以用酒精灯加热烤干，从底部烤起，管口向下，以免水珠倒流将试管炸裂，至无水珠后将试管口向上赶尽水汽。

(4) 烘干　洗净的仪器可以放到电热烘箱内烘干。仪器放进烘箱前应尽量将水倒干净，并在烘箱的最下层放一搪瓷盘，接受从容器上滴下的水珠，以免水滴直接滴在电炉丝上，损坏炉丝。将烘箱的温度控制在 105～110℃，时间为 1h 左右，也可以放在红外干燥箱中烘干，这种方法适用于一般仪器。称量瓶等在烘干后要放在干燥器中冷却和保存。带实心玻璃塞的仪器及厚壁仪器烘干时要注意缓慢升高温度并且温度不可过高，以免破裂。一般说来，带有刻度的量器是不放在烘箱中烘干的。

三、溶液配制的一般方法

溶液的配制包括标准溶液的配制和非标准溶液的配制。这里主要介绍标准溶液的配制。

1. 直接配制法

直接配制法是指溶液配制后，不再进行标定，浓度以配制值为准。常用于非标准溶液的制备。如显色剂溶液、支持电解质溶液、掩蔽剂溶液、缓冲溶液、指示剂溶液、萃取溶液、吸收液、沉淀剂溶液、空白溶液等。配制非标准溶液的浓度准确度要求不高，量值保持 1～2 位有效数字。试剂的质量可用最小分度较大的天平称量，体积常用量筒量取。

当采用有证标准物质配制标准溶液或对原料或试剂的纯度进行了测定或当试剂原料纯度很高，标准溶液的准确度要求不高、或暂时没有合适的方法进行标定的标准溶液时，也可采用直接配制法。标准溶液的稀释也常用该方法。

（1）非标准溶液的配制　称取或量取一定量的溶质溶于纯水或有机溶剂后，稀释到预期的体积，摇匀即可。

（2）标准溶液　由于溶液不再进行标定，准确称量（移取）溶质、定容等都要严格进行，确保溶液的量值准确可靠，常采用容量法或重量法配制。

① 容量法　该方法操作相对方便，能满足一般测量用标准溶液的准确度要求。缺点是由于体积随温度变化，溶液浓度受温度的影响，随着温度的变化，浓度略有变化，因此，标准溶液的使用温度应与配制温度相同或接近。

操作方法：固体原料（试剂）在分析天平上准确称取一定量的已处理的原料（试剂）溶于酸、碱、纯水或有机溶剂后，移入已校正的容量瓶中，在（20±2）℃的实训室中定容，摇匀即可。其浓度常用质量浓度、物质的量浓度等表示。

稀释标准溶液：用单刻线吸管准确吸取一定量的溶质液体（已在恒温室中放置平衡），加入到已校正的容量瓶中，用酸、碱、纯水或有机溶剂稀释后，在（20±2）℃的实训室中定容，摇匀即可。其浓度常用质量浓度、物质的量浓度、体积分数、比例浓度等表示。

② 重量法　该方法操作相对烦琐，但是溶液的浓度不受温度的影响。

操作方法：在分析天平上准确称取一定量的已处理的原料试剂，溶于酸、碱、纯水或有机溶剂后，转移到预先洗净、干燥并已经称重的容器中（如容量瓶、聚乙烯瓶等），加入溶剂直到达到预期的质量。其浓度常用质量分数、质量摩尔浓度等表示。

2. 标定法

标定法主要用于标准溶液的配制。标准溶液的浓度准确程度直接影响分析结果的准确度。因此，标准溶液的配制在方法、使用仪器、量具和试剂等方面都有严格的要求。

（1）滴定分析用标准溶液

① 一般规则　国家标准 GB/T 601—2002《化学试剂　标准滴定溶液的制备》中对上述各个方面的要求作了规定，应达到下列要求：

a. 配制标准溶液用水，至少应符合 GB/T 6682 中三级水的规格；

b. 所用试剂纯度应在分析纯以上（标定应使用有证标准物质或基准试剂）；

c. 所用分析天平及砝码应定期检定；

d. 所用滴定管、容量瓶及移液管均需定期校正，校正方法按 JJG 196—2006《常用玻璃量器检定规程》中规定进行；

e. 制备标准溶液的浓度指 20℃时的浓度，在标定和使用时，如温度有差异，应按 GB/T 601 中附录 A 进行补正；

f. 标定标准溶液时，平行试验不得少于 8 次，两人各做 4 次平行测定，检测结果再按规定的方法进行数据的取舍后取平均值，浓度值取 4 位有效数字；

g. 浓度值以标定结果为准；

h. 配制浓度等于或低于 $0.02mol \cdot L^{-1}$ 的标准溶液时，且溶液的稳定性无保障时，应于临用前将浓度高的标准溶液稀释，必要时重新标定；

i. 用碘量法标定时，溶液温度不能过高，一般在 15～20℃之间进行。

② 标定　很多试剂并不符合基准试剂的条件，例如，市售的浓盐酸很易挥发，固体氢

氧化钠很易吸收空气中的水分和二氧化碳，高锰酸钾不易提纯而易分解等。因此它们都不能直接配制所需浓度的标准溶液。一般是先将这些物质配成近似浓度的溶液，再用标准物质测定其浓度准确值，这一操作称为标定。标准溶液标定方法常有以下两种。

a. 直接标定法。直接标定可采用容量法和重量法两种方法进行。

容量法：准确称取或移取一定量的标准物质（或基准试剂），溶于纯水（或有机溶剂）后，用待标定溶液滴定，至反应完全，根据所消耗待标定溶液的体积和标准物质（或基准试剂）的质量，计算出待标定溶液的准确浓度。如用无水碳酸钠标准物质标定盐酸或硫酸溶液，就属于这种标定方法。

重量法：利用待标定物质与某种沉淀剂形成沉淀的方法标定。准确称取或移取一定量的待标定溶液，加入适当的沉淀剂溶液，使待标定溶液完全沉淀，将沉淀过滤、洗涤、干燥（灼烧）、称重，直到恒重，计算待标定溶液的浓度。

b. 间接标定法　部分标准溶液没有合适的用以直接标定的标准物质或基准试剂，需要先标定某标准溶液，再用该标准溶液标定待测溶液。因此，间接标定的不确定度比直接标定的要大些。如标定乙酸溶液时，需要使用氢氧化钠标准溶液进行标定，因此需要先标定氢氧化钠标准溶液。用高锰酸钾标准溶液标定草酸溶液也属于这类标定方法。

(2) 微量或痕量分析用标准溶液

① 一般原则　为了确保标准溶液的准确度，国家标准对其制备和使用也有严格要求，GB/T 602—2002 对杂质测定用标准溶液制备和使用作了一般规定。

a. 制备标准溶液所用的水，至少应符合 GB/T 6682 中三级水的规格。

b. 所用试剂纯度应在分析纯以上。

c. 一般浓度低于 $0.1mg \cdot L^{-1}$ 的标准溶液，应在临用前用较浓的标准溶液（标准储备液）于容量瓶中稀释而成。

d. 储备标准溶液中元素一般的浓度是 $1000mg \cdot L^{-1}$ 或 $10000mg \cdot L^{-1}$。

② 标准溶液的标定

a. 容量滴定方法，包括配位滴定、氧化还原滴定、沉淀滴定、酸碱滴定等，与上述滴定用标准溶液的标定相似。

b. 采用基准方法定值，包括库仑法、重量法、凝固点下降法、同位素稀释质谱法等。

c. 采用多种仪器分析方法，如 ICP-质谱法、ICP-发射光谱法、原子吸收法、离子色谱法、气相色谱法、液相色谱法等通过测量原料中可能存在的杂质，得到原料纯度，准确配制。

四、溶液标签

每瓶溶液必须附有适当的标签。杜绝无标签溶液和标签内容信息不全。如发现标签模糊或脱落应立即重新书写并粘贴牢固。

1. 标准溶液标签

内容应包括标准溶液名称、浓度及单位、介质、配制日期、配制温度、有效期、配制人、编号等。

2. 非标准溶液标签

内容包括溶液名称、浓度及单位、介质、配制日期、配制人、编号等。

五、溶液配制注意事项

配制标准溶液和非标准溶液时，一般应注意以下几个方面的内容。

① 配制溶液实训室的要求：干净整洁，有控温设备，定容温度为（20±2）℃。

② 分析实训所用的水溶液应用纯水配制，容器应用纯水洗净。特殊要求的溶液应事先做纯水的空白值检验。

③ 溶液要用带塞的试剂瓶盛装，见光易分解的溶液要装于棕色瓶中。挥发性试剂、与空气接触易变质及放出腐蚀性气体的溶液，瓶塞要严密。浓碱液应用塑料瓶装，如装在玻璃瓶中，要用橡胶塞塞紧，不能用玻璃磨口塞。

④ 配制硫酸、磷酸、硝酸、盐酸等溶液时，都应把酸倒入水中。对于溶解时放热较多的试剂，不可在试剂瓶中配制以免炸裂。

⑤ 用有机溶剂配制溶液时（如配制指示剂溶液），有时有机物溶解较慢，应不时搅拌，可以在热水浴中温热溶液，不可直接加热。易燃溶剂要远离明火使用，有毒有机溶剂应在通风橱内操作，配制溶液用的烧杯应加盖，以防有机溶剂的蒸发。

⑥ 要熟悉一些常用溶液的配制方法。如配制碘溶液应加入一定量的碘化钾；配制易水解的盐类溶液应先加酸溶解后，再以一定浓度的稀酸稀释。

⑦ 每瓶溶液必须附有适当的标签。

⑧ 不能用手接触腐蚀性及剧毒的溶液。剧毒溶液应作降解处理，不可直接倒入下水道。

总之，溶液的配制是进行化学检验的一项基础工作，是保证检验结果准确可靠的前提。

六、常用标准溶液的配制

1. 氢氧化钠标准溶液的配制

（1）配制　称取110g氢氧化钠，溶于100mL无二氧化碳的水中，摇匀，注入聚乙烯容器中，密闭放置至溶液清亮。按表0-7的规定，用塑料管量取上层清液，用无二氧化碳的水稀释至1000mL，摇匀。

表0-7　氢氧化钠标准溶液的配制

氢氧化钠标准滴定溶液的浓度[c(NaOH)]/mol·L^{-1}	氢氧化钠溶液的体积 V/mL
1	54
0.5	27
0.1	5.4

（2）标定　按表0-8的规定称取于105～110℃电烘箱中干燥至恒重的工作基准试剂邻苯二甲酸氢钾，加无二氧化碳的水溶解，加2滴酚酞指示液，用配制好的氢氧化钠溶液滴定至溶液呈粉红色，并保持30s。同时做空白试验。

表0-8　氢氧化钠标准溶液的标定

氢氧化钠标准滴定溶液的浓度 [c(NaOH)]/mol·L^{-1}	工作基准试剂 邻苯二甲酸氢钾的质量 m/g	无二氧化碳水的体积 V/mL
1	7.5	80
0.5	3.6	80
0.1	0.75	50

氢氧化钠标准滴定溶液的浓度 [c(NaOH)]，数值以摩尔每升（mol·L^{-1}）表示，按式（0-1）计算：

$$c(\text{NaOH}) = \frac{m \times 1000}{(V_1 - V_2)M} \tag{0-1}$$

式中　m——邻苯二甲酸氢钾的质量，g；

　　　V_1——氢氧化钠溶液的体积，mL；

　　　V_2——空白试验氢氧化钠溶液的体积，mL；

　　　M——邻苯二甲酸氢钾的摩尔质量，g·mol^{-1}。

2. 盐酸标准溶液的配制

（1）配制　按表 0-9 的规定，量取盐酸，注入 1000mL 水中，摇匀。

表 0-9　盐酸标准溶液的配制

盐酸标准滴定溶液的浓度［c(HCl)］/mol·L^{-1}	盐酸的体积 V/mL
1	90
0.5	45
0.1	9

（2）标定　按表 0-10 的规定，称取于 270～300℃高温炉中灼烧至恒重的工作基准试剂无水碳酸钠，溶于 50mL 水中，加 10 滴溴甲酚绿-甲基红指示液，用配制好的盐酸溶液滴定至溶液由绿色变为暗红色，煮沸 2min，冷却后继续滴定至溶液再呈暗红色。同时做空白试验。

表 0-10　盐酸标准溶液的标定

盐酸标准滴定溶液的浓度［c(HCl)］/mol·L^{-1}	工作基准试剂无水碳酸钠的质量 m/g
1	1.9
0.5	0.95
0.1	0.2

盐酸标准滴定溶液的浓度［c(HCl)］，数值以摩尔每升（mol·L^{-1}）表示，按式（0-2）计算：

$$c(\text{HCl}) = \frac{m \times 1000}{(V_1 - V_2)M} \tag{0-2}$$

式中　m——无水碳酸钠的质量，g；

　　　V_1——盐酸溶液的体积，mL；

　　　V_2——空白试验盐酸溶液的体积，mL；

　　　M——无水碳酸钠的摩尔质量，g·mol^{-1}。

3. 硫酸标准溶液的配制

（1）配制　按表 0-11 的规定，量取硫酸，缓缓注入 1000mL 水中，冷却，摇匀。

表 0-11　硫酸标准溶液的配制

硫酸标准滴定溶液的浓度［$c\left(\frac{1}{2}\text{H}_2\text{SO}_4\right)$］/mol·L^{-1}	硫酸的体积 V/mL
1	30
0.5	15
0.1	3

（2）标定　按表 0-12 的规定，称取于 270～300℃高温炉中灼烧至恒重的工作基准试剂无水碳酸钠，溶于 50mL 水中，加 10 滴溴甲酚绿-甲基红指示液，用配制好的硫酸溶液滴定至溶液由绿色变为暗红色，煮沸 2min，冷却后继续滴定至溶液再呈暗红色。同时做空白试验。

表 0-12 硫酸标准溶液的标定

硫酸标准滴定溶液的浓度 $\left[c\left(\dfrac{1}{2}H_2SO_4\right)/mol\cdot L^{-1}\right]$	工作基准试剂无水碳酸钠的质量 m/g
1	1.9
0.5	0.95
0.1	0.2

硫酸标准滴定溶液的浓度 $\left[c\left(\dfrac{1}{2}H_2SO_4\right)\right]$，数值以摩尔每升（$mol\cdot L^{-1}$）表示，按式（0-3）计算：

$$c\left(\frac{1}{2}H_2SO_4\right)=\frac{m\times1000}{(V_1-V_2)M}\qquad(0\text{-}3)$$

式中 m——无水碳酸钠的质量，g；

$\qquad V_1$——硫酸溶液的体积，mL；

$\qquad V_2$——空白试验硫酸溶液的体积，mL；

$\qquad M$——无水碳酸钠的摩尔质量，$g\cdot mol^{-1}$。

4. 碳酸钠标准溶液的配制

（1）配制 按表 0-13 的规定，称取无水碳酸钠，溶于 1000mL 水中，摇匀。

表 0-13 碳酸钠标准溶液的配制

碳酸钠标准滴定溶液的浓度 $\left[c\left(\dfrac{1}{2}NaCO_3\right)\right]/mol\cdot L^{-1}$	无水碳酸钠的质量 m/g
1	53
0.1	5.3

（2）标定 量取 35.00～40.00mL 配制好的碳酸钠溶液，按表 0-14 规定体积数加水，加 10 滴溴甲酚绿-甲基红指示液，用表 0-14 规定的相应浓度的盐酸标准滴定溶液滴定至溶液由绿色变为红色，煮沸 2min，冷却后，继续滴定至溶液再呈暗红色。

表 0-14 碳酸钠标准溶液的标定

碳酸钠标准滴定溶液的浓度 $\left[c\left(\dfrac{1}{2}NaCO_3\right)\right]/mol\cdot L^{-1}$	加入水的体积 V/mL	盐酸标准滴定溶液的浓度 $[c(HCl)]/mol\cdot L^{-1}$
1	50	1
0.1	20	0.1

碳酸钠标准滴定溶液的浓度 $\left[c\left(\dfrac{1}{2}Na_2CO_3\right)\right]$，数值以摩尔每升（$mol\cdot L^{-1}$）表示，按式（0-4）计算：

$$c\left(\frac{1}{2}Na_2CO_3\right)=\frac{V_1c_1}{V}\qquad(0\text{-}4)$$

式中 V_1——盐酸标准滴定溶液的体积，mL；

$\qquad c_1$——盐酸标准滴定溶液的浓度，$mol\cdot L^{-1}$；

$\qquad V$——碳酸钠溶液的体积，mL。

5. 重铬酸钾标准溶液的配制 $\left[c\left(\dfrac{1}{6}K_2Cr_2O_7\right)=0.1mol\cdot L^{-1}\right]$

（1）配制 称取 5g 重铬酸钾，溶于 1000mL 水中，摇匀。

（2）标定　量取 35～40mL 配制好的重铬酸钾溶液，置于碘量瓶中，加 2g 碘化钾及 20mL 硫酸溶液（20%），摇匀，于暗处放置 10min。加 150mL 水（15～20℃），用硫代硫酸钠标准滴定溶液 $[c(Na_2S_2O_3)=0.1mol \cdot L^{-1}]$ 滴定，近终点时加 2mL 淀粉指示液（10g·L^{-1}），继续滴定至溶液由蓝色变为亮绿色。同时做空白试验。

重铬酸钾标准滴定溶液的浓度 $\left[c\left(\dfrac{1}{6}K_2Cr_2O_7\right)\right]$，数值以摩尔每升（mol·$L^{-1}$）表示，按式（0-5）计算：

$$c\left(\frac{1}{6}K_2Cr_2O_7\right)=\frac{(V_1-V_2)c_1}{V} \tag{0-5}$$

式中　V_1——硫代硫酸钠标准滴定溶液的体积，mL；

$\quad\quad V_2$——空白试验硫代硫酸钠标准滴定溶液的体积，mL；

$\quad\quad c_1$——硫代硫酸钠标准滴定溶液的浓度，mol·L^{-1}；

$\quad\quad V$——重铬酸钾溶液的体积，mL。

6. 硫代硫酸钠标准溶液的配制 $[c(Na_2S_2O_3)=0.1mol \cdot L^{-1}]$

（1）配制　称取 26g 硫代硫酸钠（$Na_2S_2O_3 \cdot 5H_2O$）或 16g 无水硫代硫酸钠，加 0.2g 无水碳酸钠，溶于 1000mL 水中，缓缓煮沸 10min，冷却。放置两周后过滤。

（2）标定　称取 0.18g 于（120±2）℃干燥至恒重的工作基准试剂重铬酸钾，置于碘量瓶中，溶于 25mL 水，加 2g 碘化钾及 20mL 硫酸溶液（20%），摇匀，于暗处放置 10min。加 150mL 水（15～20℃），用配制好的硫代硫酸钠溶液滴定，近终点时加 2mL 淀粉指示液（10g·L^{-1}），继续滴定至溶液由蓝色变为亮绿色。同时做空白试验。

硫代硫酸钠标准滴定溶液的浓度 $[c(Na_2S_2O_3)]$，数值以摩尔每升（mol·L^{-1}）表示，按式（0-6）计算：

$$c(Na_2S_2O_3)=\frac{m \times 1000}{(V_1-V_2)M} \tag{0-6}$$

式中　m——重铬酸钾的质量，g；

$\quad\quad V_1$——硫代硫酸钠标准滴定溶液的体积，mL；

$\quad\quad V_2$——空白试验硫代硫酸钠标准滴定溶液的体积，mL；

$\quad\quad M$——重铬酸钾的摩尔质量，g·mol^{-1}。

7. 溴标准溶液的配制 $\left[c\left(\dfrac{1}{2}Br_2\right)=0.1mol \cdot L^{-1}\right]$

（1）配制　称取 3g 溴酸钾，溶于 1000mL 水中，摇匀。

（2）标定　量取 35.00～40.00mL 配制好的溴酸钾溶液，置于碘量瓶中，加 2g 碘化钾及 5mL 盐酸溶液（20%），摇匀，于暗处放置 5min。加 150mL 水（15～20℃），用硫代硫酸钠标准滴定溶液 $[c(Na_2S_2O_3)=0.1mol \cdot L^{-1}]$ 滴定，近终点时加 2mL 淀粉指示液（10g·L^{-1}），继续滴定至溶液蓝色消失。同时做空白试验。

溴标准滴定溶液的浓度 $\left[c\left(\dfrac{1}{2}Br_2\right)\right]$，数值以摩尔每升（mol·$L^{-1}$）表示，按式（0-7）计算：

$$c\left(\frac{1}{2}Br_2\right)=\frac{(V_1-V_2)c_1}{V} \tag{0-7}$$

式中　V_1——硫代硫酸钠标准滴定溶液的体积，mL；

　　　V_2——空白试验硫代硫酸钠标准滴定溶液的体积，mL；

　　　c_1——硫代硫酸钠标准滴定溶液的浓度，$mol \cdot L^{-1}$；

　　　V——溴酸钾溶液的体积，mL。

8. 溴酸钾标准溶液的配制 $\left[c\left(\dfrac{1}{6}KBrO_3\right) = 0.1 mol \cdot L^{-1} \right]$

（1）配制　称取 3g 溴酸钾及 25g 溴化钾，溶于 1000mL 水中，摇匀。

（2）标定　量取 35.00～40.00mL 配制好的溴酸钾溶液，置于碘量瓶中，加 2g 碘化钾及 5mL 盐酸溶液（20%），摇匀，于暗处放置 5min。加 150mL 水（15～20℃），用硫代硫酸钠标准滴定溶液 $[c(Na_2S_2O_3) = 0.1 mol \cdot L^{-1}]$ 滴定，近终点时加 2mL 淀粉指示液（$10g \cdot L^{-1}$），继续滴定至溶液蓝色消失。同时做空白试验。

溴酸钾标准滴定溶液的浓度 $\left[c\left(\dfrac{1}{6}KBrO_3\right) \right]$，数值以摩尔每升（$mol \cdot L^{-1}$）表示，按式（0-8）计算：

$$c\left(\frac{1}{6}KBrO_3\right) = \frac{(V_1 - V_2)c_1}{V}$$　　　　　　（0-8）

式中　V_1——硫代硫酸钠标准滴定溶液的体积，mL；

　　　V_2——空白试验硫代硫酸钠标准滴定溶液的体积，mL；

　　　c_1——硫代硫酸钠标准滴定溶液的浓度，$mol \cdot L^{-1}$；

　　　V——溴酸钾溶液的体积，mL。

9. 碘标准溶液的配制 $\left[c\left(\dfrac{1}{2}I_2\right) = 0.1 mol \cdot L^{-1} \right]$

（1）配制　称取 13g 碘及 35g 碘化钾，溶于 100mL 水中，稀释至 1000mL，摇匀，贮存于棕色瓶中。

（2）标定　称取 0.18g 预先在硫酸干燥器中干燥至恒重的工作基准试剂三氧化二砷，置于碘量瓶中，加 6mL 氢氧化钠标准滴定溶液 $[c(NaOH) = 1 mol \cdot L^{-1}]$ 溶解，加 50mL 水，加 2 滴酚酞指示液（$10g \cdot L^{-1}$），用硫酸标准滴定溶液 $\left[c\left(\dfrac{1}{2}H_2SO_4\right) = 1 mol \cdot L^{-1} \right]$ 滴定至溶液无色，加 3g 碳酸氢钠及 2mL 淀粉指示液（$10g \cdot L^{-1}$），用配制好的碘溶液滴定至溶液呈浅蓝色。同时做空白试验。

碘标准滴定溶液的浓度 $\left[c\left(\dfrac{1}{2}I_2\right) \right]$，数值以摩尔每升（$mol \cdot L^{-1}$）表示，按式（0-9）计算：

$$c\left(\frac{1}{2}I_2\right) = \frac{m \times 1000}{(V_1 - V_2)M}$$　　　　　　（0-9）

式中　m——三氧化二砷的质量，g；

　　　V_1——碘溶液的体积，mL；

　　　V_2——空白试验碘溶液的体积，mL；

　　　M——三氧化二砷的摩尔质量，$g \cdot mol^{-1}$。

10. 碘酸钾标准溶液的配制

（1）配制　按表 0-15 规定量称取碘酸钾，溶于 1000mL 水中，摇匀。

表 0-15　碘酸钾标准溶液的配制

碘酸钾标准滴定溶液的浓度 $\left[c\left(\frac{1}{6}KIO_3\right)\right]/mol \cdot L^{-1}$	碘酸钾的质量 m/g
0.3	11
0.1	3.6

（2）标定　按表 0-16 规定，取配制好的碘酸钾溶液、水及碘化钾，置于碘量瓶中。加 5mL 盐酸溶液（2%），摇匀，于暗处放置 5min。加 150mL 水（15～20℃），用硫代硫酸钠标准滴定溶液 $[c(Na_2S_2O_3)=0.1mol \cdot L^{-1}]$ 滴定，近终点时加 2mL 淀粉指示液（10g·L^{-1}），继续滴定至溶液的蓝色消失。同时做空白试验。

表 0-16　碘酸钾标准溶液的标定

碘酸钾标准滴定溶液的浓度 $\left[c\left(\frac{1}{6}KIO_3\right)\right]/mol \cdot L^{-1}$	碘酸钾溶液的体积 V/mL	加入水的体积 V/mL	碘化钾的质量 m/g
0.3	11.00～13.00	20	3
0.1	35.00～40.00	0	2

碘酸钾标准滴定溶液的浓度 $\left[c\left(\frac{1}{6}KIO_3\right)\right]$，数值以摩尔每升（mol·$L^{-1}$）表示，按式（0-10）计算：

$$c\left(\frac{1}{6}KIO_3\right)=\frac{(V_1-V_2)c_1}{V} \tag{0-10}$$

式中　V_1——硫代硫酸钠标准滴定溶液的体积，mL；

　　　V_2——空白试验硫代硫酸钠标准滴定溶液的体积，mL；

　　　c_1——硫代硫酸钠标准滴定溶液的浓度，mol·L^{-1}；

　　　V——碘酸钾溶液的体积，mL。

水质分析实训

📚 知识目标

① 掌握工业锅炉水质浊度分析方法；
② 掌握工业锅炉水质溶解氧测定方法；
③ 掌握工业锅炉水质溶解固形物的测定方法；
④ 掌握工业锅炉水质氯化物测定方法；
⑤ 掌握工业锅炉水质碱度测定方法；
⑥ 掌握生活用水矿化度含量的测定方法；
⑦ 掌握生活用水电导率的测定方法。

技能目标

① 能采用浊度仪法进行工业锅炉水质的浊度分析；
② 能采用氧电极法测定工业锅炉水质的溶解氧；
③ 能采用重量法测定工业锅炉水质的溶解固形物；
④ 能采用硫氰酸铵滴定法测定工业锅炉水质的氯化物；
⑤ 能采用酸碱滴定法测定工业锅炉水质的碱度；
⑥ 能采用重量法进行水质的矿化度含量的测定；
⑦ 能采用电导仪进行水质的电导率的测定。

📚 任务引导

查阅标准
GB/T 1576—2008《工业锅炉水质》
GB/T 5750—2006《生活饮用水标准检验方法》

任务实施

工业锅炉水质分析

任务1 浊度的测定

一、使用标准

依据国家标准 GB/T 1576—2008《工业锅炉水质》。

二、任务目的

① 能采用浊度仪法对工业锅炉水质的浊度进行分析并能加以应用。

② 能正确地进行浊度仪的安装及实训操作。

三、制订实施方案

1. 方法提要

本测定方法是根据光透过被测水样的强度，以福马肼标准悬浊液作标准溶液，采用浊度仪来测定。

2. 试剂与试样

（1）无浊度水的制备　将分析实训室用二级水（符合 GB/T 6682 的规定）以 3mL·min^{-1}流速，经孔径为 0.15μm 的微孔滤膜过滤，弃去最初滤出的 200mL 滤液，必要时重复过滤一次。此过滤水即为无浊度水，需贮存于清洁的、并用无浊度水冲洗过的玻璃瓶中。

（2）浊度为 400FTU 福马肼贮备标准溶液的制备

① 硫酸联氨溶液：称取 1.000g 硫酸联氨（$N_2H_4 \cdot H_2SO_4$），用少量无浊度水溶解，移入 100mL 容量瓶中，再用无浊度水稀释至刻度，摇匀。

② 六亚甲基四胺溶液：称取 10.000g 六亚甲基四胺 $[(CH_2)_6N_4]$，用少量无浊度水溶解，移入 100mL 容量瓶中，再用无浊度水稀释至刻度，摇匀。

③ 浊度为 400FTU 的福马肼贮备标准溶液：用移液管分别准确吸取硫酸联氨溶液和六亚甲基四胺溶液各 5mL，注入 100mL 容量瓶中，摇匀后在（25±3）℃下静置 24h，然后用无浊度水稀释至刻度，并充分摇匀。此福马肼贮备标准溶液在 30℃下保存，1 周内使用有效。

（3）浊度为 200FTU 福马肼工作液的制备　用移液管准确吸取浊度为 400FTU 的福马肼贮备标准溶液 50mL，移入 100mL 容量瓶中，用无浊度水稀释至刻度，摇匀备用。此浊度福马肼工作液有效期不超过 48h。

3. 仪器与设备

（1）浊度仪。

（2）滤膜过滤器，装配孔径为 0.15μm 的微孔滤膜。

4. 任务实施步骤

（1）仪器校正

① 调零　用无浊度水冲洗试样瓶 3 次，再将无浊度水倒入试样瓶内至刻度线，然后擦

净瓶体的水迹和指印，置于仪器试样座内，旋转试样瓶的位置，使试样瓶的记号线对准试样座上的定位线，然后盖上遮光盖，待仪器显示稳定后，调节"零位"旋钮，使浊度显示为零。

② 校正

a. 福马肼标准浊度溶液的配制：按表 1-1 用移液管准确吸取浊度为 200FTU 的福马肼工作液（吸取量按被测水样浊度选取），注入 100mL 容量瓶中，用无浊度水稀释至刻度，充分摇匀后使用。福马肼标准浊度溶液不稳定，应使用时配制，有效期不应超过 2h。

表 1-1　配制福马肼标准浊度溶液吸取 200FTU 福马肼工作液的量

200FTU 福马肼工作液吸取量/mL	0	2.50	5.00	10.00	20.0	35.0	50.0
被测水样浊度/FTU	0	5.0	10.0	20.0	40.0	70.0	100.0

b. 校正：用上述配制的福马肼标准浊度溶液，冲洗试样瓶 3 次后，再将标准浊度溶液倒入试样瓶内，擦净瓶体的水迹和指印后，置于试样座内，并使试样瓶的记号线对准试样座上的定位线，盖上遮光盖，待仪器显示稳定后，调节"校正"旋钮，使浊度显示为标准浊度校正液的浊度值。

（2）样品的交接与试液制备和测定　领取某工业锅炉用水若干。取适量充分摇匀的水样冲洗试样瓶 3 次，再将水样倒入试样瓶内至刻度线，擦净瓶体的水迹和指印后置于试样座内，旋转试样瓶的位置，使试样瓶的记号线对准试样座上的定位线，然后盖上遮光盖，待仪器显示稳定后，直接在浊度仪上读数。

5. 注意事项

（1）试样瓶表面光洁度和水样中的气泡对测定结果影响较大。测定时将水样倒入试样瓶后，可先用滤纸小心吸去瓶体外表面水滴，再用擦镜纸或擦镜软布将试样瓶外表面擦拭干净，避免试样瓶表面产生划痕。仔细观察试样瓶中的水样，等气泡完全消失后方可进行测定。

（2）不同的水样，如果浊度相差较大，测定时应当重新进行定位校正。

6. 允许差

浊度测定的允许差见表 1-2。

表 1-2　浊度测定的允许差

浊度范围/FTU	允许差/FTU
1～10	1
10～100	5

四、任务思考

① 浊度仪在使用之前为什么要进行校正？如何校正？

② 在浊度测定时有哪些影响因素？如何消除？

任务2　溶解氧的测定

一、使用标准

依据国家标准 GB/T 1576—2008《工业锅炉水质》。

二、任务目的

① 能采用氧电极法对工业锅炉水质的溶解氧测定。

② 能正确地进行溶解氧仪的安装及实训操作。

三、制订实施方案

1. 方法提要

溶解氧测定仪的氧敏感薄膜电极由两个与电解质相接触的金属电极（阴极/阳极）及选择性薄膜组成。选择性薄膜只能透过氧气和其他气体，水和可溶解性物质不能透过。当水样流过允许氧透过的选择性薄膜时，水样中的氧气将透过膜扩散，其扩散速率取决于通过选择性薄膜的氧分子浓度和温度梯度。透过膜的氧气在阴极上还原，产生微弱的电流，在一定温度下其大小和水样溶解氧含量成正比。

在阴极上的反应是氧分子被还原成氢氧化物：

$$O_2 + 2H_2O + 4e \longrightarrow 4OH^-$$

在阳极上的反应是金属阳极被氧化成金属离子：

$$Me \longrightarrow Me^{2+} + 2e$$

2. 试剂与试样

（1）亚硫酸钠。

（2）二价钴盐（$CoCl_2 \cdot H_2O$）。

（3）分析实训室用二级水，符合 GB/T 6682 的规定。

3. 仪器与设备

（1）溶解氧测定仪　溶解氧测定仪一般分为原电池式和极谱式（外加电压）两种类型，其中根据其测量范围和精确度的不同，又有多种型号。测定时应当根据被测水样中的溶解氧含量和测量要求，选择合适的仪器型号。测定一般水样和测定溶解氧含量小于或等于 $0.1 mg \cdot L^{-1}$ 工业锅炉给水时，可选用不同量程的常规溶解氧测定仪；当测定溶解氧含量小于或等于 $20 \mu g \cdot L^{-1}$ 水样时，应当选用高灵敏度溶解氧测定仪。

（2）温度计　温度计精确至 $0.5℃$。

4. 任务实施步骤

（1）仪器的校正

① 按仪器使用说明书装配电极和流动测量池。

② 调节：按仪器说明书进行调节和温度补偿。

③ 零点校正：将电极浸入新配制的零氧溶液（一般用 5％～10％亚硫酸钠溶液，可加入适量的二价钴盐作催化剂），进行校零。

④ 校准：按仪器说明书进行校准。一般溶解氧测定仪可在空气中校准。

（2）样品的交接与试液制备和测定

① 领取某工业锅炉用水若干，取适量进行溶解氧的测定。调整被测水样的温度在 5～40℃，水样流速在 $100 mL \cdot min^{-1}$ 左右，水样压力小于 0.4MPa。

② 将测量池与被测水样的取样管用乳胶管或橡皮管连接好，测量水温，进行温度补偿。

③ 根据被测水样溶解氧的含量，选择合适的测定量程，按下测量开关进行测定。

5. 注意事项

（1）原电池式溶解氧测定仪接触氧可自发进行反应，因此不测定时，电极应保存在零氧溶液中并使其短路，以免消耗电极材料而影响测定。极谱式溶解氧测定仪不使用时，应当用加有适量二级水的保护套保护电极，防止电极薄膜干燥及电极内的电解质溶液蒸发。

（2）电极薄膜表面要保持清洁，不要触碰器皿壁，也不要用手触摸。

（3）当仪器难以调节至校正值，或者仪器响应慢、数值显示不稳定时，应当及时更换电极中的电解质和电极薄膜（原电池式仪器需更换电池）。电极薄膜在更换后和使用中应当始终保持表面平整、没有气泡，否则需要重新更换安装。

（4）更换电解质和电极薄膜后，或者氧敏感薄膜电极干燥时，应将电极浸入到二级水中，使电极薄膜表面湿润，待读数稳定后再进行校准。

（5）如水样中含有藻类、硫化物、碳酸盐等物质，长期与电极接触可能使薄膜表面污染或损坏。

（6）溶解氧测定仪应当定期进行计量校验。

四、任务思考

① 简述此测定方法的原理及注意事项。

② 思考为什么测定要于水样的温度在 5～40℃，流速在 100mL·min^{-1} 左右，压力小于 0.4MPa 下测定？

任务3 溶解固形物的测定

一、使用标准

依据国家标准 GB/T 1576—2008《工业锅炉水质》。

二、任务目的

① 能采用重量法对工业锅炉水质的溶解固形物进行测定。

② 能根据水样的特点选择合理的测定方法。

三、制订实施方案

1. 方法提要

（1）溶解固形物是指已被分离悬浮固形物后的滤液经蒸发干燥所得的残渣。

（2）测定溶解固形物有两种方法，第一种方法适用于一般水样和以除盐水作补给水的锅炉水样；第二种方法适用于含有大量吸湿性很强的固体物质，如氯化钙、氯化镁、硝酸钙、硝酸镁等苦咸水。

2. 试剂与试样

（1）碳酸钠标准溶液（1mL 含 10mg Na_2CO_3）。

（2）$c\left(\dfrac{1}{2}H_2SO_4\right)=0.1mol·L^{-1}$ 硫酸标准溶液，配制和标定方法见 GB/T 601。

3. 仪器与设备

（1）水浴锅或 400mL 烧杯。

（2）100～200mL 瓷蒸发皿。

（3）万分之一分析天平。

4. 任务实施步骤

（1）第一种方法测定步骤 样品的交接与试液制备和测定。

① 领取某工业锅炉用水若干进行过滤，取适量进行溶解固形物的测定。取一定量已过滤充分摇匀的澄清水样（水样体积应使蒸干残留物的质量在100mg左右），逐次注入经烘干至恒重的蒸发皿中，在水浴锅上蒸干。

② 将已蒸干的样品连同蒸发皿移入105～110℃的烘箱中烘2h。

③ 取出蒸发皿放在干燥器内冷却至室温，迅速称量。

④ 再在相同条件下烘0.5h，冷却后再次称量，如此反复操作直至恒重。

⑤ 溶解固形物含量（RG）按式（1-1）计算：

$$RG = \frac{m_1 - m_2}{V} \times 1000 \tag{1-1}$$

式中　RG——溶解固形物含量，$mg \cdot L^{-1}$；

　　　m_1——蒸干的残留物与蒸发皿的总质量，mg；

　　　m_2——空蒸发皿的质量，mg；

　　　V——水样的体积，mL。

（2）第二种方法测定步骤

① 取一定量充分摇匀的水样（水样体积应使蒸干残留物的质量在100mg左右），加入20mL碳酸钠溶液，逐次注入经烘干至恒重的蒸发皿中，在水浴锅上蒸干。

② 按第一种方法中的②、③、④的测定步骤进行操作。

③ 溶解固形物含量（RG）按式（1-2）计算：

$$RG = \frac{m_1 - m_2 - 10 \times 20}{V} \times 1000 \tag{1-2}$$

式中　RG——溶解固形物含量，$mg \cdot L^{-1}$；

　　　m_1——蒸干的残留物与蒸发皿的总质量，mg；

　　　m_2——空蒸发皿的质量，mg；

　　　V——水样的体积，mL；

　　　10——碳酸钠标准溶液的浓度，$mg \cdot mL^{-1}$；

　　　20——加入碳酸钠标准溶液的体积，mL。

5. 注意事项

（1）为防止蒸干、烘干过程中落入杂物而影响试验结果，必须在蒸发皿上放置玻璃三角架并加盖表面皿。

（2）测定溶解固形物使用的瓷蒸发皿，可用石英蒸发皿代替。如果不测定灼烧减量，也可以用玻璃蒸发皿代替瓷蒸发皿。优点是易恒重。

6. 精密度和准确度

5个实训室分别测定溶解固形物为2655mg·L^{-1}和3784mg·L^{-1}的同一水样。

（1）重复性　实训室内相对标准偏差分别为2.3%和2.1%。

（2）再现性　实训室内相对标准偏差分别为3.9%和2.6%。

（3）准确度　加速回收率范围分别为93.3%～102%和92.7%～101%。

四、任务思考

① 为什么要在蒸发皿上放置玻璃三角架并加盖表面皿？

② 比较两种方法的异同点。

任务 4 氯化物的测定

一、使用标准

依据国家标准 GB/T 1576—2008《工业锅炉水质》。

二、任务目的

① 能采用硫氰酸铵滴定法测定工业锅炉水质的氯化物。

② 能正确地进行相关试剂的配制和实训操作。

三、制订实施方案

1. 方法提要

适用于测定氯化物含量为 5～100mg·L^{-1} 的水样，高于此范围的水样经稀释后可以扩大其测定范围。

在酸性条件下（pH≤1），溶液中碳酸盐、亚硫酸盐、正磷酸盐、聚磷酸盐、聚羧酸盐和有机磷酸盐等干扰物质不能与 Ag$^+$ 发生反应，而 Cl$^-$ 仍能与 Ag$^+$ 生成沉淀。

被测水样用硝酸酸化后，再加入过量的硝酸银（AgNO$_3$）标准溶液，使 Cl$^-$ 全部与 Ag$^+$ 生成氯化银（AgCl）沉淀，过量的 Ag$^+$ 用硫氰酸铵（NH$_4$SCN）标准溶液返滴定，选择铁铵矾 [NH$_4$Fe(SO$_4$)$_2$] 作指示剂，当到达滴定终点时，SCN$^-$ 与 Fe^{3+} 生成红色配合物，使溶液变色，即为滴定终点。

$$Cl^- + Ag^+ \longrightarrow AgCl\downarrow（白色）$$
$$SCN^- + Ag^+ \longrightarrow AgSCN\downarrow（白色）$$
$$SCN^- + Fe^{3+} \longrightarrow [FeSCN]^{2+}（红色配合物）$$

在过量的硝酸银（AgNO$_3$）标准溶液体积中，扣除等量消耗的 SCN$^-$ 的量，即可计算出水中 Cl$^-$ 的含量。

适用于含有碳酸盐、亚硫酸盐、正磷酸盐、聚磷酸盐、聚羧酸盐和有机磷酸盐等干扰物质的锅炉水氯化物的测定。

2. 试剂与试样

（1）氯化钠标准溶液（1mL 含 1mg Cl$^-$）、硝酸银标准溶液（1mL 相当于 1mg Cl$^-$）、10％铬酸钾指示剂。

（2）$c(HNO_3)=20$mol·L^{-1} 硝酸溶液。

（3）10％铁铵矾指示剂：称取 10g 铁铵矾，溶于二级水，并稀释至 100mL。

（4）硫氰酸铵标准溶液（1mL 相当于 1.0mg Cl$^-$）配制与标定。

① 硫氰酸铵溶液的配制：称取 2.3g 硫氰酸铵（NH$_4$SCN）溶于 1000mL 二级水中。

② 硫氰酸铵标准溶液的标定：在三个锥形瓶中，用移液管分别注入 10.00mL AgNO$_3$ 标准溶液，再各加 90mL 二级水及 1.0mL 10％铁铵矾指示剂，均用硫氰酸铵标准溶液滴定至红色，记录硫氰酸铵标准溶液消耗体积 V_1。同时另取 100mL 二级水做空白试验，记录空白试验硫氰酸铵标准溶液消耗体积 V_0。硫氰酸铵标准溶液滴定度 T_1 按式（1-3）计算：

$$T_1 = \frac{10 \times 1.0}{V_1 - V_0} \tag{1-3}$$

式中　T_1——硫氰酸铵溶液滴定度，mg·mL^{-1}；

　　　V_1——硝酸银标准溶液消耗硫氰酸铵标准溶液的平均体积，mL；

V_0——空白试验消耗硫氰酸铵标准溶液的体积，mL；

10——硝酸银标准溶液的体积为10mL；

1.0——硝酸银标准溶液的滴定度，1mL相当于1.0mg Cl^-。

③ 硫氰酸铵溶液浓度的调整：硫氰酸铵标准溶液的浓度一定要与硝酸银标准溶液浓度相同，若标定结果 T_1 大于 1.0mg·mL^{-1}，可按式（1-4）计算添加二级水，使硫氰酸铵溶液的滴定度调整为1mL相当于1.0mg Cl^- 的标准溶液：

$$\Delta V = V \frac{(T_1-1.0)}{1.0} = V(T_1-1.0) \tag{1-4}$$

式中　ΔV——调整硫氰酸铵溶液浓度所需二级水添加量，mL；

　　　V——配制的硫氰酸铵溶液经标定后剩余的体积，mL；

　　　T_1——硫氰酸铵溶液标定的滴定度，mg·mL^{-1}；

　　　1.0——硫氰酸铵溶液调整后的滴定度，1mL相当于1mg Cl^-。

3. 仪器与设备

常规分析实训室仪器及设备。

4. 任务实施步骤

样品的交接与试液制备和测定　领取某工业锅炉用水若干进行过滤，取适量进行氯化物含量的测定。准确吸取100mL水样置于250mL锥形瓶中，加1mL分析纯浓硝酸溶液，使水样pH≤1。加入硝酸银标准溶液15.00mL，摇匀，加入1.0mL 10%铁铵矾指示剂，用硫氰酸铵标准溶液快速滴定至红色，记录硫氰酸铵标准溶液消耗体积 a。同时做空白试验，记录空白试验硫氰酸铵标准溶液消耗体积 b。

5. 注意事项

（1）水样体积的控制　由于铁铵矾指示剂法测定 Cl^- 采用的是返滴定法，溶液被酸化后，加入 $AgNO_3$ 的量应比被测溶液中 Cl^- 的含量要略高，否则就无法进行返滴定。当水样中氯离子含量大于100mg·L^{-1}时，应当按表1-3中规定的体积吸取水样，用二级水稀释至100mL后测定。

表1-3　氯化物的含量和取水样体积

水样中 Cl^- 含量/mg·L^{-1}	101～200	201～400	401～1000
取水样体积/mL	50	25	10

（2）被测溶液 pH 的控制　被测溶液 pH≤1 时，溶液中碳酸盐、亚硫酸盐、正磷酸盐、聚磷酸盐、聚羧酸盐和有机磷酸盐等干扰物质不与 Ag^+ 发生反应。不同的水样碱度、pH 差别很大，因此测定前加 HNO_3 酸化时，HNO_3 的加入量应以被测溶液 pH≤1 为准。

（3）标准溶液浓度的控制　如水样中氯离子含量小于5mg·L^{-1}时，可将硝酸银和硫氰酸铵标准溶液稀释使用，但稀释后的这两种标准溶液的滴定度一定要相同。

（4）对于浑浊水样，应当事先进行过滤。

（5）防止沉淀吸附的影响　加入过量的 $AgNO_3$ 标准溶液后，产生的 $AgCl$ 沉淀容易吸附溶液中的 Cl^-，应充分摇动，使 Ag^+ 与 Cl^- 进行定量反应，防止测定结果产生负误差。

（6）防止 $AgCl$ 沉淀转化成 $AgSCN$ 产生的误差　由于 $AgCl$ 的溶解度比 $AgSCN$ 的大，在滴定接近化学计量点时，SCN^- 可能与 $AgCl$ 发生反应从而引进误差，其反应式如下：

$$SCN^- + AgCl \longrightarrow AgSCN + Cl^-$$

但因这种沉淀转化缓慢，影响不大，如果分析要求不是太高，可在接近终点时，快速滴定，摇动不要太剧烈来消除影响，就可基本消除其造成的负误差。

若分析要求很高，则可通过先将AgCl沉淀进行过滤，然后再用SCN⁻返滴定，或者加入硝基苯在AgCl沉淀表面覆盖一层有机溶剂，阻止SCN⁻与AgCl发生沉淀转化反应。

四、分析结果计算

1. 计算公式

水样中氯化物（以Cl⁻计）含量按式（1-5）计算：

$$[\text{Cl}^-] = \frac{[2V(\text{AgNO}_3) - a - b] \times T_1}{V_\text{S}} \times 1000 \tag{1-5}$$

式中　　$[\text{Cl}^-]$ ——水样中氯离子含量，$\text{mg} \cdot \text{L}^{-1}$；

$V(\text{AgNO}_3)$ ——硝酸银标准溶液加入的体积，mL；

a ——滴定水样时消耗硫氰酸铵标准溶液体积，mL；

b ——空白试验时消耗硫氰酸铵标准溶液体积，mL；

T_1 ——硫氰酸铵标准溶液的滴定度，$\text{mg} \cdot \text{L}^{-1}$；

V_S ——水样的体积，mL。

2. 准确度

4个实训分别测定含氯化物398.3$\text{mg} \cdot \text{L}^{-1}$的标准混合水样结果要求如下。

（1）重复性　实训室内相对标准偏差为0.3%。

（2）再现性　实训室内相对标准偏差为1.5%。

（3）准确度　相对误差率为－0.75%。

加标回收率为99.25%±0.5%。

五、任务思考

① 实训中为什么要进行空白试验？

② 实训中要注意的事项是什么？

任务5　碱度的测定

一、使用标准

依据国家标准GB/T 1576—2008《工业锅炉水质》。

二、任务目的

① 能采用酸碱滴定法测定工业锅炉水质的碱度。

② 能正确地进行相关溶液的配制。

三、制订实施方案

1. 方法提要

水的碱度是指水中含有能接受氢离子的物质的量，例如氢氧根、碳酸盐、重碳酸盐、磷酸盐、磷酸氢盐、硅酸盐、硅酸氢盐、亚硫酸盐、腐殖酸盐和氨等，都是水中常见的碱性物质，它们都能与酸进行反应。因此，选用适宜的指示剂，以酸的标准溶液对它们进行滴定，便可测出水中碱度的含量。

碱度可分为酚酞碱度和全碱度两种。酚酞碱度是以酚酞作指示剂时所测出的量，滴定终点的 pH 为 8.3。全碱度是以甲基橙作指示剂时测出的量，终点的 pH 为 4.2。若碱度 $<0.5\mathrm{mmol \cdot L^{-1}}$ 时，全碱度宜以甲基红-亚甲基蓝作指示剂，滴定终点的 pH 为 5.0。

本试验方法有两种：第一种方法适用于测定碱度较大的水样，如锅炉水、澄清水、冷却水、生水等，单位以毫摩尔每升（$\mathrm{mmol \cdot L^{-1}}$）表示；第二种方法适用于测定碱度 $<0.5\mathrm{mmol \cdot L^{-1}}$ 的水样，如凝结水、除盐水等，单位以微摩尔每升（$\mathrm{\mu mol \cdot L^{-1}}$）表示。

2. 试剂与试样

（1）1％酚酞指示剂（以乙醇为溶剂）：配制方法见 GB/T 603。

（2）0.1％甲基橙指示剂：配制方法见 GB/T 603。

（3）甲基红-亚甲基蓝指示剂：准确称取 0.125g 甲基红和 0.085g 亚甲基蓝，在研钵中研磨均匀后，溶于 100mL 95％乙醇中，配制方法见 GB/T 603。

（4）$c\left(\dfrac{1}{2}\mathrm{H_2SO_4}\right)=0.1000\mathrm{mol \cdot L^{-1}}$：硫酸标准溶液的配制和标定方法见 GB/T 601。

将 $c\left(\dfrac{1}{2}\mathrm{H_2SO_4}\right)=0.1000\mathrm{mol \cdot L^{-1}}$ 硫酸标准溶液，分别用二级水稀释至 2 倍和 10 倍即可得 $c\left(\dfrac{1}{2}\mathrm{H_2SO_4}\right)=0.0500\mathrm{mol \cdot L^{-1}}$ 和 $c\left(\dfrac{1}{2}\mathrm{H_2SO_4}\right)=0.01000\mathrm{mol \cdot L^{-1}}$ 硫酸标准溶液，不必再标定。

（5）$c(\mathrm{NaOH})=0.05\mathrm{mol \cdot L^{-1}}$ 氢氧化钠溶液。

3. 仪器与设备

（1）25mL 酸式滴定管。

（2）5mL 或 10mL 微量滴定管。

（3）250mL 锥形瓶。

（4）100mL 量筒或 100mL 移液管。

4. 任务实施步骤

测定方法有以下三种。

① 碱度大于或等于 $0.5\mathrm{mmol \cdot L^{-1}}$ 水样的测定方法（如锅炉水、澄清水、冷却水、生水等）取 100mL 透明水样注于 250mL 锥形瓶中，加入 2～3 滴 1％酚酞指示剂，此时溶液若显红色，则用 $c\left(\dfrac{1}{2}\mathrm{H_2SO_4}\right)=0.0500\mathrm{mol \cdot L^{-1}}$ 或 $0.1000\mathrm{mol \cdot L^{-1}}$ 硫酸标准溶液滴定至恰无色，记录耗酸体积 V_1，然后再加入 2 滴甲基橙指示剂，继续用硫酸标准溶液滴定至橙红色为止，记录第二次耗酸体积 V_2（不包括 V_1）。

② 碱度小于 $0.5\mathrm{mmol \cdot L^{-1}}$ 水样的测定方法（如凝结水、除盐水等）取 100mL 透明水样，置于 250mL 锥形瓶中，加入 2～3 滴 1％酚酞指示剂，此时溶液若显红色，则用微量滴定管以 $c\left(\dfrac{1}{2}\mathrm{H_2SO_4}\right)=0.0100\mathrm{mol \cdot L^{-1}}$ 标准溶液滴定至恰无色，记录耗酸体积 V_1，然后再加入 2 滴甲基红-亚甲基蓝指示剂，再用硫酸标准溶液滴定，溶液绿色变为紫色，记录耗酸体积 V_2（不包括 V_1）。

③ 无酚酞碱度时的测定方法 上述两种方法，若加酚酞指示剂后溶液不显红色，可直接加甲基橙或甲基红-亚甲基蓝指示剂，用硫酸标准溶液滴定，记录消耗酸体积 V_2。

5. 注意事项

（1）碱度的单位

① 碱度的基本单元采用 OH^-、$\frac{1}{2}CO_3^{2-}$、HCO_3^-。

② 碱度单位毫克当量每升（mg N·L^{-1}）和毫摩尔每升（mmol·L^{-1}）的关系为：$1mg\ N·L^{-1}=1mmol·L^{-1}$。

（2）残余氯（Cl_2）的影响　若水样余氯大于1mg·L^{-1}时，会影响指示剂的颜色，可加入 0.1mol·L^{-1}硫代硫酸钠溶液1～2滴，以消除干扰。

（3）乙醇酸性的影响　配制酚酞指示剂时，由于乙醇自身的pH较低，配制成1%酚酞指示剂（乙醇溶液），则会影响碱度的测定。为了避免影响，配制好的酚酞指示剂，应用 0.05mol·L^{-1}氢氧化钠溶液中和至刚好见稳定的微红色。

四、分析结果计算

上述被测定水样的酚酞碱度 JD_P 和全碱度 JD 按式（1-6）、式（1-7）计算：

$$JD_P=\frac{c\left(\frac{1}{2}H_2SO_4\right)V_1}{V_s}\times1000 \tag{1-6}$$

$$JD=\frac{c\left(\frac{1}{2}H_2SO_4\right)(V_1+V_2)}{V_s}\times1000 \tag{1-7}$$

式中　　JD_P——酚酞碱度，mmol·L^{-1}；

JD——全碱度，mmol·L^{-1}；

$c\left(\frac{1}{2}H_2SO_4\right)$——硫酸标准溶液浓度，mol·$L^{-1}$；

V_1——第一次终点硫酸标准溶液消耗的体积，mL；

V_2——第二次终点硫酸标准溶液消耗的体积，mL；

V_s——水样体积，mL。

五、任务思考

① 什么是碱度？常见的碱度怎么分类？

② 在碱度测定的时候要注意什么？影响因素有哪些？

项目二　其他常用水质分析

任务1　矿化度的测定

一、任务目的

能采用重量法测定水质的矿化度。

实训模块一　水质分析实训

43

二、制订实施方案

1. 方法提要

矿化度是指水中所含无机矿物成分的总量，可作为水中总含盐量的评价指标。一般用于天然水的测定，作为被测离子总和的质量检验，但不适用于污染严重、组成复杂的水样。对于无污染水样的测定，矿化度等于水样在 103～105℃烘干时的可滤残渣量值。矿化度的测定，最简便的方法是采用重量法。

水样经过滤去除悬浮物及沉降性固体物，放入已恒重的蒸发皿中，在水浴上蒸干，并用过氧化氢去除有机物，再在 105～110℃烘箱中烘至恒重，蒸发皿增加的质量即为矿化度。称重记录其质量。

2. 仪器与设备

（1）蒸发皿。

（2）实训室常用的玻璃仪器。

（3）玻璃砂芯坩埚或中速定量滤纸过滤装置。

（4）烘箱。

3. 任务实施步骤

取用清洁的玻璃砂芯坩埚或中速定量滤纸过滤的水样 50mL，放入烘干至恒重的蒸发皿中，在水浴上蒸干。如残渣有色，滴加过氧化氢数滴，再蒸干，反复多次，直至残渣变为白色或颜色稳定为止。将蒸发皿于 105～110℃烘箱中烘至恒重（约 2h），称重记录其质量。

4. 注意事项

（1）过氧化物的作用是去除有机物，宜少量多次，每次使残渣润湿即可，处理至残渣变为白色为止。有铁存在时，残渣呈黄色，不褪色时停止处理。

（2）清亮水样不必过滤。

三、分析计算结果

水的矿化度（mg·L^{-1}）可用式（1-8）计算：

$$矿化度 = \frac{m_A - m_B}{V} \times 10^6 \qquad (1-8)$$

式中　m_A——蒸发皿及残渣的质量，g；

　　　m_B——蒸发皿质量，g；

　　　V——水样的体积，mL。

四、任务思考

① 什么是矿化度？怎样正确地进行矿化度的测定？

② 矿化度测定的时候应注意什么事项？

任务 2　电导率的测定

一、使用标准

依据国家标准 GB/T 5750—2006《生活饮用水标准检验方法》。

二、任务目的

① 能采用电导仪测定水质的电导率。

② 能正确地进行电导仪的安装及实训操作。

三、制订实施方案

1. 方法提要

电导率是用数字来表示水溶液传导电流的能力。它与水中矿物质有密切的关系，可用于检测生活饮用水及其他水源水中溶解性矿物质浓度的变化和估计水中离子化合物的数量。

水的导电率与电解质的浓度成正比，具有线性关系。水中多数无机盐是以离子状态存在的，是电的良好导体，但有机物不离解或离解极弱，导电也很弱，因此用导电率是不能反映这类污染因素的。

一般天然水的电导率在 $50 \sim 1500 \mu S \cdot cm^{-1}$ 之间，含无机盐高的水可达 $10000 \mu S \cdot cm^{-1}$ 以上。

水中溶解的电解质特性、浓度和水温对电导率的测定有密切关系。因此，严格控制实训条件和电导仪电极及安装可直接影响测量电导率的精密度和准确度。

在电解质的溶液里，离子在电场的作用下，由于离子的移动具有导电作用。在相同温度下测定水样的电导 G，它与水样的电阻 R 呈倒数关系，按式（1-9）计算：

$$G = \frac{1}{R} \tag{1-9}$$

在一定条件下，水样的电导随着离子含量的增加而升高，而电阻则降低。因此，电导率 γ 就是电流通过单位面积 A 为 $1cm^2$、距离 L 为 $1cm$ 的两铂黑电极的导电能力，按式（1-10）计算：

$$\gamma = G \times \frac{L}{A} \tag{1-10}$$

即电导率 γ 为给定的电导池常数 C 与水样电阻 R_s 的比值，按式（1-11）计算：

$$\gamma = CG_s = \frac{C}{R_s} \times 10^6 \tag{1-11}$$

只要测定出水样的 R_s（Ω）或水样的 G_s（μS），γ 即可得出。表示单位为 $\mu S \cdot cm^{-1}$。

注：$\mu S = 10^{-6} S$。

2. 试剂与试样

氯化钾标准溶液 $[c(KCl) = 0.01000mol \cdot L^{-1}]$：称取 $0.7456g$，在 $110℃$ 烘干后的优级纯氯化钾，溶于新煮沸放冷的蒸馏水中（电导率小于 $1\mu S \cdot cm^{-1}$），于 $25℃$ 时在容量瓶中稀释至 $1000mL$。此溶液 $25℃$ 时电导率为 $1413\mu S \cdot cm^{-1}$，溶液应贮存在塑料瓶中。

3. 仪器与设备

（1）电导仪。

（2）恒温水浴。

4. 任务实施步骤

（1）将上述氯化钾溶液注入 4 支试管，再把水样注入 2 支试管中。把 6 支试管同时放入 $(25 \pm 0.1)℃$ 恒温水浴中，加热 $30min$，使试管内溶液温度达到 $25℃$。

（2）用其中 3 管氯化钾溶液依次冲洗电导电极和电导池。然后将第 4 管氯化钾溶液倒入电导池中，插入电导电极测量氯化钾的电导 G_{KCl} 或电阻 R_{KCl}。

（3）用一管水样充分冲洗电极，测量另一管水样的电导 G_s 或电阻 R_s。

依次测量其他水样，如测定过程中，温度变化 $< 0.2℃$。氯化钾标准溶液电导或电阻就

不必再次测定，但在不同批（日）测量时，应重做氯化钾溶液电导或电阻的测量。

四、分析结果计算

1. 计算公式

（1）电导池常数 C：等于氯化钾标准溶液的电导率（$1413\mu S \cdot cm^{-1}$）除以测得的氯化钾标准溶液的电导 G_{KCl}。测定时温度应为（25 ± 0.1）℃，则：

$$C = 1413 / G_{KCl} \tag{1-12}$$

（2）水样在（25 ± 0.1）℃时，电导率 γ 等于电池常数 C 乘以测得水样的电导 G_s（μS），或除以在（25 ± 0.1）℃时测得水样的电阻 R_s（Ω）。

电导率（γ），以 $\mu S \cdot cm^{-1}$ 表示：

$$\gamma = CG_s = \frac{C}{R_s} \times 10^6 \tag{1-13}$$

2. 精密度与准确度

21 个天然水样测定结果与理论值比较，平均相对误差为 $4.2\% \sim 9.9\%$，相对标准偏差为 $3.7\% \sim 8.1\%$。

五、任务思考

① 什么是水的电导率？测定的原理是什么？

② 测定电导率的时候为什么要恒温在（25 ± 0.1）℃？

硅酸盐分析实训

知识目标

① 学习掌握硅酸盐制品相关国标的查阅方法；
② 掌握硅酸盐制品——水泥产品的取样方法；
③ 掌握水泥的烧失量和不溶物的测定方法及过程；
④ 掌握水泥中三氧化二铁的测定方法及过程；
⑤ 掌握水泥中氧化钙和氧化镁的测定方法及过程；
⑥ 掌握水泥中氧化钾和氧化钠的测定方法及过程；
⑦ 掌握水泥中三氧化硫的测定方法及过程；
⑧ 掌握水泥中一氧化锰的测定方法及过程；
⑨ 掌握水泥中氯离子的测定方法及过程。

技能目标

① 根据实际情况选择正确的水泥产品测试方案；
② 能采用正确的方法对硅酸盐制品——水泥产品进行采样；
③ 能根据测试方案、按照工作过程对水泥产品进行制备及测定；
④ 能熟练掌握知识目标中水泥产品的主要测试指标的测定。

任务引导

查阅标准
GB/T 12573—2008《水泥取样方法》
GB/T 176—2008《水泥化学分析方法》

任务实施

项目一 水泥取样方法

一、使用标准

依据国家标准 GB/T 12573—2008《水泥取样方法》。

二、任务目的

明确出厂水泥的取样过程，采取有代表性的样品。

三、制订实施方案

（一）取样工具

1. 手工取样器

手工取样器可自行设计制作，常见手工取样器见图2-1、图2-2。

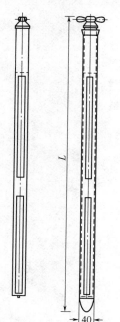

图 2-1 散装水泥取样器
（$L=1000\sim2000$mm）

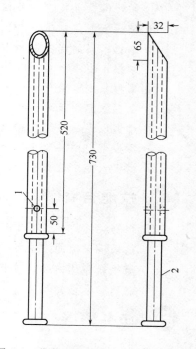

图 2-2 袋装水泥取样器（单位：mm）
1—气孔；2—手柄

2. 自动取样器

自动取样器可自行设计制作（见图2-3）。

（二）取样部位

取样应在有代表性的部位进行，并且不应在污染严重的环境中取样。一般在以下部位取样：①水泥输送管路中；②袋装水泥堆场；③散装水泥卸料处或水泥运输机具上。

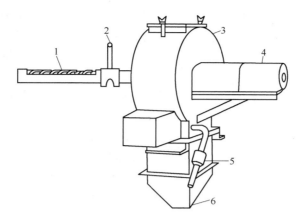

图 2-3　自动取样器

1—入料处；2—调节手柄；3—混料筒；4—电机；5—配重锤；6—出料口

（三）取样步骤

1. 手工取样

（1）散装水泥　当所取水泥深度不超过 2m 时，每一个编号内采用散装水泥取样器随机取样。通过转动取样器内管控制开关，在适当位置插入水泥一定深度，关闭后小心抽出，将所取样品放入符合（六）要求的容器中。每次抽取的单样量尽量一致。

（2）袋装水泥　每一个编号内随机抽取不少于 20 袋水泥，采用袋装水泥取样器取样，将取样器沿对角线方向插入水泥包装袋中，用大拇指按住气孔，小心抽出取样管，将所取样品放入符合（六）要求的容器中。每次抽取的单样量尽量一致。

2. 自动取样

采用自动取样器取样。该装置一般安装在尽量接近于水泥包装机或散装容器的管路中，从流动的水泥流中取出样品，将所取样品放入符合（六）要求的容器中。

（四）取样量

（1）混合样的取样量应符合相关水泥标准要求。

（2）分割样的取样量应符合下列规定。

① 袋装水泥：每 1/10 编号从一袋中取至少 6kg。

② 散装水泥：每 1/10 编号在 5min 内取至少 6kg。

（五）样品制备

1. 混合样

每一编号所取水泥单样通过 0.9mm 方孔筛后充分混匀，一次或多次将样品缩分到相关标准要求的定量，均分为试验样和封存样。试验样按相关标准要求进行试验，封存样按（六）要求贮存以备仲裁。样品不得混入杂物和结块。

2. 分割样

每一编号所取 10 个分割样应分别通过 0.9mm 方孔筛。不得混杂，并按要求进行 28d 抗压强度匀质性试验。样品不得混入杂物和结块。

（六）包装与贮存

（1）样品取得后应贮存在密闭的容器中，封存样要加封条。容器应洁净、干燥、防潮、密闭、不易破损并且不影响水泥性能。

（2）存放封存样的容器应至少在一处加盖清晰、不易擦掉的标示编号、取样时间、取样地点和取样人的密封印，如只有一处标志应在容器外壁上。

（3）封存样应密封贮存，贮存期应符合相应水泥标准的规定。试验样与分割样亦应妥善贮存。

（4）封存样应贮存于干燥、通风的环境中。

（七）取样单

样品取得后，应由负责取样人员填写取样单，应至少包括以下内容，见表2-1。

表2-1 水泥样品取样单

水泥编号	
水泥品种	
强度等级	
取样日期	
取样地点	
取样人	

项目二 水泥化学分析方法

任务1 水泥的烧失量和不溶物的测定

一、使用标准

依据国家标准 GB/T 176—2008《水泥化学分析方法》。

二、任务目的

通过训练掌握硅酸盐水泥熟料、生料及水泥制品烧失量和不溶物的测定过程。

三、制订实施方案

（一）烧失量的测定——灼烧差减法

1. 方法提要

试样在（950±25）℃的高温炉中灼烧，驱除二氧化碳和水分，同时将存在的易氧化的元素氧化。通常矿渣硅酸盐水泥应对由硫化物的氧化引起的烧失量的误差进行校正，而其他元素的氧化引起的误差一般可忽略不计。

2. 仪器与设备

瓷坩埚、干燥器、高温炉。

3. 任务实施步骤

称取约1g试样（m_1），精确至0.0001g，放入已灼烧至恒重的瓷坩埚中，将盖斜置于坩埚上，放在高温炉内，从低温开始逐渐升高温度，在（950±25）℃下灼烧15~20min，取出坩埚置于干燥器中，冷却至室温，称量。反复灼烧，直至恒重（m_2）。

4. 分析结果的计算

烧失量的质量分数 w，按式（2-1）计算：

$$w_{烧失量}=\frac{m_1-m_2}{m_1}\times100 \tag{2-1}$$

式中　$w_{烧失量}$——烧失量的质量分数，%；

　　　　m_1——试料的质量，g；

　　　　m_2——灼烧后试样的质量，g。

5. 矿渣硅酸盐水泥和掺入大量矿渣的其他水泥烧失量的校正

称取两份试样，一份用来直接测定其中的三氧化硫含量；另一份则按测定烧失量的条件于（950 ± 25）℃下灼烧 15～20min，然后测定灼烧后试料中的三氧化硫含量。

根据灼烧前后三氧化硫含量的变化，矿渣硅酸盐水泥在灼烧过程中由于硫化物氧化引起烧失量的误差可按式（2-2）进行校正：

$$w'_{校正后烧失量}=w+0.8\times(w_{后}-w_{前}) \tag{2-2}$$

式中　$w'_{校正后烧失量}$——校正后烧失量的质量分数，%；

　　　　w——实际测定的烧失量的质量分数，%；

　　　　$w_{前}$——灼烧前试料中三氧化硫的质量分数，%；

　　　　$w_{后}$——灼烧后试料中三氧化硫的质量分数，%；

　　　　0.8——S^{2-} 氧化为 SO_4^{2-} 时增加的氧与 SO_3 的摩尔质量比，即（4×16）/ $80=0.8$。

6. 任务思考

何为水泥的烧失量？

（二）不溶物的测定——盐酸-氢氧化钠处理

1. 方法提要

试样先以盐酸溶液处理，尽量避免可溶性二氧化硅的析出，滤出的不溶渣再以氢氧化钠溶液处理，进一步溶解可能已沉淀的痕量二氧化硅，以盐酸中和、过滤后，残渣经灼烧后称量。

2. 试剂与试样

（1）氢氧化钠溶液（$10g\cdot L^{-1}$）：将 10g 氢氧化钠（NaOH）溶于水中，加水稀释至1L，贮存于塑料瓶中。

（2）甲基红指示剂溶液（$2g\cdot L^{-1}$）：将 0.2g 甲基红溶于 100mL 乙醇中。

（3）硝酸铵溶液（$20g\cdot L^{-1}$）：将 2g 硝酸铵（NH_4NO_3）溶于水中，加水稀释至 100mL。

（4）盐酸（1+1）。

3. 仪器与设备

烧杯、蒸汽水浴锅、瓷坩埚、干燥器、高温炉。

4. 任务实施步骤

称取约 1g 试样（m），精确至 0.0001g，置于 150mL 烧杯中，加入 25mL 水，搅拌使试样完全分散，在不断搅拌下加入 5mL 盐酸，用平头玻璃棒压碎块状物使其分解完全（必要时可将溶液稍稍加温几分钟）。用近沸的热水稀释至 50mL，盖上表面皿，将烧杯置于蒸汽水浴锅中加热 15min。用中速定量滤纸过滤，用热水充分洗涤 10 次以上。

将残渣和滤纸一并移入原烧杯中，加入 100mL 近沸的氢氧化钠溶液，盖上表面皿，置于蒸汽水浴锅中加热 15min。加热期间搅动滤纸及残渣 2~3 次。取下烧杯，加入 1~2 滴甲基红指示剂溶液，滴加盐酸（1+1）至溶液呈红色，再过量 8~10 滴。用中速定量滤纸过滤，用热的硝酸铵溶液充分洗涤至少 14 次。

将残渣及滤纸一并移入已灼烧恒重的瓷坩埚中，灰化后在 (950±25)℃ 的高温炉内灼烧 30min。取出坩埚，置于干燥器中，冷却至室温，称量。反复灼烧，直至恒重（m_1）。

5. 分析结果的计算

不溶物的质量分数，按式（2-3）计算：

$$w_{不溶物} = \frac{m_1}{m} \times 100 \tag{2-3}$$

式中　$w_{不溶物}$——不溶物的质量分数，%；

　　　m_1——灼烧后不溶物的质量，g；

　　　m——试样的质量，g。

6. 任务思考

水泥的烧失量与不溶物有何区别？

任务2　水泥中氧化铁的测定

一、使用标准

依据国家标准 GB/T 176—2008《水泥化学分析方法》。

二、任务目的

通过训练掌握硅酸盐水泥熟料、生料及水泥制品中氧化铁的测定过程。

三、制订实施方案

（一）氧化铁的测定——邻菲啰啉分光光度法

1. 方法提要

在酸性溶液中，加入抗坏血酸溶液，使三价铁离子还原为二价铁离子，与邻菲啰啉生成红色配合物，于波长 510nm 处测定溶液的吸光度。

2. 试剂与试样

（1）盐酸、硫酸（1+4）、氢氟酸、硝酸、氯化铵、盐酸（1+1）、盐酸（3+97）。

（2）抗坏血酸溶液（5g·L^{-1}）：将 0.5g 抗坏血酸（维生素 C）溶于 100mL 水中，必要时过滤后使用，用时现配。

（3）邻菲啰啉溶液（10g·L^{-1}）：将 1g 邻菲啰啉（$C_{12}H_8N_2·2H_2O$）溶于 100mL 乙酸（1+1）中，用时现配。

（4）乙酸铵溶液（100g·L^{-1}）：将 10g 乙酸铵（CH_3COONH_4）溶于 100mL 水中。

（5）无水碳酸钠（Na_2CO_3）：将无水碳酸钠用玛瑙研钵研细至粉末状，贮存于密封瓶中。

（6）焦硫酸钾（$K_2S_2O_7$）：将市售的焦硫酸钾在瓷蒸发皿中加热熔化，加热至无泡沫发生，冷却并压碎熔融物，贮存于密封瓶中。

3. 仪器与设备

（1）容量瓶：100mL。

（2）高温炉：隔焰加热炉，在炉膛外围进行电阻加热。应使用温度控制器准确控制炉温，可控制温度（700±25）℃、（800±25）℃、（900±25）℃。

（3）干燥器：内装变色硅胶。

（4）分光光度计：可在波长400～800nm范围内测定溶液的吸光度，带有10nm、20nm比色皿。

（5）铂坩埚。

4. 任务实施步骤

（1）样品的处理　称取约0.5g试样（*m*），精确至0.0001g，置于铂坩埚中，将盖斜置于坩埚上，在950～1000℃下灼烧5min，取出坩埚冷却。用玻璃棒仔细压碎块状物，加入（0.30±0.01）g已磨细的无水碳酸钠，仔细混匀。再将坩埚置于950～1000℃下灼烧10min，取出坩埚冷却。

将烧结块移入瓷蒸发皿中，加入少量水润湿，用平头玻璃棒压碎块状物，盖上表面皿，从皿口慢慢加入5mL盐酸及2～3滴硝酸，待反应停止后取下表面皿，用平头玻璃棒压碎块状物使其分解完全，用热盐酸（1+1）清洗坩埚数次，洗液合并于蒸发皿中。将蒸发皿置于蒸汽水浴锅上，皿上放一玻璃三角架，再盖上表面皿。蒸发至糊状后，加入约1g氯化铵，充分搅匀，在蒸汽水浴锅上蒸发至干后继续蒸发10～15min。蒸发期间用平头玻璃棒仔细搅拌并压碎大颗粒。

取下蒸发皿，加入10～20mL热盐酸（3+97），搅拌使可溶性盐类溶解。用中速定量滤纸过滤，用胶头擦棒擦洗玻璃棒及蒸发皿，用热盐酸（3+97）洗涤沉淀3～4次，然后用热水充分洗涤沉淀，直至检验无氯离子为止。滤液及洗液收集于250mL容量瓶中。

将沉淀连同滤纸一并移入铂坩埚中，将盖斜置于坩埚上，在电炉上干燥、灰化完全后，放入950～1000℃的高温炉内灼烧60min，取出坩埚置于干燥器中，冷却至室温，称量。反复灼烧，直至恒重。

向坩埚中慢慢加入数滴水润湿沉淀，加入3滴硫酸（1+4）和10mL氢氟酸，放入通风橱内电热板上缓慢加热，蒸发至干，升高温度继续加热至三氧化硫白烟完全驱尽。将坩埚放入950～1000℃的高温炉内灼烧30min，取出坩埚置于干燥器中，冷却至室温，称量。反复灼烧，直至恒重。

按上述经过氢氟酸处理后得到的残渣中加入0.5g焦硫酸钾，在喷灯上熔融，熔块用热水和数滴盐酸（1+1）溶解，溶液合并入按上述分离二氧化硅后得到的滤液和洗液中。用水稀释至标线，摇匀。此溶液A供测定用。

（2）工作曲线的绘制　吸取每毫升含0.1mg氧化铁的标准溶液0mL、1.00mL、2.00mL、3.00mL、4.00mL、5.00mL、6.00mL分别放入100mL容量瓶中，加水稀释至约50mL，加入5mL抗坏血酸溶液，放置5min后，加入5mL邻菲啰啉溶液、10mL乙酸铵溶液，用水稀释至标线，摇匀。放置30min后，用分光光度计、10mm比色皿，以水作参比，于波长510 nm处测定溶液的吸光度。用测得的吸光度作为相对应的氧化铁含量的函数，绘制工作曲线。

（3）试样的测定　从经过氢氟酸处理后的A溶液中吸取10.00mL放入100mL容量瓶中，用水稀释至标线，摇匀后吸取25.00mL溶液放入100mL容量瓶中，加水稀释至约

40mL。加入 5mL 抗坏血酸溶液，放置 5min，然后再加入 5mL 邻菲啰啉溶液、10mL 乙酸铵溶液，用水稀释至标线，摇匀。放置 30min 后，用分光光度计、10mm 比色皿，以水作参比，于波长 510nm 处测定溶液的吸光度。在上述工作曲线上查出氧化铁的含量。

5. 分析结果的计算

$$w(Fe_2O_3) = \frac{m_1 \times 100}{m \times 1000} \times 100 \qquad (2-4)$$

式中　　$w(Fe_2O_3)$——氧化铁的质量分数，％；

$\qquad\quad m_1$——100mL 测定溶液中氧化铁的质量，mg；

$\qquad\quad m$——A 溶液中试样的质量，g。

6. 任务思考

（1）试验在酸性溶液中加入抗坏血酸溶液的作用是什么？

（2）在试验中加入乙酸铵溶液的作用是什么？

（二）氧化铁的测定——原子吸收分光光度法

1. 方法提要

分取一定量的试样溶液，以锶盐消除硅、铝、钛等对铁的干扰，在空气-乙炔火焰中于波长 248.3nm 处测定吸光度。

2. 试剂与试样

（1）盐酸（1＋1）。

（2）氢氟酸：1.15～1.18g·cm⁻³，质量分数 40％。

（3）高氯酸：1.60g·cm⁻³，质量分数 70％～72％。

（4）氯化锶溶液（50g·L⁻¹）：将 152.2g 氯化锶（$SrCl_2 \cdot 6H_2O$）溶于水中，加水稀释至 1L，必要时过滤后使用。

（5）氧化铁标准溶液（0.1mg·mL⁻¹）：称取 0.1000g 已于（950±25）℃灼烧过 60min 的氧化铁（Fe_2O_3，光谱纯），精确至 0.0001g，置于 300mL 烧杯中，依次加入 50mL 水、30mL 盐酸（1＋1）、2mL 硝酸，低温加热微沸，待溶解完全，冷却至室温后，移入 1000mL 容量瓶中，用水稀释至标线，摇匀。此标准溶液每毫升含 0.1mg 氧化铁。

3. 仪器与设备

（1）容量瓶：250mL、500mL；移液管。

（2）铂坩埚。

（3）低温电热板。

（4）原子吸收光谱仪：带有镁、钾、钠、铁、锰元素空心阴极灯。

4. 任务实施步骤

（1）样品的处理　称取约 0.1g 试样（m），精确至 0.0001g，置于铂坩埚中，加入0.5～1mL 水湿润，加入 5～7mL 氢氟酸和 0.5mL 高氯酸，放入通风橱内低温电热板上加热，近干时摇动铂坩埚以防溅失。待白色浓烟完全驱尽后，取下冷却。加入 20mL 盐酸（1＋1），温热至溶液澄清，冷却后，移入 250mL 容量瓶中，加入 5mL 氯化锶溶液，用水稀释至标线，摇匀，此溶液 C 待用。

（2）工作曲线的绘制　吸取每毫升含 0.1mg 氧化铁的标准溶液 0mL、10.00mL、20.00mL、30.00mL、40.00mL、50.00mL 分别放入 500mL 容量瓶中，加入 30mL 盐酸及 10mL 氯化锶溶液，用水稀释至标线，摇匀。将原子吸收光谱仪调节至最佳工作状态，在空气-乙炔火焰中,用铁空心阴极灯,于波长248.3nm处,以水校零测定吸光度。用测得的吸光度作为相对应的氧化铁含量的函数,绘制工作曲线。

(3) 试样的测定 从上述溶液 C 中吸取一定量的溶液放入容量瓶中(试样溶液的分取量及容量瓶的容积视氧化铁的含量而定),加入氯化锶溶液,使测定溶液中锶的浓度为 $1mg \cdot L^{-1}$。用水稀释至标线(V),摇匀。用原子吸收光谱仪,在空气-乙炔火焰中,用空心阴极灯,于波长248.3nm处,在与上述相同的仪器条件下测定溶液的吸光度,在工作曲线上查出氧化铁的浓度(c)。

5. 分析结果的计算

$$w(\mathrm{Fe_2O_3}) = \frac{cVn}{m \times 1000} \times 100 \tag{2-5}$$

式中 $w(\mathrm{Fe_2O_3})$——氧化铁的质量分数,%;

c——测定溶液中氧化铁的浓度,$mg \cdot mL^{-1}$;

V——测定溶液的体积,mL;

n——全部试样溶液与所分取试样溶液的体积比;

m——试样的质量,g。

6. 任务思考

(1) 原子吸收分光光度法测定水泥中的氧化铁时为何用盐酸和氯化锶?

(2) 原子吸收分光光度计测定水泥中的氧化铁时为何选用较高的灯电流和较小的光谱通带?

任务3 水泥中氧化钙和氧化镁的测定

一、使用标准

依据国家标准 GB/T 176—2008《水泥化学分析方法》。

二、任务目的

通过训练掌握硅酸盐水泥熟料、生料及水泥制品中氧化钙和氧化镁的测定过程。

三、制订实施方案

(一) 氧化钙的测定——氢氧化钠熔样-EDTA 滴定法

1. 方法提要

在酸性溶液中加入适量的氟化钾,以抑制硅酸的干扰。然后在 pH 13 以上的强碱性溶液中,以三乙醇胺为掩蔽剂,用钙黄绿素-甲基百里香酚蓝-酚酞混合指示剂,用 EDTA 标准滴定溶液滴定。

2. 试剂与试样

(1) 氢氧化钠(NaOH)。

(2) 盐酸(HCl):$1.18 \sim 1.19g \cdot cm^{-3}$,质量分数 $36\% \sim 38\%$。

(3) 硝酸(HNO₃):$1.39 \sim 1.41g \cdot cm^{-3}$,质量分数 $65\% \sim 68\%$。

(4) 氟化钾溶液($20g \cdot L^{-1}$):将 20g 氟化钾($KF \cdot 2H_2O$)溶于水中,加水稀释至1L,贮存于塑料瓶中。

(5) 三乙醇胺溶液(1+2)。

(6) CMP 混合指示剂(钙黄绿素-甲基百里香酚蓝-酚酞混合指示剂):称取 1.000g 钙

黄绿素、1.000g 甲基百里香酚蓝、0.200g 酚酞与 50g 已在 105～110℃烘干过的硝酸钾（KNO$_3$），混合研细，保存在磨口瓶中。

（7）氢氧化钾溶液（200g·L^{-1}）：将 200g 氢氧化钾（KOH）溶于水中，加水稀释至 1L，贮存于塑料瓶中。

（8）碳酸钙标准溶液 [c（CaCO$_3$）＝0.024mol·L^{-1}]：称取 0.6g（m）（精确至 0.0001g）已于 105～110℃烘过 2h 的碳酸钙，置于 400mL 烧杯中，加入约 100mL 水，盖上表面皿，沿杯口滴加 5～10mL 盐酸（1＋1）至碳酸钙全部溶解，加热煮沸 1～2min。将溶液冷至室温，移入 250mL 容量瓶中，用水稀释至标线，摇匀。

（9）EDTA 标准滴定溶液 [c（EDTA）＝0.015mol·L^{-1}]：称取约 5.6g EDTA 二钠（乙二胺四乙酸二钠，C$_{10}$H$_{14}$N$_2$O$_8$Na$_2$·2H$_2$O）置于烧杯中，加约 200mL 水，加热溶解，过滤，用水稀释 1L，摇匀。

标定：吸取 25.00mL 碳酸钙标准溶液（0.024mol·L^{-1}）于 300mL 烧杯中，加水稀释至约 200mL，加入适量的 CMP 混合指示剂，在搅拌下加入氢氧化钾溶液（200g·L^{-1}）至出现绿色荧光后再过量 2～3mL，以 EDTA 标准滴定溶液滴定至绿色荧光消失并呈现红色即为终点。

EDTA 标准滴定溶液的浓度按式（2-6）计算：

$$c（EDTA）=\frac{m\times25\times1000}{250\times V\times100.09} \tag{2-6}$$

式中　c（EDTA）——EDTA 标准滴定溶液的浓度，mol·L^{-1}；

　　　　V——滴定时消耗 EDTA 标准滴定溶液的体积，mL；

　　　　m——配制碳酸钙标准溶液的碳酸钙的质量，g；

　　　　100.09——碳酸钙的摩尔质量，g·mol^{-1}。

EDTA 标准滴定溶液对氧化钙、氧化镁的滴定度按式（2-7）、式（2-8）计算：

$$T_{CaO}=c（EDTA）\times56.08 \tag{2-7}$$
$$T_{MgO}=c（EDTA）\times40.31 \tag{2-8}$$

式中　T_{CaO}——每毫升 EDTA 标准滴定溶液相当于氧化钙的质量，mg·mL^{-1}；

　　　　T_{MgO}——每毫升 EDTA 标准滴定溶液相当于氧化镁的质量，mg·mL^{-1}；

　　c（EDTA）——EDTA 标准滴定溶液的浓度，moL·L^{-1}；

　　56.08——CaO 的摩尔质量，g·mol^{-1}；

　　40.31——MgO 的摩尔质量，g·mol^{-1}。

3. 仪器与设备

（1）银坩埚。

（2）烧杯、容量瓶。

4. 任务实施步骤

（1）样品的处理　称取约 0.5g 试样（m），精确至 0.0001g，置于银坩埚中，加入 6～7g 氢氧化钠，盖上坩埚盖（留有缝隙），放入高温炉中，从低温升起，在 650～700℃的高温下熔融 20min，期间取出摇动 1 次。取出冷却，将坩埚放入已盛有约 100mL 沸水的 300mL 烧杯中，盖上表面皿，在电炉上适当加热，待熔块完全浸出后，取出坩埚，用水冲洗坩埚和盖。在搅拌下一次加入 25～30mL 盐酸，再加入 1mL 硝酸，用热盐酸（1＋5）洗净坩埚和盖。将溶液加热煮沸，冷却至室温后，移入 250mL 容量瓶中，用水稀释至标线，摇匀。此溶液 B 供测定用。

（2）试样的测定　从上述 B 溶液中吸取 25.00mL 溶液放入 300mL 烧杯中，加入 7mL 氟化钾溶液，搅匀并放置 2min 以上。然后加水稀释至约 200mL。加入 5mL 三乙醇胺溶液及适量的 CMP 混合指示剂，在搅拌下加入氢氧化钾溶液至出现绿色荧光后再过量 5～8mL，此时溶液酸度在 pH 13 以上，用 EDTA 标准滴定溶液滴定至绿色荧光完全消失并呈现红色。

5. 分析结果的计算

$$w(CaO) = \frac{T_{CaO} \times V_1 \times 10}{m \times 1000} \times 100 \tag{2-9}$$

式中　$w(CaO)$——氧化钙的质量分数，%；

T_{CaO}——EDTA 标准滴定溶液对氧化钙的滴定度，$mg \cdot mL^{-1}$；

V_1——滴定时消耗 EDTA 标准滴定溶液的体积，mL；

m——试样的质量，g。

6. 任务思考

（1）水泥中氧化钙的测定，在酸性溶液中加入适量的氟化钾，为何可抑制硅酸的干扰？

（2）试验中三乙醇胺的作用是什么？

（二）氧化钙的测定——高锰酸钾滴定法

1. 方法提要

以氨水将铁、铝、铁等沉淀为氢氧化物，过滤除去。然后，将钙以草酸钙形式沉淀，过滤和洗涤后，将草酸钙溶解，用高锰酸钾标准滴定溶液滴定。

2. 试剂与试样

（1）氨水（1+1）、盐酸（1+1）、硫酸（1+1）。

（2）草酸钠（$Na_2C_2O_4$，基准试剂）。

（3）无水碳酸钠（Na_2CO_3）：将无水碳酸钠用玛瑙研钵研细至粉末，贮存于密封瓶中。

（4）硝酸（HNO_3）：1.39～1.41$g \cdot cm^{-3}$，质量分数 65%～68%。

（5）甲基红指示剂溶液（$2g \cdot L^{-1}$）：将 0.2g 甲基红溶于 100mL 乙醇中。

（6）滤纸浆：将定量滤纸撕成小块，放入烧杯中，加水浸没，在搅拌下加热煮沸 10min 以上，冷却后放入广口瓶中备用。

（7）硝酸铵溶液（$20g \cdot L^{-1}$）：将 2g 硝酸铵（NH_4NO_3）溶于水中，加水稀释至 100mL。

（8）草酸铵溶液（$50g \cdot L^{-1}$）：将 10g 草酸铵 $[(NH_4)_2C_2O_4 \cdot H_2O]$ 溶于水中，加水稀释至 1L，必要时过滤后使用。

（9）高锰酸钾标准滴定溶液 $\left[c\left(\frac{1}{5}KMnO_4\right) = 0.18mol \cdot L^{-1} \right]$。

配制：称取 5.7g 高锰酸钾（$KMnO_4$）置于 400mL 烧杯中，溶于约 250mL 水，加热微沸数分钟，冷至室温，用玻璃砂芯漏斗或垫有一层玻璃棉的漏斗将溶液过滤于 1000mL 棕色瓶中，然后用新煮沸过的冷水稀释至 1L，摇匀，于阴暗处放置一周后标定。

标定：称取 0.5g（m）已于 105～110℃烘过 2h 的草酸钠（$Na_2C_2O_4$，基准试剂），精确至 0.0001g，置于 400mL 烧杯中，加入约 150mL 水、20mL 硫酸（1+1），加热至 70～80℃，用高锰酸钾滴定溶液滴定至微红色出现，并保持 30s 不消失。

高锰酸钾标准滴定溶液的浓度按式（2-10）计算：

$$c\left(\frac{1}{5}KMnO_4\right)=\frac{m\times1000}{V\times67.00}\qquad(2\text{-}10)$$

式中　$c\left(\frac{1}{5}KMnO_4\right)$——高锰酸钾标准滴定溶液的浓度，$mol\cdot L^{-1}$；

　　　　m——草酸钠的质量，g；

　　　　V——滴定时消耗高锰酸钾标准滴定溶液的体积，mL；

　　　　67.00——$\left(\frac{1}{2}Na_2C_2O_4\right)$的摩尔质量，$g\cdot mol^{-1}$。

高锰酸钾标准滴定溶液对氧化钙的滴定度的计算：

$$T_{CaO}=c\left(\frac{1}{5}KMnO_4\right)\times28.04\qquad(2\text{-}11)$$

式中　　T_{CaO}——高锰酸钾标准滴定溶液对氧化钙的滴定度，$mg\cdot mL^{-1}$；

　　$c\left(\frac{1}{5}KMnO_4\right)$——高锰酸钾标准滴定溶液的浓度，$mol\cdot L^{-1}$；

　　　28.04——$\left(\frac{1}{2}CaO\right)$的摩尔质量，$g\cdot mol^{-1}$。

3. 仪器与设备

(1) 铂坩埚、烧杯、棕色瓶。

(2) 玻璃砂芯漏斗：直径50mm，型号G4（平均孔径4～7μm）。

4. 任务实施步骤

称取约0.3g试样（m），精确至0.0001g，置于铂坩埚中，将盖斜置于坩埚上，在950～1000℃下灼烧5min，取出坩埚冷却。用玻璃棒仔细压碎块状物，加入（0.20±0.01）g已磨细的无水碳酸钠，仔细混匀。再将坩埚置于950～1000℃下灼烧10min，取出坩埚冷却。

将烧结块移入300mL烧杯中，加入30～40mL水，盖上表面皿。从杯口慢慢加入10mL盐酸（1+1）及2～3滴硝酸，待反应停止后取下表面皿，用热盐酸（1+1）清洗坩埚数次，洗液合并于烧杯中，加热煮沸使熔块全部溶解，加水稀释至150mL，煮沸取下，加入3～4滴甲基红指示剂溶液，搅拌下缓慢滴加氨水（1+1）至溶液呈黄色，再过量2～3滴，加热微沸1min，加入少许滤纸浆，静置待氢氧化物下沉后，趁热用快速滤纸过滤，并用热硝酸铵溶液洗涤烧杯及沉淀8～10次，滤液及洗液收集于500mL烧杯中，弃去沉淀。

加入10mL盐酸（1+1），调节溶液体积至约200mL（需要时加热浓缩溶液），加入30mL草酸铵溶液，煮沸取下，然后加2～3滴甲基红指示剂溶液，在搅拌下缓慢滴加氨水（1+1）至溶液呈黄色，并过量2～3滴，静置（60±5）min，在最初的30min期间内，搅拌混合溶液2～3次。加入少许滤纸浆，用慢速滤纸过滤，用水洗涤沉淀8～10次（洗涤烧杯和沉淀用水总量不超过75mL）。在洗涤时，洗涤水应该直接绕着滤纸内部以便将沉淀冲下，然后水流缓缓地直接朝着滤纸中心洗涤，目的是搅动和彻底地清洗沉淀。

将沉淀连同滤纸置于原烧杯中，加入150～200mL热水、10mL硫酸（1+1），加热至70～80℃，搅拌使沉淀溶解，将滤纸展开，贴附于烧杯内壁上部，立即用高锰酸钾标准滴定溶液滴定至微红色后，再将滤纸浸入溶液中充分搅拌，继续滴定至微红色出现并保持30s不消失。

5. 分析结果的计算

$$w(CaO)=\frac{T_{CaO}\times V}{m\times1000}\times100\qquad(2\text{-}12)$$

式中　$w(\mathrm{CaO})$——氧化钙的质量分数，％；

　　　　T_{CaO}——高锰酸钾标准滴定溶液对氧化钙的滴定度，$\mathrm{mg \cdot mL^{-1}}$；

　　　　V——滴定时消耗高锰酸钾标准滴定溶液的体积，mL；

　　　　m——试样的质量，g。

6. 任务思考

（1）当样品除去铁、铝、铁等沉淀的滤液中锰含量较高时，应用以下方法除去锰：在上述第一次滤液中，把滤液用盐酸（1＋1）调节至甲基红呈红色，加热蒸发至约 150mL，加入 40mL 溴水和 10mL 氨水（1＋1），再煮沸 5min 以上。静置待氢氧化物下沉后，用中速滤纸过滤，用热水洗涤 7～8 次，弃去沉淀。滴加盐酸（1＋1）使滤液呈酸性，煮沸，使溴完全驱尽，然后按步骤继续进行操作。

（2）在沉淀钙逐滴加入氨水（1＋1）时应缓慢进行，否则生成的草酸钙在过滤时可能有透过滤纸的趋向。当同时进行几个测定时，边搅拌边向第一个烧杯中加入 2～3 滴氨水（1＋1），再向第二个烧杯中加入 2～3 滴氨水（1＋1），依次类推。然后返回来再向第一个烧杯中加入 2～3 滴，直至每个烧杯中的溶液都呈黄色，并过量 2～3 滴。此方法有助于保证缓慢地中和。

（3）当测定空白试验或草酸钙的量很少时，开始时高锰酸钾（$\mathrm{KMnO_4}$）的氧化作用很慢，为了加速反应，在滴定前溶液中加入少许硫酸锰（$\mathrm{MnSO_4}$）。

（三）氧化镁的测定——EDTA 滴定差减法

1. 方法提要

在 pH10 的溶液中，以酒石酸钾钠、三乙醇胺为掩蔽剂，用酸性铬蓝 K-萘酚绿 B 混合指示剂，用 EDTA 标准滴定溶液滴定。

当试样中一氧化锰含量（质量分数）＞0.5％时，在盐酸羟胺存在下，测定钙、镁、锰总量，差减法测得氧化镁的含量。

2. 试剂与试样

（1）三乙醇胺（1＋2）。

（2）盐酸羟胺（$\mathrm{NH_2OH \cdot HCl}$）。

（3）酒石酸钾钠溶液（$100\mathrm{g \cdot L^{-1}}$）：将 10g 酒石酸钾钠（$\mathrm{C_4H_4KNaO_6 \cdot H_2O}$）溶于水中，加水至 100mL。

（4）缓冲溶液（pH 10）：将 67.5g 氯化铵（$\mathrm{NH_4Cl}$）溶于水中，加入 570mL 氨水，加水稀释至 1L。

（5）酸性铬蓝 K-萘酚绿 B 混合指示剂（KB 混合指示剂）：称取 1.000g 酸性铬蓝 K、2.500g 萘酚绿 B 与 50g 已在 105～110℃烘干过的硝酸钾（$\mathrm{KNO_3}$），混合研细，保存在磨口瓶中。

（6）EDTA 标准滴定溶液［$c(\mathrm{EDTA})=0.015\mathrm{mol \cdot L^{-1}}$］：见氧化钙测定。

3. 仪器与设备

烧杯、容量瓶、滴定管。

4. 任务实施步骤

（1）一氧化锰含量（质量分数）≤0.5％时，氧化镁的测定　从溶液 A 或溶液 B 中吸取 25.00mL 溶液放入 300mL 烧杯中，加水稀释至约 200mL，加入 1mL 酒石酸钾钠溶液，搅拌，然后加入 5mL 三乙醇胺（1＋2），搅拌。加入 25mL pH 10 缓冲溶液及适量的 KB 混合指示剂，用 EDTA 标准滴定溶液滴定，近终点时应缓慢滴定至纯蓝色。

（2）一氧化锰含量（质量分数）＞0.5％时，氧化镁的测定　除将三乙醇胺（1＋2）的加入量改为 10mL，并在滴定前加入 0.5～1g 盐酸羟胺外，其余分析步骤同（1）。

5. 分析结果的计算

一氧化锰含量（质量分数）≤0.5％时，氧化镁的质量分数：

$$w(\text{MgO}) = \frac{T_{\text{MgO}} \times (V_2 - V_1) \times 10}{m \times 1000} \times 100 \tag{2-13}$$

式中　$w(\text{MgO})$——氧化镁的质量分数，％；

$\quad\quad T_{\text{MgO}}$——EDTA 标准滴定溶液对氧化镁的滴定度，见式（2-8），mg·mL^{-1}；

$\quad\quad V_2$——滴定钙、镁总量时消耗 EDTA 标准滴定溶液的体积，mL；

$\quad\quad V_1$——按测定氧化钙（氢氧化钠熔样-EDTA 滴定法）时消耗 EDTA 标准滴定溶液的体积，mL；

$\quad\quad m$——溶液 A 中试样的质量，g。

一氧化锰含量（质量分数）＞0.5％时，氧化镁的质量分数：

$$w(\text{MgO}) = \frac{T_{\text{MgO}} \times (V_3 - V_1) \times 10}{m \times 1000} \times 100 - 0.57 \times w(\text{MnO}) \tag{2-14}$$

式中　$w(\text{MgO})$——氧化镁的质量分数，％；

$\quad\quad T_{\text{MgO}}$——EDTA 标准滴定溶液对氧化镁的滴定度，见式（2-8），mg·mL^{-1}；

$\quad\quad V_3$——滴定钙、镁、锰总量时消耗 EDTA 标准滴定溶液的体积，mL；

$\quad\quad V_1$——按测定氧化钙（氢氧化钠熔样-EDTA 滴定法）时消耗 EDTA 标准滴定溶液的体积，mL；

$\quad\quad m$——A 溶液中试样的质量，g；

$\quad\quad w(\text{MnO})$——测定的一氧化锰的质量分数，％；

$\quad\quad 0.57$——一氧化锰对氧化镁的换算系数。

6. 任务思考

（1）当溶液中锰含量超过 0.5％时则对镁有显著干扰，此时可加入盐酸羟胺，使锰呈 Mn^{2+} 状态，并与 Mg^{2+}、Ca^{2+} 一起被定量配位滴定，然后再扣除氧化钙、氧化锰的含量，即得氧化镁的含量。

（2）用酒石酸钾钠与三乙醇胺联合掩蔽铁、铝、钛的干扰，但必须在酸性溶液中先加酒石酸钾钠，然后再加三乙醇胺，使掩蔽效果更好。

任务 4　水泥中氧化钾和氧化钠的测定

一、使用标准

依据国家标准 GB/T 176—2008《水泥化学分析方法》。

二、任务目的

通过训练掌握硅酸盐水泥熟料、生料及水泥制品中氧化钾和氧化钠的测定过程。

三、制订实施方案

氧化钾和氧化钠的测定——火焰光度法

1. 方法提要

试样经氢氟酸-硫酸蒸发处理除去硅，用热水浸取残渣，以氨水和碳酸铵分离铁、铝、钙、镁，滤液中的钾、钠用火焰光度计进行测定。

2. 试剂与试样

(1) 硫酸 (1+1)、氨水 (1+1)、盐酸 (1+1)。

(2) 氢氟酸：1.15～1.18g·cm⁻³，质量分数 40%。

(3) 甲基红指示剂溶液 (2g·L⁻¹)：将 0.2g 甲基红溶于 100mL 乙醇中。

(4) 碳酸铵溶液 (100g·L⁻¹)：将 10g 碳酸铵 [$(NH_4)_2CO_3$] 溶解于 100mL 水中。用时现配。

(5) 氧化钾、氧化钠标准溶液。

配制：称取 1.5829g 已于 105～110℃ 烘 2h 的氯化钾 (KCl，基准试剂或光谱纯) 及 1.8859g 已于 105～110℃ 烘 2h 的氯化钠 (NaCl，基准试剂或光谱纯)，精确至 0.0001g，置于烧杯中，加水溶解后，移入 1000mL 容量瓶中，用水稀释至标线，摇匀，贮存于塑料瓶中。此标准溶液每毫升含 1mg 氧化钾及氧化钠。

吸取 50.00mL 上述标准溶液放入 1000mL 容量瓶中，用水稀释至标线，摇匀。贮存于塑料瓶中，此标准溶液每毫升含 0.05mg 氧化钾和 0.05 氧化钠。

3. 仪器与设备

(1) 铂皿、容量瓶。

(2) 低温电热板。

(3) 火焰光度计：可稳定地测定钾在波长 768nm 处和钠在波长 589nm 处的谱线强度。

4. 任务实施步骤

(1) 火焰光度法工作曲线的绘制　吸取每毫升含 1mg 氧化钾及 1mg 氧化钠的标准溶液 0mL、2.5mL、5.00mL、10.00mL、15.00mL、20.00mL 分别放入 500mL 容量瓶中，用水稀释至标线，摇匀。贮存于塑料瓶中。将火焰光度计调节至最佳工作状态，按仪器使用规程进行测定。用测得的检流计读数作为相对应的氧化钾和氧化钠含量的函数，绘制工作曲线。

(2) 样品的处理与测定　称取约 0.2g 试样 (m)，精确至 0.0001g，置于铂皿中，加入少量水润湿，加入 5～7mL 氢氟酸和 15～20 滴硫酸 (1+1)，放入通风橱内低温电热板上加热，近干时摇动铂皿，以防溅失，待氢氟酸驱尽后逐渐升高温度，继续将三氧化硫白烟驱尽，取下冷却。加入 40～50mL 热水，压碎残渣使其溶解，加入 1 滴甲基红指示剂溶液，用氨水 (1+1) 中和至黄色，再加入 10mL 碳酸铵溶液，搅拌，然后放入通风橱内电热板上加热至沸并继续微沸 20～30min。用快速滤纸过滤，以热水充分洗涤，滤液及洗涤液收集于 100mL 容量瓶中，冷却至室温。用盐酸 (1+1) 中和至溶液呈微红色，用水稀释至标线，摇匀。在火焰光度计上，按上述相同的仪器条件进行测定。在工作曲线上分别查出氧化钾和氧化钠的含量 (m₁) 和 (m₂)。

四、分析结果的计算

$$w(K_2O) = \frac{m_1}{m \times 1000} \times 100 \qquad (2\text{-}15)$$

$$w(Na_2O) = \frac{m_2}{m \times 1000} \times 100 \qquad (2\text{-}16)$$

式中　$w(K_2O)$——氧化钾的质量分数，%；

$\quad\quad w(Na_2O)$——氧化钠的质量分数，%；

$\quad\quad m_1$——100mL 测定溶液中氧化钾的含量，mg；

$\quad\quad m_2$——100mL 测定溶液中氧化钠的含量，mg；

$\quad\quad m$——试样的质量，g。

五、任务思考

在用氢氟酸分解试样时，则应在试样分解完后加热除尽氟，以防 F⁻ 对器皿腐蚀而使测定结果偏高。

任务 5 水泥中三氧化硫的测定

一、使用标准

依据国家标准 GB/T 176—2008《水泥化学分析方法》。

二、任务目的

通过训练掌握硅酸盐水泥熟料、生料及水泥制品中三氧化硫的测定过程。

三、制订实施方案

（一）三氧化硫的测定——硫酸钡重量法

1. 方法提要

在酸性溶液中，用氯化钡溶液沉淀硫酸盐，经过滤灼烧后，以硫酸钡形式称量。测定结果以三氧化硫计。

2. 试剂与试样

（1）盐酸（1+1）。

（2）氯化钡溶液（100g·L⁻¹）：将 100g 氯化钡（$BaCl_2·2H_2O$）溶于水中，加水稀释至 1L。

3. 仪器与设备

（1）烧杯、干燥器、瓷坩埚。

（2）高温炉：隔焰加热炉，在炉膛外围进行电阻加热。应使用温度控制器准确控制炉温，可控制温度（700±25）℃、（800±25）℃、（950±25）℃。

4. 任务实施步骤

称取约 0.5g 试样（m），精确至 0.0001g，置于 200mL 烧杯中，加入约 40mL 水，搅拌使试样完全分散，在搅拌下加入 10mL 盐酸（1+1），用平头玻璃棒压碎块状物，加热煮沸并保持微沸（5±0.5）min。用中速滤纸过滤，用热水洗涤 10～12 次，滤液及洗液收集于 400mL 烧杯中。加水稀释至约 250mL，玻璃棒底部压一小片定量滤纸，盖上表面皿，加热煮沸，在微沸下从杯口缓慢逐滴加入 10mL 热的氯化钡溶液，继续微沸 3min 以上使沉淀良好地形成，然后在常温下静置 12～24h 或温热处静置至少 4h（仲裁分析应在常温下静置 12～24h），此时溶液体积应保持在约 200mL。用慢速定量滤纸过滤，以温水洗涤，直至检验无氯离子为止。

将沉淀及滤纸一并移入已灼烧至恒重的瓷坩埚中，灰化完全后，放入 800～950℃的高温炉内灼烧 30min，取出坩埚，置于干燥器中冷却至室温，称量。反复灼烧，直至恒重（m_1）。

5. 分析结果的计算

$$w(SO_3) = \frac{m_1 \times 0.343}{m} \times 100 \tag{2-17}$$

式中 $w(SO_3)$——三氧化硫的质量分数，%；

m_1——灼烧后沉淀的质量，g；

m——试样的质量，g；

0.343——硫酸钡对三氧化硫的换算系数。

（二）三氧化硫的测定——碘量法

1. 方法提要

试样先经磷酸处理，将硫化物分解除去。再加入氯化亚锡-磷酸溶液并加热，将硫酸盐的硫还原成等物质的量的硫化氢，收集于氨性硫酸锌溶液中，然后用碘量法进行测定。

试样中除硫化物（S^{2-}）和硫酸盐外，还有其他状态的硫存在时，将给测定结果造成误差。

2. 试剂与试样

（1）硫酸（1+2）、无水碳酸钠。

（2）磷酸（H_3PO_4）：1.68g·cm^{-3}，质量分数85%。

（3）硫酸铜溶液（50g·L^{-1}）：将5g硫酸铜（$CuSO_4·5H_2O$）溶于100mL水中。

（4）氯化亚锡-磷酸溶液：将1000mL磷酸放在烧杯中，在通风橱中于电炉上加热脱水，至溶液体积缩减至850～950mL时，停止加热。待溶液温度降至100℃以下时，加入100g氯化亚锡，继续加热至溶液透明，且无大气泡冒出时为止（此溶液的使用期一般不超过两周）。

（5）明胶溶液（5g·L^{-1}）：将0.5g明胶（动物胶）溶于100mL 70～80℃的水中。用时现配。

（6）淀粉溶液（10g·L^{-1}）：将1g淀粉（水溶性）置于烧杯中，加水调成糊状后，加入100mL沸水，煮沸1min，冷却后使用。

（7）氨性硫酸锌溶液（100g·L^{-1}）：将100g硫酸锌（$ZnSO_4·7H_2O$）溶于水中，加入700mL氨水，加水稀释至1L。静置24h后使用，必要时过滤。

（8）碘酸钾标准滴定溶液 $\left[c\left(\dfrac{1}{6}KIO_3\right)=0.03mol·L^{-1}\right]$：称取5.4g碘酸钾（$KIO_3$）溶于200mL新煮沸过的冷水中，加入5g氢氧化钠及150g碘化钾，溶解后再用新煮沸过的冷水稀释至5L，摇匀，贮存于棕色瓶中。

（9）重铬酸钾溶液 $\left[c\left(\dfrac{1}{6}K_2Cr_2O_7\right)=0.03mol·L^{-1}\right]$：称取1.4710g已于150～180℃烘过2h的重铬酸钾（$K_2Cr_2O_7$，基准试剂），精确至0.0001g。加水溶解后，移入1000mL容量瓶中，用水稀释至标线，摇匀。

（10）硫代硫酸钠标准滴定溶液。

配制：将37.5g硫代硫酸钠（$Na_2S_2O_3·5H_2O$）溶于200mL新煮沸过的冷水中，加入约0.25g无水碳酸钠（Na_2CO_3），溶解后再用新煮沸过的冷水稀释至5L，摇匀，贮存于棕色瓶中。

硫代硫酸钠标准滴定溶液的标定：吸取15.00mL重铬酸钾溶液放入带有磨口塞的200mL锥形瓶中，加入3g碘化钾及50mL水，搅拌溶解后加入10mL硫酸（1+2），盖上磨口塞，于暗处放置15～20min。用少量水冲洗瓶壁和瓶塞，用硫代硫酸钠标准滴定溶液滴定至淡黄色后，加入约2mL淀粉溶液，再继续滴定至蓝色消失。

另用15mL水代替重铬酸钾基准溶液，按上述步骤进行空白试验。

硫代硫酸钠标准滴定溶液的浓度按式(2-18)计算：

$$c(\text{Na}_2\text{S}_2\text{O}_3) = \frac{0.03 \times 15.00}{V - V_0} \tag{2-18}$$

式中　$c(\text{Na}_2\text{S}_2\text{O}_3)$——硫代硫酸钠标准滴定溶液的浓度，$\text{moL} \cdot \text{L}^{-1}$；

0.03——重铬酸钾基准溶液的浓度，$\text{moL} \cdot \text{L}^{-1}$；

15.00——加入重铬酸钾基准溶液的体积，mL；

V——滴定时消耗硫代硫酸钠标准滴定溶液的体积，mL；

V_0——空白试验消耗硫代硫酸钠标准滴定溶液的体积，mL。

碘酸钾标准滴定溶液与硫代硫酸钠标准滴定溶液体积比的标定：从滴定管中缓慢放出 15.00mL 碘酸钾标准滴定溶液于 200mL 锥形瓶中，加入 25mL 水及 10mL 硫酸（1+2），在摇动下用硫代硫酸钠滴定溶液滴定至淡黄色后，加入约 2mL 淀粉溶液，再继续滴定至蓝色消失。

碘酸钾标准滴定溶液与硫代硫酸钠标准滴定溶液的体积比按式(2-19) 计算：

$$K = \frac{15.00}{V} \tag{2-19}$$

式中　K——碘酸钾标准滴定溶液与硫代硫酸钠标准滴定溶液的体积比；

15.00——加入碘酸钾标准滴定溶液的体积，mL；

V——滴定时消耗硫代硫酸钠标准滴定溶液的体积，mL。

碘酸钾标准滴定溶液对三氧化硫的滴定度按式(2-20) 计算：

$$T_{\text{SO}_3} = \frac{c(\text{Na}_2\text{S}_2\text{O}_3)V \times 40.03}{15.00} \tag{2-20}$$

式中　T_{SO_3}——碘酸钾标准滴定溶液对三氧化硫的滴定度，$\text{mg} \cdot \text{mL}^{-1}$；

$c(\text{Na}_2\text{S}_2\text{O}_3)$——硫代硫酸钠标准滴定溶液的浓度，$\text{moL} \cdot \text{L}^{-1}$；

V——标定体积比 K 时消耗硫代硫酸钠标准滴定溶液的体积，mL；

40.03——$\left(\frac{1}{2}\text{SO}_3\right)$ 的摩尔质量，$\text{g} \cdot \text{moL}^{-1}$；

15.00——标定体积比 K 时加入碘酸钾标准滴定溶液的体积，mL。

3. 仪器与设备

（1）吹气泵、反应瓶（100mL）、加液漏斗（20mL）。

（2）烧杯：400mL，内盛 300mL 水及 20mL 氨性硫酸锌溶液。

（3）洗气瓶：250mL，内盛 100mL 硫酸铜溶液（$50\text{g} \cdot \text{L}^{-1}$）。

（4）电炉：600W，与 1~2kVA 调压变压器相连接。

4. 任务实施步骤

称取约 0.5g 试样（m），精确至 0.0001g，置于 100mL 的干燥反应瓶中，加入 10mL 磷酸，置于小电炉上加热至沸，并继续在微沸下加热至无大气泡、液面平静、无白烟出现时为止。取下放冷，向反应瓶中加入 10mL 氯化亚锡-磷酸溶液，按图 2-4 所示连接各部件。

开动空气泵，保持通气速度为每秒钟 4~5 个气泡。于电压 200V 下，加热 10min，然后将电压降至 160V，加热 5min 后停止加热。取下吸收杯，关闭空气泵。

用水冲洗插入吸收液内的玻璃管，加入 10mL 明胶溶液，加入 15.00mL 碘酸钾标准滴定溶液，在搅拌下一次性快速加入 30mL 硫酸（1+2），用硫代硫酸钠标准滴定溶液滴定至淡黄色，加入 2mL 淀粉溶液，继续滴定至蓝色消失。

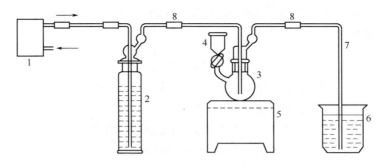

图 2-4　测定硫化物的仪器装置

1—吹气泵；2—洗气瓶；3—反应瓶；4—加液漏斗；5—电炉；

6—烧杯；7—导气管；8—硅橡胶管

5. 分析结果的计算

$$w(\mathrm{SO_3}) = \frac{T_{\mathrm{SO_3}}(V_2 - KV_1)}{m \times 1000} \times 100 \tag{2-21}$$

式中　$w(\mathrm{SO_3})$ ——三氧化硫的质量分数，%；

　　　　$T_{\mathrm{SO_3}}$ ——碘酸钾标准滴定溶液对三氧化硫的滴定度，mg·mL^{-1}；

　　　　V_2 ——加入碘酸钾标准滴定溶液的体积，mL；

　　　　V_1 ——滴定时消耗硫代硫酸钠标准滴定溶液的体积，mL；

　　　　K ——碘酸钾标准滴定溶液与硫代硫酸钠标准滴定溶液的体积比；

　　　　m ——试样的质量，g。

6. 任务思考

水泥碘量法测定三氧化硫的试验中加入磷酸和氯化亚锡-磷酸溶液的作用各是什么？

（三）三氧化硫的测定——离子交换法

1. 方法提要

在水介质中，用氢型阳离子交换树脂对水泥中的硫酸钙进行两次静态交换，生成等物质的量的氢离子，以酚酞为指示剂，用氢氧化钠标准滴定溶液滴定。

本方法只适用于掺加天然石膏并且不含有氟、氯、磷的水泥中三氧化硫的测定。

2. 试剂与试样

（1）酚酞指示剂溶液（10g·L^{-1}）：将 1g 酚酞溶于 100mL 乙醇中。

（2）树脂：将 250g 钠型 732 苯乙烯强酸性阳离子交换树脂（1×12）用 250mL 乙醇浸泡 12h 以上，然后倾出乙醇，再用水浸泡 6～8h。将树脂装入离子交换柱中，用 1500mL 盐酸（1+3）以 5mL·min^{-1} 的流速淋洗。然后再用蒸馏水逆洗交换柱中的树脂，直至流出液中无氯离子为止。将树脂倒出，用布氏漏斗抽气抽滤，然后贮存于广口瓶中备用（树脂久放后，使用时应用水倾洗数次）。

（3）氢氧化钠标准滴定溶液 [$c(\mathrm{NaOH}) = 0.06\mathrm{mol·L^{-1}}$] 的配制：称取 12g 氢氧化钠（NaOH）溶于水后，加水稀释至 5L，充分摇匀，贮存于塑料瓶或带胶塞（装有钠石灰干燥管）的硬质玻璃瓶内。

氢氧化钠标准滴定溶液 [$c(\mathrm{NaOH}) = 0.06\mathrm{mol·L^{-1}}$] 浓度的标定：称取 0.3g（$m$）苯二甲酸氢钾（$C_8H_5KO_4$，基准试剂），精确至 0.0001g，置于 300mL 烧杯中，加入约 200mL 预先新煮沸过并冷却后用氢氧化钠溶液中和至酚酞呈微红色的冷水，搅拌使其溶解，加入

6～7滴酚酞指示剂溶液，用氢氧化钠标准滴定溶液滴定至微红色。

氢氧化钠标准滴定溶液的浓度按式（2-22）计算：

$$c(NaOH)=\frac{m\times1000}{V\times204.2}\qquad(2-22)$$

式中　$c(NaOH)$——氢氧化钠标准滴定溶液的浓度，$mol \cdot L^{-1}$；

　　　　m——苯二甲酸氢钾的质量，g；

　　　　V——滴定时消耗氢氧化钠标准滴定溶液的体积，mL；

　　　　204.2——苯二甲酸氢钾的摩尔质量，$g \cdot mol^{-1}$。

氢氧化钠标准滴定溶液$[c(NaOH)=0.06mol \cdot L^{-1}]$对三氧化硫滴定度的计算：

$$T_{SO_3}=c(NaOH)\times40.03\qquad(2-23)$$

式中　T_{SO_3}——氢氧化钠标准滴定溶液对三氧化硫的滴定度，$mg \cdot mL^{-1}$；

$c(NaOH)$——氢氧化钠标准滴定溶液的浓度，$mol \cdot L^{-1}$；

40.03——$\left(\frac{1}{2}SO_3\right)$的摩尔质量，$g \cdot moL^{-1}$。

3. 仪器与设备

（1）磁力搅拌器：带有塑料壳的搅拌子，具有调速和加热功能。

（2）烧杯。

4. 任务实施步骤

称取约0.2g试样（m），精确至0.0001g，置于已放有5g树脂、10mL热水及一个磁力搅拌子的150mL烧杯中，摇动烧杯使试样分散。然后加入40mL沸水，立即置于磁力搅拌器上，加热搅拌10min。取下，以快速滤纸过滤，用热水洗涤烧杯和滤纸上的树脂4～5次，滤液及洗液收集于已放有2g树脂及一个磁力搅拌子的150mL烧杯中（此时溶液体积在100mL左右）。将烧杯再置于磁力搅拌器上，搅拌3min。取下，以快速滤纸将溶液过滤于300mL烧杯中，用热水洗涤烧杯和滤纸上的树脂5～6次。

向溶液中加入5～6滴酚酞指示剂溶液，用氢氧化钠标准滴定溶液滴定至微红色。保存滤纸上的树脂，可以回收处理后再利用。

5. 分析结果的计算

$$w(SO_3)=\frac{T_{SO_3}V}{m\times1000}\times100\qquad(2-24)$$

式中　$w(SO_3)$——三氧化硫的质量分数，%；

　　　　T_{SO_3}——氢氧化钠标准滴定溶液对三氧化硫的滴定度，$mg \cdot mL^{-1}$；

　　　　V——滴定时消耗氢氧化钠标准滴定溶液的体积，mL；

　　　　m——试样的质量，g。

6. 任务思考

水泥离子交换法测定三氧化硫的试验中，氟、氯、磷对水泥中三氧化硫的测定有何干扰？

（四）三氧化硫的测定——铬酸钡分光光度法

1. 方法提要

试样经盐酸溶解，在pH 2的溶液中，加入过量铬酸钡，生成与硫酸根等物质的量的铬酸根。在微碱性条件下，使过量的铬酸钡重新析出。过滤后在波长420nm处测定游离铬酸根离子的吸光度。

试样中除硫化物（S^{2-}）和硫酸盐外，还有其他状态的硫存在时，将给测定结果造成误差。

2. 试剂与试样

（1）甲酸（1＋1）、盐酸（1＋2）、盐酸（1＋1）、氨水（1＋1）、氨水（1＋2）。

（2）过氧化氢（H$_2$O$_2$）：1.11g·cm^{-3}，质量分数30%。

（3）铬酸钡溶液（10g·L^{-1}）：称取10g铬酸钡（BaCrO$_4$）置于1000mL烧杯中，加700mL水，搅拌下缓慢加入50mL盐酸（1＋1），加热溶解，冷却至室温后，移入1000mL容量瓶中，用水稀释至标线，摇匀。

（4）三氧化硫（SO$_3$）标准溶液的配制：称取0.8870g已于105～110℃烘过2h的硫酸钠（Na$_2$SO$_4$，优级纯），精确至0.0001g，置于300mL烧杯中，加水溶解后，移入1400mL容量瓶中，用水稀释至标线，摇匀。此标准溶液为每毫升相当于0.5mg三氧化硫。

（5）离子强度调节溶液的配制：称取0.85g氧化铁（Fe$_2$O$_3$）置于400mL烧杯中，加入200mL盐酸（1＋1），盖上表面皿，加热微沸使之溶解，将此溶液缓慢注入已盛有21.42g碳酸钙（CaCO$_3$）及100mL水的1000mL烧杯中，待碳酸钙完全溶解后，加入250mL氨水（1＋2），再加入盐酸（1＋2）至氢氧化铁沉淀刚好溶解，冷却，稀释至约900mL，用盐酸（1＋1）和氨水（1＋1）调节溶液pH在1.0～1.5之间（用精密pH试纸检验）移入1000mL容量瓶中，用水稀释至标线，摇匀。此溶液每毫升含有12mg氧化钙，0.85mg氧化铁。

3. 仪器与设备

（1）烧杯、容量瓶。

（2）pH试纸。

（3）分光光度计：可在波长400～800nm范围内测定溶液的吸光度，带有10nm、20nm比色皿。

4. 任务实施步骤

（1）工作曲线的绘制　吸取每毫升相当于0.5mg三氧化硫的标准溶液0mL、5.00mL、10.00mL、15.00mL、20.00mL、25.00mL、30.00mL分别放入150mL容量瓶中，加入20mL离子强度调节溶液，用水稀释至100mL，加入10mL铬酸钡溶液，每隔5min摇荡溶液一次。30min后，加入5mL氨水（1＋2）用水稀释至标线，摇匀。用中速滤纸干过滤，将滤液收集于50mL烧杯中，使用分光光度计20mm比色皿，以水作参比，于波长420nm处测定各滤液的吸光度。用测得的吸光度作为相对应的三氧化硫含量的函数，绘制工作曲线。

（2）试样的测定　称取0.33～0.36g试样（m），精确至0.0001g，置于带有标线的200mL烧杯中。加4mL甲酸（1＋1），分散试样，低温干燥，取下。加10mL盐酸（1＋2）及1～2滴过氧化氢，将试料搅起后加热至小气泡冒尽，冲洗杯壁，再煮沸2min，期间冲洗杯壁2次。取下，加水至约90mL，加5mL氨水（1＋2），并用盐酸（1＋1）和氨水（1＋1）调节酸度至pH 2.0（用精密pH试纸检验），稀释至100mL。加10mL铬酸钡溶液，搅匀。流水冷却至室温并放置，时间不少于10min，放置期间搅拌3次。加入5mL氨水（1＋2），将溶液连同沉淀移入150mL容量瓶中，用水稀释至标线，摇匀。用中速滤纸干过滤。滤液收集于50mL烧杯中，用分光光度计、20mm比色皿，以水作参比，于波长420nm处测定溶液的吸光度。在上述工作曲线查出三氧化硫的含量（m_1）。

5. 分析结果的计算

$$w(SO_3) = \frac{m_1}{m \times 1000} \times 100 \tag{2-25}$$

式中　$w(SO_3)$——三氧化硫的质量分数，%；

　　　　m_1——测定溶液中三氧化硫的含量，mg；

　　　　m——试样的质量，g。

6. 任务思考

在试验操作中使过量的铬酸钡完全析出应注意什么？

任务 6　水泥中一氧化锰的测定

一、使用标准

依据国家标准 GB/T 176—2008《水泥化学分析方法》。

二、任务目的

通过训练掌握硅酸盐水泥熟料、生料及水泥制品中一氧化锰的测定过程。

三、制订实施方案

（一）一氧化锰的测定——高碘酸钾氧化分光光度法

1. 方法提要

在硫酸介质中，用高碘酸钾将锰氧化成高锰酸根，于波长 530nm 处测定溶液的吸光度。用磷酸掩蔽三价铁离子的干扰。

2. 试剂与试样

（1）碳酸钠-硼砂混合熔剂（2+1）：将 2 份质量的无水碳酸钠（Na_2CO_3）与 1 份质量的无水硼砂（$Na_2B_4O_7$）混匀研细，贮存于密封瓶中。

（2）高碘酸钾（KIO_4）。

（3）硫酸锰（$MnSO_4$，光谱纯）。

（4）硝酸（1+9）、硫酸（5+95）、磷酸（1+1）、硫酸（1+1）。

（5）一氧化锰（MnO）标准溶液的配制：取一定量硫酸锰（$MnSO_4$，光谱纯）置于称量瓶中，在（250±10）℃温度下烘干至恒重，所获得的产物为无水硫酸锰。称取 0.1064g 无水硫酸锰，精确至 0.0001g，置于 300mL 烧杯中，加水溶解后，加入约 1mL 硫酸（1+1），移入 1000mL 容量瓶中，用水稀释至标线，摇匀。此标准溶液每毫升含 0.05mg 一氧化锰。

3. 仪器与设备

（1）烧杯、称量瓶、容量瓶。

（2）分光光度计：可在波长 400～800nm 范围内测定溶液的吸光度，带有 10mm、20mm 比色皿。

4. 任务实施步骤

（1）分光光度法工作曲线的绘制　吸取每毫升含 0.05mg 一氧化锰标准溶液 0mL、2.00mL、6.00mL、10.00mL、14.00mL、20.00mL 分别放入 150mL 烧杯中，加入 5mL 磷酸（1+1）及 10mL 硫酸（1+1），加水稀释至约 50mL，加入约 1g 高碘酸钾，加热微沸 10～15min 至溶液达到最大颜色深度，冷却至室温后，移入 100mL 容量瓶中，用水稀释至标线，摇匀。使用分光光度计、10mm 比色皿，以水作参比，于波长 530nm 处测定溶液的吸光度。用测得的吸光度作为相对应的一氧化锰含量的函数，绘制工作曲线。

（2）试样的测定　称取约 0.5g 试样（m），精确至 0.0001g，置于铂坩埚中，加入 3g 碳酸钠-硼砂混合熔剂，混匀，在 950～1000℃下熔融 10min，用坩埚钳夹持坩埚旋转，使熔融物均匀地附于坩埚内壁，冷却后，将坩埚放入已盛有 50mL 硝酸（1+9）及 100mL 硫酸（5+95）并加热至微沸的 300mL 烧杯中，并继续保持微沸状态，直至熔融物完全溶解，用水洗净坩埚及盖，用快速滤纸将溶液过滤至 250mL 容量瓶中，并用热水洗涤数次。将溶液冷却至室温后，用水稀释至标线，摇匀。

吸取 50.00mL 上述溶液放入 150mL 烧杯中，依次加入 5mL 磷酸（1+1）、10mL 硫酸（1+1）和约 1g 高碘酸钾，加热微沸 10～15min 至溶液达到最大颜色深度，冷却至室温后，移入 100mL 容量瓶中，用水稀释至标线，摇匀。用分光光度计、10mm 比色皿，以水作参比，于波长 530nm 处测定溶液的吸光度。在上述工作曲线上查出一氧化锰的含量。

5. 分析结果的计算

$$w(\mathrm{MnO}) = \frac{m_1 \times 5}{m \times 1000} \times 100 \tag{2-26}$$

式中　$w(\mathrm{MnO})$——氧化锰的质量分数，%；

$\qquad m_1$——100mL 测定溶液中一氧化锰的质量，mg；

$\qquad m$——试样的质量，g。

6. 任务思考

试验测定中如何判定试样熔融完全？

（二）一氧化锰的测定——原子吸收光谱法

1. 方法提要

用氢氟酸-高氯酸分解试样，以锶盐消除硅、铝、钛等对锰的干扰，在空气-乙炔火焰中，于波长 279.5nm 处测定吸光度。

2. 试剂与试样

（1）盐酸、硫酸（1+1）。

（2）氯化锶溶液（锶 50g·L^{-1}）：将 152.2g 氯化锶（$\mathrm{SrCl_2 \cdot 6H_2O}$）溶解于水中，加水稀释至 1L，必要时过滤后使用。

（3）无水硫酸锰（$\mathrm{MnSO_4}$）：取一定量硫酸锰（$\mathrm{MnSO_4}$，光谱纯）或含水硫酸锰（$\mathrm{MnSO_4 \cdot nH_2O}$，光谱纯）置于称量瓶中，在（250±10）℃温度下烘干至恒重，所获得的产物为无水硫酸锰。

（4）一氧化锰标准溶液（0.05mg·mL^{-1}）的配制：称取 0.1064g 无水硫酸锰，精确至 0.0001g，置于 300mL 烧杯中，加水溶解后，加入约 1mL 硫酸（1+1），移入 1000mL 容量瓶中，用水稀释至标线，摇匀。此标准溶液每毫升含 0.05mg 一氧化锰。

3. 仪器与设备

（1）烧杯、容量瓶。

（2）原子吸收光谱仪：带有镁、钾、钠、铁、锰元素空心阴极灯。

4. 任务实施步骤

（1）原子吸收光谱法工作曲线的绘制　吸取每毫升含 0.05mg 一氧化锰标准溶液 0mL、5.00mL、10.00mL、15.00mL、20.00mL、25.00mL、30.00mL 分别放入 500mL 容量瓶

中，加入 30mL 盐酸及 10mL 氯化锶溶液，用水稀释至标线，摇匀。将原子吸收光谱仪调节至最佳工作状态，在空气-乙炔火焰中，用锰元素空心阴极灯，于波长 279.5nm 处，以水校零测定溶液吸光度。用测得的吸光度作为相对应的一氧化锰含量的函数，绘制工作曲线。

（2）样品的测定　直接取用溶液 C，用原子吸收光谱仪，在空气-乙炔火焰中，用锰空心阴极灯，于波长 279.5nm 处，在于上述相同的仪器条件下测定溶液的吸光度，在上述工作曲线上查出一氧化锰的浓度。

5. 分析结果的计算

$$w(\text{MnO}) = \frac{cVn}{m \times 1000} \times 100 \tag{2-27}$$

式中　　$w(\text{MnO})$——氧化锰的质量分数，%；

$\quad\quad\quad c$——测定溶液中一氧化锰的浓度，$mg \cdot mL^{-1}$；

$\quad\quad\quad V$——测定溶液的体积，mL；

$\quad\quad\quad n$——全部试样溶液与所分取试样溶液的体积比；

$\quad\quad\quad m$——试样的质量，g。

6. 任务思考

在原子吸收光谱法测定水泥中一氧化锰的含量试验中有何干扰，如何消除？

任务 7　水泥中氯离子的测定

一、使用标准

依据国家标准 GB/T 176—2008《水泥化学分析方法》。

二、任务目的

通过训练掌握硅酸盐水泥熟料、生料及水泥制品中氯离子的测定过程。

三、制订实施方案

（一）氯离子的测定——硫氰酸铵容量法

1. 方法提要

本方法测定除氟以外的卤素含量，以氯离子（Cl^-）表示结果。试样用硝酸进行分解。同时消除硫化物的干扰。加入已知量的硝酸银标准溶液使氯离子以氯化银的形式沉淀。煮沸、过滤后，将滤液和洗涤液冷却至 25℃ 以下，以铁（Ⅲ）盐为指示剂，用硫氰酸铵标准滴定溶液滴定过量的硝酸银。

2. 试剂与试样

（1）硝酸（1+2）、硝酸（1+100）。

（2）硝酸银标准溶液 $[c(\text{AgNO}_3) = 0.05\text{mol} \cdot L^{-1}]$：称取 8.4940g 已于（150±5）℃烘干过 2h 的硝酸银（$AgNO_3$），精确至 0.0001g，加水溶解后，移入 1000mL 容量瓶中，加水稀释至标线，摇匀。贮存于棕色瓶中，避光保存。

（3）硫酸铁铵指示剂溶液：将 10mL 硝酸（1+2）加入到 100mL 冷的硫酸铁（Ⅲ）铵 $[\text{NH}_4\text{Fe}(\text{SO}_4)_2 \cdot 12\text{H}_2\text{O}]$ 饱和水溶液中。

（4）硫氰酸铵标准滴定溶液 $[c(\text{NH}_4\text{SCN}) = 0.05\text{mol} \cdot L^{-1}]$：称取 3.8g 硫氰酸铵（$NH_4SCN$）溶于水，稀释至 1L。

（5）滤纸浆：将定量滤纸撕成小块，放入烧杯中，加水浸没，在搅拌下加热煮沸 10min

以上，冷却后放入广口瓶中备用。

3. 仪器与设备

（1）烧杯、锥形瓶。

（2）玻璃砂芯漏斗：直径 50mm，型号 P_{10}（平均孔径 4～7μm）。

4. 任务实施步骤

称取约 5g 试样（m），精确至 0.0001g，置于 400mL 烧杯中，加入 50mL 水，搅拌使试样完全分散，在搅拌下加入 50mL 硝酸（1＋2），加热煮沸，在搅拌下微沸 1～2min。准确移取 5.00mL 硝酸银标准溶液放入溶液中，煮沸 1～2min，加入少许滤纸浆，用预先用硝酸（1＋100）洗涤过的慢速滤纸抽气过滤或玻璃砂芯漏斗抽气过滤，滤液收集于 250mL 锥形瓶中，用硝酸（1＋100）洗涤烧杯、玻璃棒和滤纸，直至滤液和洗液总体积达到约 200mL，溶液在弱光线或暗处冷却至 25℃ 以下。

加入 5mL 硫酸铁铵指示剂溶液，用硫氰酸铵标准滴定溶液滴定至产生的红棕色在摇动下不消失为止。记录滴定所用硫氰酸铵标准滴定溶液的体积 V。如果 V 小于 0.5mL，用减少一半的试样质量重新试验。

不加入试样按上述步骤进行空白试验，记录空白滴定所用硫氰酸铵标准滴定溶液的体积 V_0。

5. 分析结果的计算

$$w(\text{Cl}^-) = \frac{1.773 \times 5 \times (V_0 - V)}{V_0 m \times 1000} \times 100 \tag{2-28}$$

式中　$w(\text{Cl}^-)$——氯离子的质量分数，%；

　　　　V——滴定时消耗硫氰酸铵标准滴定溶液的体积，mL；

　　　　V_0——空白试验滴定时消耗的硫氰酸铵标准滴定溶液的体积，mL；

　　　　m——试样的质量，g；

　　　　1.773——硝酸银标准溶液对氯离子的滴定度，mg·mL^{-1}。

6. 任务思考

试验操作中为使氯化银沉淀完全应注意什么？

（二）氯离子的测定——磷酸蒸馏-汞盐滴定法

1. 方法提要

用规定的蒸馏装置在 250～260℃ 温度条件下，以过氧化氢和磷酸分解试样，以净化空气作载体，蒸馏分离氯离子，用稀硝酸作吸收液。在 pH 3.5 左右，以二苯偶氮碳酰肼为指示剂，用硝酸汞标准滴定溶液滴定。

2. 试剂与试样

（1）硝酸溶液（0.5mol·L^{-1}）：取 3mL 硝酸，加水稀释至 100mL。

（2）过氧化氢溶液（H_2O_2）：1.11g·cm^{-3}，质量分数 30%。

（3）乙醇：体积分数 95%。

（4）溴酚蓝指示剂溶液（2g·L^{-1}）：将 0.2g 溴酚蓝溶于 100mL 乙醇（1＋4）中。

（5）氢氧化钠溶液（0.5mol·L^{-1}）：将 2g 氢氧化钠（NaOH）溶于 100mL 水中。

（6）硝酸银溶液（5g·L^{-1}）：将 5g 硝酸银（$AgNO_3$）溶于水中，加水稀释至 1L。

（7）二苯偶氮碳酰肼指示剂溶液（10g·L^{-1}）：将 1g 二苯偶氮碳酰肼溶于 100mL 乙醇中。

(8) 氯离子标准溶液：称取 0.3297g 已于 105～110℃ 烘过 2h 的氯化钠（NaCl，基准试剂或光谱纯），精确至 0.0001g，置于 200mL 烧杯中，加水溶解后，移入 1000mL 容量瓶中，用水稀释至标线，摇匀。此标准溶液每毫升含 0.2mg 氯离子。

吸取 50.00mL 上述标准溶液放入 250mL 容量瓶中，用水稀释至标线，摇匀。此标准溶液每毫升含 0.04mg 氯离子。

(9) 硝酸汞标准滴定溶液的配制 $\{c[Hg(NO_3)_2]=0.001mol \cdot L^{-1}\}$：称取 0.34g 硝酸汞 $[Hg(NO_3)_2 \cdot \frac{1}{2}H_2O]$，溶于 10mL 硝酸中，移入 1000mL 容量瓶内，用水稀释至标线，摇匀。

硝酸汞标准滴定溶液 $\{c[Hg(NO_3)_2]=0.001mol \cdot L^{-1}\}$ 对氯离子滴定度的标定：准确加入 5.00mL 0.04mg/mL 氯离子标准溶液于 50mL 锥形瓶中，加入 20mL 乙醇及 1～2 滴溴酚蓝指示剂溶液，用氢氧化钠溶液调节至溶液呈蓝色，然后用硝酸调节至溶液刚好变黄色，再过量 1 滴，加入 10 滴二苯偶氮碳酰肼指示剂溶液，用硝酸汞标准滴定溶液滴定至紫红色出现。

同时进行空白试验。使用相同量的试剂，不加入氯离子标准溶液，按照相同的测定步骤进行试验。

硝酸汞标准滴定溶液对氯离子的滴定度按式(2-29)计算：

$$T_{Cl^-} = \frac{0.04 \times 5.00}{V-V_0} \tag{2-29}$$

式中 T_{Cl^-} ——硝酸汞标准滴定溶液对氯离子的滴定度，$mg \cdot mL^{-1}$；

     0.04——氯离子标准溶液的浓度，$mg \cdot mL^{-1}$；

     5.00——加入氯离子标准溶液的体积，mL；

     V——标定时消耗硝酸汞标准滴定溶液的体积，mL；

     V_0——空白试验消耗硝酸汞标准滴定溶液的体积，mL。

硝酸汞标准滴定溶液的配制 $\{c[Hg(NO_3)_2]=0.005mol \cdot L^{-1}\}$：称取 1.67g 硝酸汞 $[Hg(NO_3)_2 \cdot \frac{1}{2}H_2O]$，溶于 10mL 硝酸中，移入 1000mL 容量瓶内，用水稀释至标线，摇匀。

硝酸汞标准滴定溶液 $\{c[Hg(NO_3)_2]=0.005mol \cdot L^{-1}\}$ 对氯离子滴定度的标定：准确加入 7.00mL 0.2mg $\cdot$ mL^{-1} 氯离子标准溶液于 50mL 锥形瓶中，以下操作按上述步骤进行。

硝酸汞标准滴定溶液对氯离子的滴定度按式(2-30)计算：

$$T_{Cl^-} = \frac{0.2 \times 7.00}{V-V_0} \tag{2-30}$$

式中 T_{Cl^-} ——硝酸汞标准滴定溶液对氯离子的滴定度，$mg \cdot mL^{-1}$；

     0.2——氯离子标准溶液的浓度，$mg \cdot mL^{-1}$；

     7.00——加入氯离子标准溶液的体积，mL；

     V——标定时消耗硝酸汞标准滴定溶液的体积，mL；

     V_0——空白试验消耗硝酸汞标准滴定溶液的体积，mL。

3. 仪器与设备

测氯蒸馏装置如图 2-5 所示。

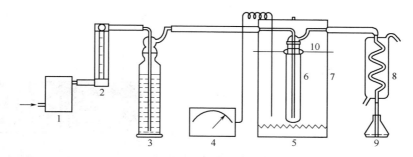

图 2-5　测氯蒸馏装置

1—吹气泵；2—转子流量计；3—洗气瓶，内装硝酸银溶液（5g·L⁻¹）；4—温控仪；5—电炉；
6—石英蒸馏管；7—炉膛保温罩；8—蛇形冷凝管；9—50mL 锥形瓶；10—固定架

4. 任务实施步骤

如上述测氯蒸馏装置，向 50mL 锥形瓶中加入约 3mL 水及 5 滴硝酸，放在冷凝管下端用以承接蒸馏液，冷凝管下端的硅胶管插于锥形瓶的溶液中。

称取约 0.3g（m）试样，精确至 0.0001g，置于已烘干的石英蒸馏管中，勿使试样黏附于管壁。

向蒸馏管中加入 5～6 滴过氧化氢溶液，摇动使试样完全分散后加入 5mL 磷酸，套上磨口塞，摇动，待试料分解产生的二氧化碳气体大部分逸出后，将如图 2-5 所示的仪器装置中的固定架 10 套在石英蒸馏管上，并将其置于温度 250～260℃ 的测氯蒸馏装置炉膛内，迅速地以硅橡胶管连接好蒸馏管的进出口部分（先连出气管，后连进气管），盖上炉盖。

开动气泵，调节气流速度在 100～200mL·min⁻¹，蒸馏 10～15min 后关闭气泵，拆下连接管，取出蒸馏管置于试管架内。

用乙醇吹洗冷凝管及其下端，洗液收集于锥形瓶内（乙醇用量约为 15mL）。由冷凝管下部取出承接蒸馏液的锥形瓶，向其中加入 1～2 滴溴酚蓝指示剂溶液，用氢氧化钠溶液调节至溶液呈蓝色，然后用硝酸调节至溶液刚好变黄，再过量 1 滴，加入 10 滴二苯偶氮碳酰肼指示剂溶液，用硝酸汞标准滴定溶液（0.001mol·L⁻¹）滴定至紫红色出现。记录滴定所用硝酸汞标准滴定溶液的体积 V。

氯离子含量为 0.2%～1% 时，蒸馏时间应为 15～20min；用硝酸汞标准滴定溶液（0.005mol·L⁻¹）进行滴定。

不加入试样按上述步骤进行空白试验，记录空白滴定所用硝酸汞标准滴定溶液的体积 V_0。

5. 分析结果的计算

$$w(\text{Cl}^-) = \frac{T_{\text{Cl}^-}(V - V_0)}{m \times 1000} \times 100 \qquad (2\text{-}31)$$

式中　$w(\text{Cl}^-)$——氯离子的质量分数，%；

　　　T_{Cl^-}——硝酸汞标准滴定溶液对氯离子的滴定度，mg·mL⁻¹；

　　　V——滴定时消耗硝酸汞标准滴定溶液的体积，mL；

　　　V_0——空白试验消耗硝酸汞标准滴定溶液的体积，mL；

　　　m——试样的质量，g。

6. 任务思考

用磷酸蒸馏-汞盐滴定法测定水泥中的氯离子，为使测定结果准确，试验中应注意什么？

知识目标

① 学习掌握煤和水煤浆等样品采取和分析的国标查阅方法；
② 掌握商品煤样人工采取方法；
③ 掌握煤的水分测定方法及过程；
④ 掌握煤中碳和氢的测定方法及过程；
⑤ 掌握煤中氮的测定方法及过程；
⑥ 掌握煤中全硫的测定方法及过程

技能目标

① 根据实际情况选择正确的煤和水煤浆等样品的测试方案；
② 能采用正确的方法对煤和水煤浆等样品进行采样；
③ 能根据测试方案、按照工作过程对煤和水煤浆等样品进行制备及测定；
④ 能熟练掌握知识目标中煤和水煤浆等样品的主要测试指标的测定。

任务引导

查阅标准
GB 475—2008《商品煤样人工采取方法》
GB/T 212—2008《煤的工业分析方法》
GB/T 476—2008《煤中碳和氢的测定方法》
GB/T 19227—2008《煤中氮的测定方法》
GB/T 214—2007《煤中全硫的测定方法》

任务实施

商品煤样人工采取方法

一、使用标准

依据国家标准 GB 475—2008《商品煤样人工采取方法》。

二、任务目的

明确商品煤样的取样过程，采取有代表性的样品。

三、制订实施方案

（一）采样的一般原则

煤炭采样和制样的目的，是获得一个其试验结果能代表整批被采样煤的试验煤样。

采样和制样的基本过程，是首先从分布于整批煤的许多点收集相当数量的一份煤，即初级子样，然后将各初级子样直接合并或缩分后合并成一个总样，最后将此总样经过一系列制样程序制成所要求数目和类型的试验煤样。

采样的基本要求，是被采样批煤的所有颗粒都可能进入采样设备，每一个颗粒都有相同的概率被采入试样中。

为了保证所得试样的试验结果的精密度符合要求，采样时应考虑以下因素：

① 煤的变异性（一般以初级子样方差衡量）；
② 从该批煤中采取的总样数目；
③ 每个总样的子样数目；
④ 与标称最大粒度相应的试样质量。

（二）采样方法

1. 移动煤流采样方法

移动煤流采样可在煤流落流中或传送带上的煤流中进行。为安全起见，不推荐在传送带上的煤流中进行。采样可按时间基或质量基以系统采样方式或分层随机采样方式进行。从操作方便和经济的角度出发，时间基采样较好。采样时，应尽量截取一完整煤流横截段作为一子样，子样不能充满采样器或从采样器中溢出。

试样应尽可能从流速和负荷都较均匀的煤流中采取。应尽量避免煤流的负荷和品质变化周期与采样器的运行周期重合，以免导致采样偏倚。如果避免不了，则应采用分层随机采样方式。

（1）落流采样法　煤样在传送带转输点的下落煤流中采取。采样时，采样装置应尽可能地以恒定的小于 $0.6 \mathrm{m} \cdot \mathrm{s}^{-1}$ 的速度横向切过煤流。采样器的开口应当至少是煤标称最大粒度的 3 倍并不小于 30mm，采样器容量应足够大，子样不会充满采样器。采出的子样应没有不适当的物理损失。采样时，使采样斗沿煤流长度或厚度方向一次通过煤流截取一个子样。为安全和方便，可将采样斗置于一支架上，并可沿支架横杆从左至右（或相反）或从前至后（或相反）移动采样。该方法不适用于煤流量在 $400 \mathrm{t} \cdot \mathrm{h}^{-1}$ 以上的系统。

① 系统采样

a. 子样分布。初级子样应均匀分布于整个采样单元中。子样按预先设定的时间间隔（时间基采样）或质量间隔（质量基采样）采取，第 1 个子样在第 1 个时间/质量间隔内随机采取，其余子样按相等的时间/质量间隔采取。在整个采样过程中，采样器横过煤流的速度应保持恒定。如果预先计算的子样数已采够，但该采样单元煤尚未流完，则应以相同的时间/质量间隔继续采样，直至煤流结束。

为保证实际采取的子样数不少于规定的最少子样数，实际子样时间/质量间隔应等于或小于计算的子样间隔。

b. 子样间隔。按如下不同方法确定系统采样时的子样间隔。

（a）时间基采样。采取子样的时间间隔 $\Delta t(\min)$ 按式(3-1)计算：

$$\Delta t \leqslant \frac{60 m_s}{Gn} \tag{3-1}$$

式中　m_s——采样单元煤量，t；

　　　G——煤最大流量，$t \cdot h^{-1}$；

　　　n——总样的初级子样数目。

（b）质量基采样。采取子样的质量间隔 $\Delta m(t)$ 按式(3-2)计算：

$$\Delta m \leqslant \frac{m_s}{n} \tag{3-2}$$

式中　m_s——采样单元煤量，t；

　　　n——总样的初级子样数目。

c. 子样质量。子样质量与煤的流量成正比。初级子样质量应大于子样最小质量。

② 分层随机采样　采样过程中煤的品质可能会发生周期性的变化，应避免其变化周期与子样采取周期重合，否则将会带来不可接受的采样偏倚。为此可采用分层随机采样方法。

分层随机采样不是以相等的时间或质量间隔采取子样，而是在预先划分的时间或质量间隔内以随机时间或质量采取子样。

分层随机采样中，两个分属于不同的时间或质量间隔的子样很可能非常靠近，因此初级采样器的卸煤箱应该至少能容纳两个子样。

a. 子样分布。子样在预先设定的每一时间间隔（时间基采样）或质量间隔（质量基采样）内随机采取。

b. 子样间隔。如下方法可确定分层随机采样时的子样间隔。

（a）时间基采样。按式(3-1)计算采样时间间隔。将每一时间间隔从 0 到该间隔结束的时间（s 或 min）划分成若干段，然后用随机的方法（如抽签），决定各个时间间隔内的采样时间段，并到此时间数时抽取子样。

（b）质量基采样。按式(3-2)计算采样质量间隔。将每一质量间隔从 0 到该间隔结束的质量（t）数划分成若干段，然后用随机的方法（如抽签），决定各个质量间隔内的采样质量段，并到此质量数时抽取子样。

（2）停传送带采样法　有些采样方法趋向于采集过多的大块或小粒度煤，因此很有可能引入偏倚。最理想的采样方法是停传送带采样法。它是从停止的传送带上取出一全横截段作为一子样，是唯一能够确保所有颗粒都能采到的、从而不存在偏倚的方法，是核对其他方法的参比方法。常规采样情况下，停传送带采样操作是不实际的，故该方法只在偏倚试验时作为参比方法使。停传送带子样在固定位置、用专用采样框（见图 3-1）采取。采样框由两块平行的边板组成，板间距离至少为被采样煤标称最大粒度的 3 倍且不小于 30mm，边板底缘弧度与传送带弧度相近。采样时，将采样框放在静止传送带的煤流上，并使两边板与传送带中心线垂直。将边板插入煤流至底缘与传送带接触，然后将两边板间煤全部收集。阻挡边板插入的煤粒按左取右舍或者相反的方式处理，即阻挡左边板插入的煤粒收入煤样，阻挡右边板插入的煤粒弃去，或者相反。开始采样怎样取舍，在整个采样过程中也怎样取舍。粘在采样框上的煤应刮入试样中。

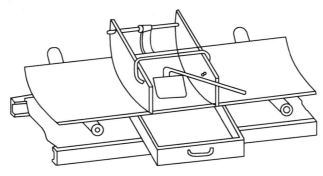

图 3-1　停带采样框

2. 静止煤采样方法

静止煤采样方法适用于火车、汽车、驳船、轮船等载煤和煤堆的采样。

静止煤采样应首选在装/堆煤或卸煤过程中进行，如不具备在装煤或卸煤过程中采样的条件，也可对静止煤直接采样。直接从静止煤中采样时，应采取全深度试样或不同深度（上、中、下或上、下）的试样；在能够保证运载工具中的煤的品质均匀且无不同品质的煤分层装载时，也可从运载工具顶部采样。无论用何种方式采样，都应通过偏倚试验，证明其无实质性偏倚。

在从火车、汽车和驳船顶部煤采样的情况下，在装车（船）后应立即采样；在经过运输后采样时，应挖坑至 0.4～0.5m 采样，取样前应将滚落在坑底的煤块和矸石清除干净。子样应尽可能均匀布置在采样面上，要注意在处理过程（如装卸）中离析导致的大块堆积（例如，在车角或车壁附近的堆积）。

用于人工采样的探管/钻取器或铲子的开口应当至少为煤的标称最大粒度的 3 倍且不小于 30mm（见图 3-2、图 3-3），采样器的容量应足够大，采取的子样质量应达到子样最小质量要求。采样时，采样器应不被试样充满或从中溢出，而且子样应一次采出，多不扔，少不补。

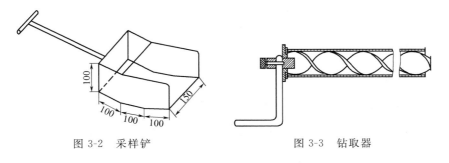

图 3-2　采样铲　　　　　　　　图 3-3　钻取器

采取子样时，探管/钻取器或铲子应从采样表面垂直（或呈一定倾角）插入。采取子样时不应有意地将大块物料（煤或矸石）推到一旁。

采样单元数、子样数、子样最小质量及总样的最小质量如下所述。

(1) 每个采样单元子样数

① 基本采样单元子样数　原煤、筛选煤、精煤及其他洗煤（包括中煤）的基本采样单元子样数列于表 3-1。

表 3-1　基本采样单元最少子样数

品种	灰分(A_d)范围	采样地点				
		煤流	火车	汽车	煤堆	船舶
原煤、筛选煤	＞20％	60	60	60	60	60
	≤20％	30	60	60	60	60
精煤	—	15	20	20	20	20
其他洗煤（中煤）	—	20	20	20	20	20

② 采样单元煤量少于 1000t 时的子样数　采样单元煤量少于 1000t 时，子样数根据表 3-1 规定子样数按比例递减，但最少不应少于表 3-2 规定数。

表 3-2　采样单元煤量少于 1000t 时的最少子样数

品种	灰分(A_d)范围	采样地点				
		煤流	火车	汽车	煤堆	船舶
原煤、筛选煤	＞20％	18	18	18	30	30
	≤20％	10	18	18	30	30
精煤	—	10	10	10	10	10
其他洗煤（中煤）	—	10	10	10	10	10

③ 采样单元煤量大于 1000t 时的子样数　采样单元煤量大于 1000t 时的子样数按式 (3-3) 计算：

$$N = n\sqrt{\frac{M}{1000}} \tag{3-3}$$

式中　N——应采子样数；

　　　n——表 3-1 规定子样数；

　　　M——被采样煤批量，t；

　　　1000——基本采样单元煤量，t。

④ 批煤采样单元数的确定　一批煤可作为一个采样单元，也可按式 (3-4) 划分为 m 个采样单元：

$$m = \sqrt{\frac{M}{1000}} \tag{3-4}$$

式中　M——被采样煤批量，t。

将一批煤分为若干个采样单元时，采样精密度优于作为一个采样单元时的采样精密度。

(2) 试样质量

① 总样的最小质量　表 3-3 列出了一般煤样（共用煤样）、全水分煤样或缩分后总样的

最小质量。表 3-4 给出的一般煤样粒度分析总样的最小质量可使由于颗粒分方差减小到 0.01，相当于精密度为 0.2%。

表 3-3　一般煤样总样、全水分总样/缩分后总样最小质量

标称最大粒度/mm	一般煤样和共用煤样/kg	全水分煤样/kg
150	2600	500
100	1025	190
80	565	105
50	170	35
25	40	8
13	15	3
6	3.75	1.25
3	0.7	0.65
1.0	0.10	—

注：标称最大粒度 50mm 的精煤，一般分析和共用试样总样最小质量可为 60kg。

表 3-4　粒度分析总样的最小质量

标称最大粒度/mm	精密度 1% 的质量/kg	精密度 2% 的质量/kg
150	6750	1700
100	2215	570
80	1070	275
50	280	70
25	36	9
13	5	1.25
6	0.65	0.25
3	0.25	0.25

注：表中精密度为测定筛上物产率的精密度，即粒度大于标称量最大粒度的煤的产率的精密度，对其他粒度组分的精密度一般会更好。

② 子样质量

a. 子样最小质量。子样最小质量按式(3-5)计算，但最少为 0.5kg。

$$m_a = 0.06d \qquad (3-5)$$

式中　m_a——子样最小质量，kg；

　　　d——被采样煤标称最大粒度，mm。

表 3-5 给出了部分粒度的初级子样或缩分后子样最小质量。

表 3-5　部分粒度的初级子样或缩分后子样最小质量

标称最大粒度/mm	质量参考值/kg	标称最大粒度/mm	质量参考值/kg
100	6.0	13	0.8
50	3.0	≤6	0.5
25	1.5		

b. 子样平均质量。当按上述采取的总样质量达不到表 3-3 和表 3-4 规定的总样最小质量时，应将子样质量增加到按式(3-6)计算的子样平均质量。

$$\overline{m} = \frac{m_g}{n} \qquad (3-6)$$

式中　　$\overline{m}$——子样平均质量，kg；

$\quad\quad\quad m_g$——总样最小质量，kg；

$\quad\quad\quad n$——子样数目。

（3）子样分布

① 子样分布方法

a. 系统采样法。将采样车厢/驳船表面分成若干面积相等的小块并编号，然后依次轮流从各车/船的各个小块中部采取 1 个子样，第一个子样从第一车/船的小块中随机采取，其余子样顺序从后继车/船中轮流采取。

b. 随机采样法。将采样车厢/驳船表面划分成若干小块并编号。制作数量与小块数相等的牌子并编号，一个牌子对应于一个小块。将牌子放入一个袋子中。

决定第 1 个采样车/船的子样位置时，从袋中取出数量与需从该车/船采取的子样数相等的牌子，并从与牌号相应的小块中采取子样，然后将抽出的牌子放入另一个袋子中；决定第 2 个采样车/船的子样位置时，从原袋剩余的牌子中，抽取数量与需从该车/船采取的子样数相等的牌子，并从与牌号相应的小块中采取子样。以同样的方法，决定其他各车/船的子样位置。当原袋中牌子取完时，反过来从另一袋子中抽取牌子，再放回原袋。如此交替进行，直到采样完毕。

以上抽号操作也可在实际采样前完成，记下需采样的车/船号及其子样位置。实际采样时按记录的车/船及其子样位置采取子样。

② 火车采样

a. 车厢的选择。当要求的子样数等于或少于一采样单元的车厢数时，取一个子样，当要求的子样数多于一采样单元的车厢数时，每一车厢应采的子样数等于总厢数，如除后有余数，则余数子样应分布于整个采样单元。分布余数子样的车厢可用系统每隔若干车增采一个子样或用随机方法选择。

b. 子样位置选择。子样位置应逐个车厢不同，以使车厢各部分的煤都有相同的机会被采出。常用的方法如下。

（a）系统采样法。本法仅适用于每车采取的子样相等的情况。将车厢分成若干个边长为 1～2m 的小块并编上号（见图 3-4），在每车子样数超过 2 个时，还要将相继的、数量与欲采子样数相等的号编成一组并编号。如每车采 3 个子样时，则将 1、2、3 号编为第一组，4、5、6 号编为第二组，依次类推。先用随机方法决定第一个车厢采样点位置或组位置，然后顺着与其相继的点或组的数字顺序、从后继的车厢中依次轮流采取子样。

（b）随机采样方法。将车厢分成若干个边长为 1～2m 的小块并编上号（一般为 15 块或 18 块，图 3-4 为 18 块示例），然后以随机方法依次选择各车厢的采样点位置。

1	4	7	10	13	16
2	5	8	11	14	17
3	6	9	12	15	18

图 3-4　火车采样子样
分布示意图

③ 汽车和其他小型运载工具采样

a. 车厢的选择。选择车厢方法如下：

（a）载重 20t 以上的汽车，按火车采样方法选择车厢。

（b）载重 20t 以下的汽车，按下述方法选择车厢。

当要求的子样数等于一采样单元的车厢数时，每一车厢采取一个子样；当要求的子样数多于一采样单元车厢数时，每一车厢的子样数等于总子样数除以车厢数，如除后有余数，则余数子样应分布于整个采样单元。分布余数子样的车厢可用系统方法或随机方法选择；当要求的子样数少于车厢数时，应将整个采样单元均匀分成若干段，然后用系统采样或随机采样方法，从每一段采取 1 个或数个子样。

b. 子样位置选择。子样位置选择与火车采样原则相同。

④ 驳船采样　驳船采样的子样分布原则上与火车采样相同，因此驳船采样可按火车采样所述进行。

⑤ 轮船采样　由于技术和安全的因素，不推荐直接从轮船的船舱采样。轮船采样应在装船或卸船时，在其装（卸）的煤流中或小型运输工具如汽车上进行。

⑥ 煤堆采样　煤堆的采样应当在堆堆或卸堆过程中，或在迁移煤堆过程中，以下列方式采取子样：于传送带输送煤流上、小型运输工具如汽车上、堆/卸过程中的各层新工作表面上、斗式装载机卸下的煤上以及刚卸下并未与主堆合并的小煤堆上采取子样。不要直接在静止的、高度超过 2m 的大煤堆上采样。当必须从静止大煤堆表面采样时，也可以使用下面所述程序，但其结果极可能存在较大的偏倚，且精密度较差。从静止大煤堆上，不能采取仲裁煤样。

按如下方法进行子样点布置：

（a）在堆/卸煤新工作面、刚卸下的小煤堆采样时，根据煤堆的形状和大小，将工作面或煤堆表面划分成若干区，再将区分成若干面积相等的小块（煤应距地面 0.5m），然后用系统采样法或随机采样法决定采样区和每区采样点。从每一小块采取 1 个全深度或深部或顶部煤样，在非新工作面情况下，采样时应除去表面层。

（b）在斗式装载机卸下煤中采样时，将煤样卸在一干净的地方，按上述方法采取子样。

（三）各种煤样的采取

煤炭分析用煤样有一般分析用试样（用于煤的一般物理、化学特性测定的试样）、全水分试样（专门用于全水分测定的试样）、共用试样（为了多种用途，如全水分和一般物理、化学特性测定而采取的试样）、物理试样（专门为特种物理特性，如物理强度指数或粒度分析而采取的试样）。

用于全水分测定的样品可以单独采取，也可以从共用试样中抽取。在从共用试样中分取水分试样的情况下，采取的初级子样数目应当是灰分或水分所需要的数目中较大的那个数目，如果在取出水分试样后，剩余试样不够其余测试所需的质量，则应增加子样数目至总样质量满足要求。

在必要的情况下（如煤非常湿），可单独采取水分试样。在单独采取水分试样时，应考虑以下几点：

① 煤在贮存中由于泄水而逐渐失去水分；

② 如果批煤中存在游离水，它将沉到底部，因此随着煤深度的增加，水分含量也逐渐增加；

③ 如在长时间内从若干批中采取水分试样，则有必要限制试样放置时间。

因此，最好的方法是在限制时间内从不同水分水平的各个采样单元中采取子样。

（四）煤样的包装和标识

煤样应装在无吸附、无腐蚀的气密容器中，并有永久性的唯一识别标识。煤样标签或附带文件中应有以下信息：

① 煤的种类、级别和标称最大粒度以及批的名称（船或火车名及班次）；

② 煤样类型（一般煤样、水分煤样等）；

③ 采样地点、日期和时间。

（五）采样报告

采样应有正式签发的、全面的采样和试样发送报告或采样报告或证书，除了应给出煤样的包装和标识所述的全部信息外还应包括以下内容：

① 报告的名称；

② 委托人的姓名、地址；

③ 采样方法；

④ 批煤的大约质量和采样单元数；

⑤ 子样数目和总样质量；

⑥ 采样器名称和编号；

⑦ 气候和其他可能影响试验结果的状况；

⑧ 试验试样、仲裁试样和存查试样的最长保存期；

⑨ 任何偏离规定方法的采样及其理由，以及采样中观察到的任何异常情况。

采样报告的有关信息应附随样品，或通知制样人员。

煤的水分测定方法

任务 微波干燥法

一、使用标准

依据国家标准 GB/T 212—2008《煤的工业分析方法》中煤的水分测定——微波干燥法，本方法适用于褐煤和烟煤水分的快速测定。

二、任务目的

掌握商品煤微波干燥快速测定方法。

三、制订实施方案

1. 方法提要

称取一定量的一般分析试验煤样，置于微波水分测定仪内，炉内磁控管发射非电离微波，使水分子超高速振动产生摩擦热，使煤中水分迅速蒸发，根据煤样的质量损失计算水分。

2. 试剂与试样

(1) 变色硅胶：工业用品，使用前烘干。

(2) 煤试样：粒度≤0.2mm 的空气干燥煤样。

3. 仪器与设备

(1) 微波水分测定仪（以下简称测水仪）：带程序控制器，输入功率约 1000W。仪器内配有微晶玻璃转盘，转盘上置有带标记圈、厚约 2mm 的石棉垫。

（2）玻璃称量瓶：直径 40cm，高 25cm，并带有严密的磨口盖。

（3）干燥器：内装有变色硅胶或粒状无水氯化钙。

（4）分析天平：感量 0.1mg。

（5）烧杯：容量约 250mL。

4. 任务实施步骤

在预先干燥和已称量过的称量瓶内称取粒度小于 0.2mm 的一般分析试验煤样 (1±0.1)g，称准至 0.0002g，平摊在称量瓶中。将一个盛有约 80mL 蒸馏水、容量约 250mL 的烧杯置于测水仪内的转盘上，用预加热程序加热 10min 后，取出烧杯。如连续进行数次测定，只需在第一次测定前进行预热。

打开称量瓶盖，将带煤样的称量瓶放在测水仪的转盘上，并使称量瓶与石棉垫上的标记圈相内切。放满一圈后，多余的称量瓶可紧挨第一圈称量瓶内侧放置。在转盘中心放一盛有蒸馏水的带表面皿盖的 250mL 烧杯（盛水量与测水仪说明书规定一致），并关上测水仪门。

按测水仪说明书规定的程序加热煤样。加热程序结束后，从测水仪中取出称量瓶，立即盖上盖，放入干燥器中冷却至室温（约 20min）后称量。

四、分析结果的计算

煤样空气干燥基水分按式(3-7) 计算：

$$M_{ad} = \frac{m_1}{m} \times 100 \tag{3-7}$$

式中　M_{ad}——空气干燥煤样水分的质量分数，%；

　　　m_1——煤样干燥后失去的质量，g；

　　　m——煤样的质量，g。

五、水分测定的精密度

水分测定的精密度如表 3-6 规定。

表 3-6　水分测定的精密度

水分(M_{ad})/%	重复性限/%
<5.00	0.20
5.00～10.00	0.30
>10.00	0.40

六、任务思考

① 水分蒸发效果与微波电磁场分布有关，称量瓶须位于均匀场强区域内。

② 烧杯中的盛水量与微波炉磁控管功率大小有关，以加热完毕后烧杯内仅余少量水为宜。

③ 微波测水仪生产厂家在设计测水仪时，应通过试验确定微波电磁场分布适合水分测定的区域并加以标记（即标记圈），并确定适宜的盛水量。

④ 其他类型的微波水分测定仪也可使用，但在使用前应按照相应国标进行精密度和准确度测定，以确定设备是否符合要求。

项目三 煤中碳和氢的测定方法

任务1 三节炉法和二节炉法

一、使用标准

依据国家标准 GB/T 476—2008《煤中碳和氢的测定方法》。

二、任务目的

掌握煤和水煤浆中碳氢分析的三节炉法、二节炉法测定碳氢的方法。本方法适用于褐煤、烟煤、无烟煤和水煤浆。

三、制订实施方案

1. 方法提要

一定量的煤样或水煤浆干燥煤样在氧气流中燃烧，生成的水和二氧化碳分别用吸水剂和二氧化碳吸收剂吸收，由吸收剂的增量计算煤中碳和氢的质量分数。煤样中硫和氯对碳测定的干扰在三节炉中用铬酸铅和银丝卷消除，在二节炉中用高锰酸银热解产物消除。氮对碳测定的干扰用粒状二氧化锰消除。

2. 试剂与试样

（1）无水高氯酸镁：分析纯，粒度 1～3mm；或无水氯化钙：分析纯，粒度 2～5mm。

（2）粒状二氧化锰：化学纯，市售或用硫酸锰和高锰酸钾制备。

制法：称取 25g 硫酸锰，溶于 500mL 蒸馏水中；另称取 16.4g 高锰酸钾，溶于 300mL 蒸馏水中。两溶液分别加热到 50～60℃。在不断搅拌下将高锰酸钾溶液慢慢注入硫酸锰溶液中，并加以剧烈搅拌，然后加入 10mL 硫酸（1+1）。将溶液加热到 70～80℃并继续搅拌5min，停止加热，静置 2～3h。用热蒸馏水以倾泻法洗至中性。将沉淀移至漏斗过滤，除去水分，然后放入干燥箱中，在 150℃左右干燥 2～3h，得到褐色、疏松状的二氧化锰，小心破碎和过筛，取粒度 0.5～2mm 备用。

（3）铜丝卷：丝直径约 0.5mm；铜丝网：0.15mm（100 目）。

（4）氧化铜：化学纯，线状（长约 5mm）。

（5）铬酸铅：分析纯，制备成粒度 1～4mm。

制法：将市售的铬酸铅用蒸馏水调成糊状，挤压成形。放入马弗炉中，在 850℃下灼烧2h，取出冷却后备用。

（6）银丝卷：丝直径约 0.25mm。

（7）氧气：99.9%，不含氢。氧气钢瓶需配有可调节流量的带减压阀的压力表（可使用医用氧气吸入器）。

（8）三氧化钨：分析纯。

（9）碱石棉：化学纯，粒度 1～2mm；或碱石灰：化学纯，粒度 0.5～2mm。

（10）真空硅脂。

（11）高锰酸银热解产物：当使用二节炉时，需制备高锰酸银热解产物。

制备方法如下：将100g化学纯高锰酸钾，溶于2L蒸馏水中，煮沸。另取107.5g化学纯硝酸银溶于约50mL蒸馏水中，在不断搅拌下，缓缓注入沸腾的高锰酸钾溶液中，搅拌均匀后逐渐冷却并静置过夜。将生成的深紫色晶体用蒸馏水洗涤数次，在60～80℃下干燥1h，然后将晶体一小部分一小部分地放在瓷皿中，在电炉上缓缓加热至骤然分解，成银灰色疏松状产物，装入磨口瓶中备用。

警告：未分解的高锰酸银易受热分解，故不宜大量贮存。

（12）硫酸：化学纯。

（13）带磨口塞的玻璃管或小型干燥器（不放干燥剂）。

3. 仪器与设备

（1）碳氢测定仪　碳氢测定仪包括净化系统、燃烧装置和吸收系统三个主要部分，结构如图3-5所示。

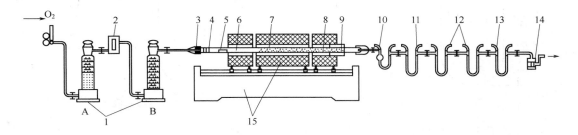

图3-5　三节炉和二节炉碳氢测定仪示意图

1—气体干燥塔；2—流量计；3—橡胶塞；4—铜丝卷；5—燃烧舟；
6—燃烧管；7—氧化铜；8—铬酸铅；9—银丝卷；10—吸水U形管；
11—除氮氧化物U形管；12—吸收二氧化碳U形管；13—空U形管；
14—气泡计；15—三节电炉及控温装置

① 净化系统　包括以下部件。

a. 气体干燥塔：容量500mL，2个，一个（A）上部（约2/3）装无水氯化钙（或无水高氯酸镁），下部（约1/3）装碱石棉（或碱石灰）；另一个（B）装无水氯化钙（或无水高氯酸镁）。

b. 流量计：测量范围0～150mL·min^{-1}。

② 燃烧装置　燃烧装置由一个三节（或二节）管式炉及其控温系统构成，主要包括以下部件。

a. 电炉：三节炉或二节炉（双管炉或单管炉），炉膛直径约35mm。

三节炉：第一节长约230mm，可加热到（850±10）℃，并可沿水平方向移动；第二节长330～350mm，可加热到（800±10）℃；第三节长130～150mm，可加热到（600±10）℃。

二节炉：第一节长约230mm，可加热到（850±10）℃，并可沿水平方向移动；第二节长130～150mm，可加热到（500±10）℃。每节炉装有热电偶、测温和控温装置。

b. 燃烧管：素瓷、石英、刚玉或不锈钢制成，长1100～1200mm（使用二节炉时，长约800mm），内径20～22mm，壁厚约2mm。

c. 燃烧舟：素瓷或石英制成，长约80mm。

d. 橡胶塞或橡胶帽（最好用耐热硅橡胶）或铜接头。

e. 镍铬丝钩：直径约 2mm，长约 700mm，一端弯成钩。

③ 吸收系统。包括以下部件。

a. 吸水 U 形管（见图 3-6）。装药部分高 100～120mm，直径约 15mm，入口端有一球形扩大部分，内装无水氯化钙或无水高氯酸镁。

b. 吸收二氧化碳 U 形管（见图 3-7）。2 个，装药部分高 100～120mm，直径约 15mm，前 2/3 装碱石棉或碱石灰，后 1/3 装无水氯化钙或无水高氯酸镁。

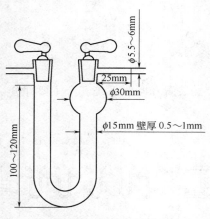

图 3-6　吸水 U 形管

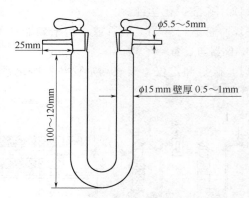

图 3-7　二氧化碳吸收管（或除氮 U 形管）

c. 除氮 U 形管（见图 3-7）。装药部分高 100～120mm，直径约 15mm，前 2/3 装粒状二氧化锰，后 1/3 装无水氯化钙或无水高氯酸镁。

d. 气泡计：容量约 10mL，内装浓硫酸。

（2）分析天平　感量 0.1mg。

4. 任务实施步骤

（1）试验准备

① 净化系统各容器的充填和连接　在净化系统各容器中装入相应的净化剂，然后按图 3-5 所示顺序将各容器连接好。

氧气可由氧气钢瓶通过可调节流量的减压阀供给。净化剂经 70～100 次测定后，应进行检查或更换。

② 吸收系统各容器的充填和连接　在吸收系统各容器中装入相应的吸收剂。为保证系统气密，每个 U 形管磨口塞处涂少许真空硅脂，然后按图 3-5 所示顺序将各容器连接好。吸收系统的末端可连接一个空 U 形管（防止硫酸倒吸）和一个装有硫酸的气泡计。

当出现下列现象时，应更换 U 形管中试剂：

a. 吸水 U 形管中的氯化钙开始溶化并阻碍气体畅通；

b. 第二个吸收二氧化碳的 U 形管一次试验后的质量增加达 50mg 时，应更换第一个 U 形管中的二氧化碳吸收剂；

c. 二氧化锰一般使用 50 次左右应更换。

上述 U 形管更换试剂后，应以 120mL·min^{-1} 的流量通入氧气至质量恒定后方能使用。

③ 燃烧管的填充

a. 使用三节炉时，如图 3-8 所示填充。

用直径约 0.5mm 的铜丝制作三个长约 30mm 和一个长约 100mm、直径稍小于燃烧管使

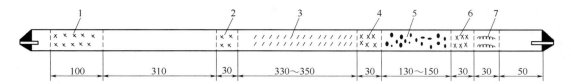

图 3-8　三节炉燃烧管填充示意图

1，2，4，6—铜丝卷；3—氧化铜；5—铬酸铅；7—银丝卷

之既能自由插入管内又与管壁密切接触的铜丝卷。

从燃烧管出气端起，留 50mm 空间，依次充填 30mm 丝、直径约 0.25mm 银丝卷、30mm 铜丝卷、130～150mm（与第三节电炉长度相等）铬酸铅（使用石英管时，应用铜片把铬酸铅与石英管隔开）、30mm 铜丝卷、330～350mm（与第二节电炉长度相等）线状氧化铜、30mm 铜丝卷、310mm 空间和 100mm 铜丝卷，燃烧管两端通过橡胶塞或铜接头分别与净化系统和吸收系统连接。橡胶塞使用前应在 105～110℃下干燥 8h 左右。

燃烧管中的填充物（氧化铜、铬酸铅和银丝卷）经 70～100 次测定后应检查或更换。下列几种填充剂经处理后可重复使用：

氧化铜，用 1mm 孔径筛子筛去粉末；

铬酸铅，可用热的稀碱液（约 50g·L^{-1}氢氧化钠溶液）浸渍，用水洗净、干燥，并在 500～600℃下灼烧 0.5h；

银丝卷，用浓氨水浸泡 5min，在蒸馏水中煮沸 5min，用蒸馏水冲洗干净并干燥。

b. 使用二节炉时，如图 3-9 所示填充。

图 3-9　二节炉燃烧管填充示意图

1—橡胶塞；2—铜丝卷；3，5—铜丝网圆垫；4—高锰酸银热解产物

做两个长约 10mm 和一个长约 100mm 的铜丝卷，再用 10 目铜丝网剪成与燃烧管直径匹配的圆形垫片 3～4 个（用以防止高锰酸银热解产物被气流带出）。然后按图 3-9 所示部位填入。

④ 炉温的校正。将工作热电偶插入三节炉（或二节炉）的热电偶孔内，使热端插入炉膛，冷端与高温计连接。将炉温升至规定温度，保温 1h。然后沿燃烧管轴向将标准热电偶依次插到空燃烧管中对应于第一、第二和第三节炉（或第一、第二节炉）的中心处（注意勿使热电偶和燃烧管管壁接触）。根据标准热电偶指示，将管式电炉调节到规定温度并恒温 5min。记下相应工作电偶的读数，以后即以此控制炉温。

⑤ 测定仪整个系统的气密性检查。将仪器按图 3-5 所示连接好，将所有 U 形管磨口塞旋开，与仪器相连，接通氧气；调节氧气流量约为 120mL·min^{-1}。然后关闭靠近气泡计处 U 形管磨口塞，此时若氧气流量降至 20mL·min^{-1}以下，表明整个系统气密性良好；否则，应逐个检查 U 形管的各个磨口塞，查出漏气处，予以解决。

注意：检查气密性时间不宜过长，以免 U 形管磨口塞因系统内压力过大而弹开。

⑥ 测定仪可靠性检验。为了检查测定仪是否可靠，可称取 0.2g 标准煤样，称准至

0.0002g，进行碳氢测定。如果实测的碳氢值与标准值的差值不超过标准煤样规定的不确定度，表明测定仪可用。否则需查明原因并纠正后才能进行正式测定。

⑦ 空白试验。将仪器各部分按图3-5所示连接，通电升温，将吸收系统各U形管磨口塞旋至开启状态，接通氧气，调节氧气流量为120mL·min⁻¹。在升温过程中，将第一节电炉往返移动几次，通气约20min后，取下吸收系统，将各U形管磨口塞关闭，用绒布擦净，在天平旁放置10min左右，称量。当第一节炉达到并保持在（850±10）℃，第二节炉达到并保持在（800±10）℃，第三节炉达到并保持在（600±10）℃后开始做空白试验。此时将第一节炉移至紧靠第二节炉，接上已经通气并称量过的吸收系统。在一个燃烧舟内加入三氧化钨（质量和煤样分析时相当）。打开橡胶塞，取出铜丝卷，将装有三氧化钨的燃烧舟用镍铬丝推棒推至第一节炉入口处，将铜丝卷放在燃烧舟后面，塞紧橡胶塞，接通氧气并调节氧气流量为120mL·min⁻¹。移动第一节炉，使燃烧舟一位于炉子中心，通气23min，将第一节炉移回原位。

2min后取下吸收系统U形管，将磨口塞关闭，用绒布擦净，在天平旁放置10min后称量，吸水U形管增加的质量即为空白值。重复上述试验，直到连续两次空白测定值相差不超过0.0010g，除氮管、二氧化碳吸收管最后一次质量变化不超过0.0005g为止，取两次空白值的平均值作为当天氢的空白值。在做空白试验前，应先确定燃烧管的位置，使出口端温度尽可能高又不会使橡胶塞受热分解。如空白值不易达到稳定，可适当调节燃烧管的位置。

（2）试验步骤

① 三节炉法试验步骤

a. 将第一节炉炉温控制在（850±10）℃，第二节炉炉温控制在（800±10）℃，第三节炉炉温控制在（600±10）℃，并使第一节炉紧靠第二节炉。

b. 在预先灼烧过的燃烧舟中称取粒度小于0.2mm的一般分析煤样或水煤浆干燥试样0.2g，称准至0.0002g，并均匀铺平，在试样上铺一层三氧化钨。可将装有试样的燃烧舟暂存入专用的磨口玻璃管或不加干燥剂的干燥器中。

c. 接上已恒重并称量的吸收系统，并以120mL·min⁻¹的流量通入氧气，打开橡胶塞，取出铜丝卷，迅速将燃烧舟放入燃烧管中，使其前端刚好在第一节炉炉口，再放入铜丝卷，塞上橡胶塞，保持氧气流量为120mL·min⁻¹。1min后向净化系统移动第一节炉，使燃烧舟的一半进入使燃烧舟全部进入炉子；再2min后，使燃烧舟位于炉子中央。保温18min后，把第一节炉移回原位。2min后，取下吸收系统，将磨口塞关闭，用绒布擦净，在天平旁放置10min后称量（除氮管不必称量）。第二个吸收二氧化碳U形管质量变化小于0.0005g，计算时可忽略。

② 二节炉法试验步骤　用二节炉进行碳氢测定时，第一节炉控温在（850±10）℃，第二节炉温在（500±10）℃，并使第一节炉紧靠第二节炉，每次空白试验时间为20min，燃烧舟移至第一节炉子中心后，保温18min，其他操作同空白试验。

进行煤样试验时，燃烧舟移至第一节炉子中心后，保温13min，其他操作按上述规定进行。

四、分析结果的计算

一般分析煤样（或水煤浆干燥试样）的碳和氢质量分数分别按式（3-8）和式（3-9）计算：

$$C_{ad} = \frac{0.2729m_1}{m} \times 100 \qquad (3-8)$$

$$H_{ad} = \frac{0.1119(m_2 - m_3)}{m}100 - 0.1119M_{ad} \qquad (3-9)$$

式中 C_{ad}——分析煤样（或水煤浆干燥试样）中碳的质量分数，%；

$\quad\quad H_{ad}$——分析煤样（或水煤浆干燥试样）中氢的质量分数，%；

$\quad\quad m$——分析煤样质量，g；

$\quad\quad m_1$——吸收二氧化碳 U 形管的增量，g；

$\quad\quad m_2$——吸水 U 形管的增量，g；

$\quad\quad m_3$——空白值，g；

$\quad\quad M_{ad}$——分析煤样水分的质量分数，%；

$\quad$ 0.2729——将二氧化碳折算成碳的因数；

$\quad$ 0.1119——将水折算成氢的因数。

当需要测定有机碳时，按式(3-10) 计算有机碳的质量分数：

$$C_{o,ad} = \frac{0.2729m_1}{m} \times 100 - 0.2729(CO_2)_{ad} \qquad (3-10)$$

式中 $C_{o,ad}$——有机碳的质量分数，%；

$\quad (CO_2)_{ad}$——分析煤样中碳酸盐二氧化碳的质量分数，%。

水煤浆中碳和氢的质量分数按式(3-11) 和式(3-12) 计算：

$$C_{cwm} = C_{ad} \times \frac{100 - M_{cwm}}{100 - M_{ad}} \qquad (3-11)$$

$$H_{cwm} = H_{ad} \times \frac{100 - M_{cwm}}{100 - M_{ad}} \qquad (3-12)$$

式中 C_{cwm}——水煤浆中碳的质量分数，%；

$\quad\quad C_{ad}$——水煤浆干燥试样中碳的质量分数，%；

$\quad\quad H_{cwm}$——水煤浆中氢的质量分数，%；

$\quad\quad H_{ad}$——水煤浆干燥试样中氢的质量分数，%；

$\quad\quad M_{cwm}$——水煤浆水分的质量分数，%；

$\quad\quad M_{ad}$——水煤浆干燥试样水分的质量分数，%。

五、方法精密度

碳氢测定的重复性限和再现性临界差，见表 3-7 规定。

表 3-7 碳氢测定的精密度

重复性限/%		再现性临界差/%	
C_{ad}	H_{ad}	C_d	H_d
0.50	0.15	1.00	0.25

六、试验报告

试验报告应包含下列信息：

①试样编号；②依据标准；③使用方法；④结果计算；⑤与标准的偏离；⑥试验日期。

七、任务思考

① 燃烧管中的填充物有一定的使用寿命，一般经 70～100 次测定后应检查或更换，有些填充剂可重复使用。

② 如氧化铜填充剂可用孔径 1mm 筛子筛去粉末，筛上的氧化铜备用。

③ 铬酸铅填充剂可用热的稀碱液（约 5%氢氧化钠溶液）浸渍，用水洗净、干燥，并在 500～600℃下灼烧 0.5h 以上后使用。

④ 银丝卷用浓氨水浸泡 5min，在蒸馏水中煮沸 5min，用蒸馏水冲洗干净，干燥后再用。

任务 2 电量-重量法

一、使用标准

依据国家标准 GB/T 476—2008《煤中碳和氢的测定方法》。

二、任务目的

掌握电量法测定煤及水煤浆干燥煤样中的氢、用重量法测定碳的方法。本方法适用于褐煤、烟煤、无烟煤和水煤浆。

三、制订实施方案

1. 方法提要

一定量煤样在氧气流中燃烧，生成的水与五氧化二磷反应生成偏磷酸，电解偏磷酸，根据电解所消耗的电量，计算煤中氢含量；生成的二氧化碳用二氧化碳吸收剂吸收，由吸收剂的增量，计算煤中碳含量。煤样燃烧后生成的硫氧化物和氯用高锰酸银热解产物除去，氮氧化物用粒状二氧化锰除去，以消除它们对碳测定的干扰。

2. 试剂与试样

（1）涂液：磷酸与丙酮以（3+7）比例混合。

（2）无水乙醇。

（3）变色硅胶：化学纯。

（4）硅酸铝棉：工业品。

其他试剂和材料同三节炉法和二节炉法。

3. 仪器与设备

电量-重量法碳氢测定仪主要由氧气净化系统、燃烧装置、铂-五氧化二磷电解池、电量积分器和吸收系统等构成。结构如图 3-10 所示。

（1）氧气净化系统

① 净化炉：长约 300mm，炉外径约 100mm，炉膛直径约 25mm 的管式电炉，可控温在（800±10）℃。

② 净化管：长约 500mm，外径约 22mm 的石英管或素瓷管。

③ 气体干燥管：3 个，容量约 150mL 的玻璃管。

④ 氧气流量计：测量范围 0～150mL·min^{-1}。

（2）燃烧装置

① 燃烧炉和催化炉：长约 450mm，炉外径约 100mm，炉膛直径约 25mm 连成一体的二

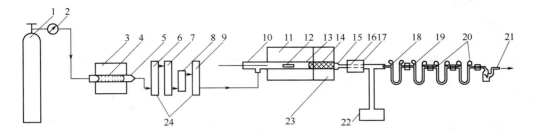

图 3-10　电量-重量法碳氢测定仪示意图

1—氧气钢瓶；2—氧气压力表；3—净化炉；4—线状氧化铜；5—净化管；
6—变色硅胶；7—碱石棉；8—氧气流量计；9—无水高氯酸镁；10—带推
棒的橡胶塞；11—燃烧炉；12—燃烧舟；13—燃烧管；14—高锰酸银热解
产物；15—硅酸铝棉；16—Pt-P_2O_5 电解池；17—冷却水套；18—除
氮 U 形管；19—吸水 U 形管；20—吸收二氧化碳 U 形管；21—气泡计；
22—电量积分器；23—催化炉；24—气体干燥管

节管式炉，其中催化段长约 150mm，可控温在（300±10）℃，燃烧段长约 300mm，可控温在（850±10）℃。

② 燃烧管：总长约 650mm，一端外径约 22mm、内径约 19mm、长约 610mm，距管口约 100mm 处接有外径约 8mm、内径约 6mm、长约 50mm 的支管；另一端外径约 7mm、内径约 3mm、长约 40mm 的异径石英管。

③ 燃烧舟：长 70～77mm 瓷舟。新舟使用前应在约 850℃下灼烧 2h。

④ 带推棒的橡胶塞

a. 镍铬丝推棒：直径约 2mm，长约 700mm，一端卷成直径约 10mm 的圆环。

b. 翻胶帽。

c. 硅橡胶管：内径约 6mm，外径约 11mm。

d. 玻璃管：外径约 7mm，长约 60mm。

e. 橡胶塞：4 号。

在橡胶塞上打一直径约 6mm 的孔，将玻璃管的一端穿过该孔并伸出约 2mm；玻璃管的另一端通过硅橡胶管与翻胶帽紧密连接，在翻胶帽的正中穿一小孔，使镍铬丝推棒的一端通过玻璃管后由翻胶帽上的小孔穿出。

⑤ 镍铬丝钩：直径约 2mm，长约 700mm，一端弯成小钩。

⑥ 硅橡胶管：内径约 5mm，外径约 9mm。

⑦ 聚氯乙烯软管或聚四氟乙烯管：内径约 6mm，外径约 8mm。

（3）电解池　长约 100mm，外径约 8mm、内径约 5mm 的专用电解池，铂丝间距约 0.3mm，池内表面涂有五氧化二磷。电解池外有外径约 50mm、内径 9～10mm、长约 80mm 的冷却水套。

（4）电量积分器　电解电流 50～700mA 范围内积分线性误差小于±0.1%，配有四位数字显示器，数字显示精确到 0.001mg 氢。

① 吸收系统：同任务 1。

② 分析天平：同任务 1。

4. 试验准备

（1）净化系统各容器的填充和连接

① 净化管内充填线状氧化铜，装药部分长约 280mm，两端堵以硅酸铝棉。

② 3 个气体干燥管内按氧气流入方向依次充填变色硅胶、碱石棉和无水高氯酸镁。

③ 按图 3-10 所示顺序将净化系统各容器连接好。

（2）燃烧管的充填和安装　在燃烧管细颈端先充填约 10mm 硅酸铝棉，然后填入约 100mm 高锰酸银热解产物，最后再充填约 10mm 硅酸铝棉。将带推棒的橡胶塞塞住燃烧管入口端并将燃烧管放入燃烧炉内，使装药部分的位置在催化段。

（3）电解池涂液及五氧化二磷膜的生成　先用外径约 5mm 的软毛刷和洗涤剂清洗电解池内壁，然后依次用自来水、蒸馏水冲洗，最后用丙酮或无水乙醇清洗并用热风吹干。此时，电解池两铂极间电阻应为无穷大。

将电解池前端向上倾斜竖起，从前端缓慢滴入涂液，涂液沿池内壁流下，当涂液流到池体 1/3 处时，立即倒转电解池，使多余的涂液流出，并用滤纸拭净池口。边转动电解池，边用冷风吹至无丙酮气味。以同样方法涂液 3 次，但第 2 次使涂液流到池体的 2/3 处时，倒出多余涂液，第 3 次使涂液流到距池体尾端约 10mm 处时，倒出多余的涂液。

接通氧气，调节氧气流量约为 80mL·min^{-1}。按照图 3-10 所示，用硅橡胶管将涂液后的电解池与燃烧管细颈端口对口连接，装好电解池冷却水套，通入冷却水，将电解池两电极与电解电源引线相接。选择 10V 电压，启动电解，每隔 3min 改变电解电源极性 1 次，直至电解终点。选择 24V 电压，启动电解，直至电解终点，改变电解电源极性，启动电解，至电解终点。如此重复 4～5 次，五氧化二磷膜形成完毕。或按涂膜键自动涂膜。

（4）吸收系统各容器的充填和连接　把吸收系统各容器按图 3-10 顺序连接好，氧气净化系统与燃烧管间以聚氯乙烯软管或聚四氟乙烯管连接，电解池与 U 形管及 U 形管与 U 形管间均以硅橡胶管连接。

当出现下列现象时，应更换 U 形管中试剂，或清洗电解池。

① 某次试验后，第 2 个吸收二氧化碳 U 形管的质量增加 50mg 以上时，应更换第 1 个 U 形管。

② 二氧化锰、无水高氯酸镁或无水氯化钙一般使用约 100 次应更换。吸水 U 形管中的氯化钙开始溶化并阻碍气体畅通时应更换。

③ 电解池使用 100 次左右或发现电解池有拖尾等现象时，应清洗电解池，重新涂膜。

（5）测定系统的气密性检查　调节氧气流量约为 80mL·min^{-1}，其他同任务 1。

（6）试验装置可靠性检验　按任务 1 进行，但称取 0.070～0.075g 标准煤样，称准至 0.0002g。

5. 任务实施步骤

（1）选定电解电源极性（每天应互换 1 次），通入氧气并将流量调节约为 80mL·min^{-1}，接通冷却水，通电升温。

（2）升温同时接上吸收二氧化碳 U 形管（应先将 U 形管磨口塞开启）和气泡计，使氧气流量保持约 80mL·min^{-1}，按下电解键（或预处理键）至终点。然后，每隔 2～3min 按一次电解键（或预处理键）。10min 后取下吸收二氧化碳 U 形管，关闭所有 U 形管磨口塞，在天平旁放置 10min 左右，称量。然后再与系统相连，重复上述试验，直到两个吸收二氧化碳 U 形管质量变化不超过 0.0005g 为止。

（3）将燃烧炉、净化炉和催化炉温度控制在指定温度。将煤样混合均匀，在预先灼烧过的燃烧舟中称取粒度小于 0.2mm 的一般分析煤样 0.070～0.075g，称准至 0.0002g，并均匀铺平，在煤样上盖一层三氧化钨。如不立即测定，可把燃烧舟暂存入不带干燥剂的密闭容器中。

（4）接上质量恒定的吸收二氧化碳 U 形管，保持氧气流量约 80mL·min⁻¹，启动电解至电解终点。将氢积分值和时间计数器清零。打开带有镍铬丝推棒的橡胶塞，迅速将燃烧舟放入燃烧管入口端，塞上带推棒的橡胶塞，用推棒推动燃烧舟，使其一半进入燃烧炉口。煤样燃烧后（一般 30s），按电解键（或测定键）当煤样燃烧平稳，将全舟推入炉口，停留 2min 左右，再将燃烧舟推入高温带并立即拉回推棒（不要让推棒红热部分拉到近橡胶塞处，以免使橡胶塞过热分解）。

（5）约 10min 后（电解达到终点，否则须适当延长时间），取下吸收二氧化碳 U 形管，关闭其磨口塞，在天平旁放置约 10min 后称量。第 2 个吸收二氧化碳 U 形管质量变化小于 0.0005g，计算时忽略。记录电量积分器显示的氢的质量（mg）。打开带推棒的橡胶塞，用镍铬丝钩取出燃烧舟，塞上带推棒的橡胶塞。

（6）空白值的测定

① 氢空白值的测定可与吸收二氧化碳 U 形管的质量恒定试验同时进行，也可在碳氢测定之后进行。

② 在燃烧炉、净化炉和催化炉达到指定温度后，保持氧气流量约为 80mL·min⁻¹，启动电解到终点。在一个预先灼烧过的燃烧舟中加入三氧化钨（数量与煤样分析时相当），将氢积分值和时间计数清零，打开带推棒的橡胶塞，放入燃烧舟，塞紧橡胶塞，用推棒直接将燃烧舟推到高温带，立即拉回推棒。按空白键或 9min 后按下电解键。到达电解终点后，记录电量积分器显示的氢质量（mg）。重复上述操作，直至相邻两次空白测定值相差不超过 0.050mg，取这两次测定的平均值作为当天氢的空白值。

（7）对于用计算机控制的测定仪可按照说明书规定的方法操作。

四、分析结果的计算

一般分析煤样（或水煤浆干燥试样）的碳（C_{ad}）和氢（H_{ad}）质量分数按式(3-8)和式(3-13)计算：

$$H_{ad} = \frac{m_2 - m_3}{m \times 1000} \times 100 - 0.1119 M_{ad} \tag{3-13}$$

式中　m_2——电量积分器显示的氢值，mg；

　　　m_3——电量积分器显示的氢空白值，mg。

当需要测定有机碳时，按式(3-10)计算有机碳的质量分数。

水煤浆中碳和氢的计算按式(3-11)和式(3-12)计算。

五、方法精密度

同任务 1。

六、任务思考

电量-重量法与三节炉法和二节炉法测定煤中的碳和氢的原理有何不同？

项目四

煤中氮的测定方法

任务1 半微量开氏法

一、使用标准

依据国家标准 GB/T 19227—2008《煤中氮的测定方法》。

二、任务目的

掌握测定煤、焦炭和水煤浆中氮的半微量开氏法的测定原理及操作技能。本方法适用于褐煤、烟煤、无烟煤和水煤浆。

三、制订实施方案

1. 方法提要

称取一定量的空气干燥煤样或水煤浆干燥试样，加入混合催化剂和硫酸，加热分解，氮转化为硫酸氢铵。加入过量的氢氧化钠溶液，把氨蒸出并吸收在硼酸溶液中。用硫酸标准溶液滴定，根据硫酸的用量，计算样品中氮的含量。

2. 试剂与试样

（1）混合催化剂：将无水硫酸钠、硫酸汞和化学纯硒粉按质量比 64：10：1（如 32g＋5g＋0.5g）混合，研细且混匀后备用。

（2）硫酸。

（3）高锰酸钾或铬酸酐。

（4）蔗糖。

（5）无水碳酸钠：优级纯、基准试剂或碳酸钠纯度标准物质。

（6）混合碱溶液：将氢氧化钠370g和硫化钠30g溶解于水中，配制成1000mL溶液。

（7）硼酸溶液：$30g \cdot L^{-1}$。将 30g 硼酸溶入 1L 热水中，配制时加热溶解并滤去不溶物。

（8）硫酸标准溶液：$c\left(\frac{1}{2}H_2SO_4\right) = 0.025 mol \cdot L^{-1}$。

硫酸标准溶液的配制：于 1000mL 容量瓶中，加入约 40mL 蒸馏水，用移液管吸取 0.7mL 硫酸缓缓加入容量瓶中，加水稀释至刻度，充分振荡均匀。

硫酸标准溶液的标定：于锥形瓶中称取 0.02g（称准至 0.0002g）预先在 130℃下干燥到质量恒定的无水碳酸钠，加入 50~60mL 蒸馏水使之溶解，然后加入 2~3 滴甲基橙指示剂，用硫酸标准溶液滴定到由黄色变为橙色。煮沸，赶出二氧化碳，冷却后，继续滴定到橙色。

按式（3-14）计算硫酸标准溶液的浓度：

$$c(H_2SO_4) = \frac{m}{0.053V} \tag{3-14}$$

式中　$c(H_2SO_4)$——硫酸标准溶液的浓度，$mol \cdot L^{-1}$；

m——称取的碳酸钠的质量，g；

V——硫酸标准溶液用量，mL；

0.053——碳酸钠$\left(\dfrac{1}{2}Na_2CO_3\right)$的摩尔质量，$g \cdot mmol^{-1}$。

需两人标定，每人各做 4 次重复标定。8 次重复标定结果的极差不大于 $0.00060mol \cdot L^{-1}$，以其算术平均值作为硫酸标准溶液的浓度，保留 4 位有效数字。若极差超过 $0.00060mol \cdot L^{-1}$，再补做 2 次试验，取符合要求的 8 次结果的算术平均值作为硫酸标准溶液的浓度，若任何 8 次结果的极差都超过 $0.00060mol \cdot L^{-1}$，则舍弃全部结果，并对标定条件和操作技术仔细检查和纠正存在问题后，重新进行标定。

（9）甲基橙指示剂：$1g \cdot L^{-1}$。将 0.1g 甲基橙溶于 100mL 水中。

（10）甲基红和亚甲基蓝混合指示剂：

① 称取 0.175g 甲基红，研细，溶于溶入 50mL 95％乙醇中，存于棕色瓶；

② 称取 0.083g 亚甲基蓝，溶入 50mL 95％乙醇中，存于棕色瓶；

③ 使用时将①和②按体积比 1：1 混合。混合指示剂的使用期一般不应超过 1 周。

3. 仪器与设备

（1）消化装置

① 开氏瓶：容量 50mL。

② 短颈玻璃漏斗：直径约 30mm。

③ 加热体：具有良好的导热性能以保证温度均匀。使用时四周以绝热材料缠绕，如石棉绳等。图 3-11 为铝加热体示意图。

④ 加热炉：带有控温装置，能控温在 350℃。

（2）蒸馏装置（见图 3-12）

① 开氏瓶：容量 250mL。

② 锥形瓶：容量 250mL。

③ 直形玻璃冷凝管：冷却部分长约 300mm。

④ 开氏球：直径约 55mm。

⑤ 圆底烧瓶：容量 1000mL。

⑥ 加热电炉：额定功率 1000W，功率可调。

⑦ 微量滴定管：A 级，10mL，分度值 0.05mL。

⑧ 分析天平：感量 0.1mg。

4. 任务实施步骤

（1）在薄纸（擦镜纸或其他纯纤维纸）上称取粒度小于 0.2mm 的空气干燥煤样或水煤浆干燥试样（0.2±0.01)g（称准至 0.0002g）。把试样包好，放入 50mL 开氏瓶中，加入混合催化剂 2g 和浓硫酸 5mL。然后将开氏瓶放入铝加热体的孔中，并在瓶口插入一短颈玻璃漏斗。在铝加热体的中心小孔中插入热电偶。接通放置铝加热体的圆盘电炉的电源，缓缓加热到 350℃左右，保持此温度，直到溶液清澈透明、漂浮的黑色颗粒完全消失为止。遇到分解不完全的试样时，可将试样磨细至 0.1mm 以下，再按上述方法消化，但必须加入高锰酸钾或铬酸酐 0.2～0.5g。分解后如无黑色颗粒物，表示消化完全。

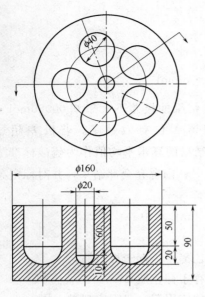

图 3-11　铝加热体（单位：mm）

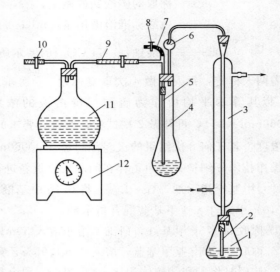

图 3-12　蒸馏装置

1—锥形瓶；2—玻璃管；3—直形玻璃冷凝管；4—开氏瓶；
5—玻璃管；6—开氏球；7—橡胶管；8，10—夹子；9—橡
皮管；11—圆底烧瓶；12—加热电炉

（2）将溶液冷却，用少量蒸馏水稀释后，移至 250mL 开氏瓶中。用蒸馏水充分洗净原开氏瓶中的剩余物，洗液并入 250mL 开氏瓶中（当加入铬酸酐消化样品时，须用热水溶解消化物，必要时用玻璃棒将黏物刮下后进行转移），使溶液体积约为 100mL，然后将盛有溶液的开氏瓶放在蒸馏装置上。

（3）将直形玻璃冷凝管的上端与开氏球连接，下端用橡胶管与玻璃管相连，直接插入一个盛有 20mL 硼酸溶液和 2～3 滴混合指示剂的锥形瓶中，管端插入溶液并距瓶底约 2mm。

（4）往开氏瓶中加入 25mL 混合碱溶液，然后通入蒸汽进行蒸馏。蒸馏至锥形瓶中馏出液达到 80mL 左右为止（约 6min），此时硼酸溶液由紫色变成绿色。

（5）拆下开氏瓶并停止供给蒸汽，取下锥形瓶，用水冲洗插入硼酸溶液中的玻璃管，洗液收入锥形瓶中，总体积约 110mL。

（6）用硫酸标准溶液滴定吸收溶液至溶液由绿色变成钢灰色即为终点。由硫酸用量计算试样中氮的质量分数。

（7）每日在试样分析前蒸馏装置须用蒸汽进行冲洗空蒸，待馏出物体积达 100～200mL后，再正式放入试样进行蒸馏。蒸馏瓶中水的更换应在每日空蒸前进行，否则，应加入刚煮沸过的蒸馏水。

（8）空白试验：更换水、试剂或仪器设备后，应进行空白试验。用 0.2g 蔗糖代替试样，按上述步骤进行空白试验。以硫酸标准溶液滴定体积相差不超过 0.05mL 的 2 个空白测定平均值作为当天（或当批）的空白值。

四、分析结果的计算

空气干燥煤样中氮的质量分数按式(3-15)计算：

$$N_{ad} = \frac{c\left(\frac{1}{2}H_2SO_4\right)(V_1 - V_2) \times 0.014}{m} \times 100 \quad (3-15)$$

式中 N_{ad}——空气干燥煤样中氮的质量分数，%；

$c\left(\frac{1}{2}H_2SO_4\right)$——硫酸标准溶液的浓度，$mol \cdot L^{-1}$；

m——分析样品质量，g；

V_1——样品试验时硫酸标准溶液的用量，mL；

V_2——空白试验时硫酸标准溶液的用量，mL；

0.014——氮的摩尔质量，$g \cdot mmol^{-1}$。

水煤浆中氮的质量分数按式(3-16)计算：

$$N_{cwm} = N_{ad} \times \frac{100 - M_{cwm}}{100 - M_{ad}} \quad (3-16)$$

式中 N_{cwm}——水煤浆中的氮的质量分数，%；

N_{ad}——水煤浆干燥试样中氮的质量分数，%；

M_{cwm}——水煤浆水分的质量分数，%；

M_{ad}——水煤浆干燥试样水分的质量分数，%。

五、任务思考

测定操作中，每日在煤样分析前，冷凝管须用蒸汽进行冲洗，待馏出物体积达到100~200mL后，再做试样分析。

任务 2 半微量蒸汽法

一、使用标准

依据国家标准 GB/T 19227—2008《煤中氮的测定方法》。

二、任务目的

掌握测定煤、焦炭和水煤浆中氮的半微量蒸汽法的测定原理及操作技能。本方法适用于烟煤、无烟煤和焦炭。

三、制订实施方案

1. 方法提要

一定量的煤或焦炭试样，在有氧化铝作为催化剂和疏松剂的条件下，于1050℃通入水蒸气，试样中的氮及其化合物全部还原成氨。生成的氨经过氢氧化钠溶液滴定，根据硫酸标准溶液的消耗量来计算氮的质量分数。

2. 试剂与试样

(1) 无水碳酸钠：优级纯、基准试剂或碳酸钠纯度标准物质。

(2) 氧化铝。

(3) 硼酸溶液：$30g \cdot L^{-1}$。将30g硼酸溶入1L热水中，配制时加热溶解并滤去不溶物。

(4) 氢氧化钠溶液：$250g \cdot L^{-1}$。将250g氢氧化钠溶于1L蒸馏水中，冷却后备用。

(5) 硫酸标准溶液：$c\left(\frac{1}{2}H_2SO_4\right) = 0.025 mol \cdot L^{-1}$。

（6）甲基橙指示剂：$1g \cdot L^{-1}$。将 $0.1g$ 甲基橙溶于 $100mL$ 水中。

（7）甲基红和亚甲基蓝混合指示剂：同任务 1。

（8）氦气：纯度高于 99.8%。

（9）石墨：化学纯。

（10）变色硅胶：化学纯。

（11）硅酸铝棉：工业品。

3. 仪器与设备

（1）瓷舟长 $77mm$、宽 $10mm$、高 $10mm$，耐温 $1200℃$ 以上。

（2）分析天平：感量 $0.1mg$。

（3）水解蒸馏装置：结构如图 3-13 所示。

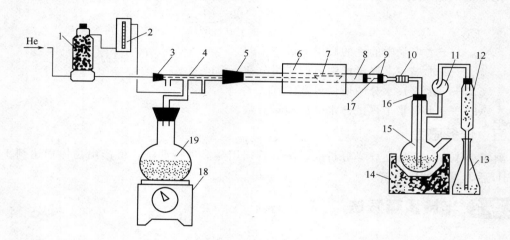

图 3-13 水解蒸馏装置

1—气体干燥塔；2—氦气流量计；3,5—橡胶塞；4—T 形玻璃管；
6—高温炉；7—石英托盘；8—水解管；9—硅酸铝棉；
10—硅橡胶管；11—缓冲球；12—蛇形冷凝管；13—吸
收瓶；14—套式加热器；15—蒸馏瓶；16—硅橡胶塞；17—镍
铬丝支架；18—调温电炉；19—平底烧瓶

① 高温炉：能加热到 $1200℃$ 以上，有 $80～100mm$ 的恒温区，配有自动控温装置。

② 水解管：刚玉制，异径，能耐温 $1200℃$ 以上。全长 $670mm$，细径部分长 $40mm$，细径部分直径 $7mm$，粗径部分直径 $22mm$。

③ 冷凝管：蛇形，长 $300mm$，粗径部分直径 $20mm$，细径部分直径 $7mm$。

④ 蒸馏瓶：$500mL$。微量滴定管：A 级，$10mL$，分度值 $0.05mL$。

⑤ 水蒸气发生装置：由 $1000mL$ 平底烧瓶和可调温电炉 $[1kW，(0～220)V$ 连续可调]构成。

⑥ 吸收瓶：容量 $250mL$ 锥形瓶。

⑦ 氦气流量计：测量范围为 $(0～100)mL \cdot min^{-1}$。

⑧ 气体干燥塔：容量约 $250mL$，内装变色硅胶。

⑨ 套式加热器：功率 $1000W$，功率可调。

⑩ 石英或刚玉托盘：长 $90mm$、宽 $15mm$、高 $15mm$，耐温 $1200℃$ 以上。

4. 试验准备

（1）水解管的填充：先将 1～3mm 厚的硅酸铝棉填充在水解管的细径端（出口端），放入做好的镍铬丝支架，在支架的另一端填充 1～3mm 厚的硅酸铝棉。

（2）高温水解炉恒温区测定：将高温水解炉及其控温装置按规定安装，并将水解管水平安放在水解炉内，通电升温。待温度达到 1050℃并保温 10min 后，按常规恒温区测定方法，测定其恒温区（1050±10）℃，记下恒温区到水解管入口端的距离。

（3）450～500℃和 750～800℃区域测定：按上述方法测定水解管入口端到 450～500℃和 750～800℃区域的位置。

（4）套式加热器工作温度确定：将一支测量范围为 0～200℃的水银温度计放在套式加热器底部，周围充填硅酸铝棉。通电缓慢升温，待温度达到 125℃时，调节控温旋钮，使温度保持在（125±5）℃约 30min，记下控温旋钮的位置，即为工作温度的控制位置。

（5）水蒸气发生量确定：将蒸汽发生装置的圆底烧瓶内加入蒸馏水并与冷凝器连接，接通冷凝水。通电升温至圆底烧瓶内的蒸馏水沸腾，调节控温旋钮，使蒸汽发生量控制在每 30min 馏出 100～120mL，记下控温旋钮的位置，即为工作温度的控制位置。圆底烧瓶内蒸馏水的更换应在每日空蒸前进行，否则应加入刚煮沸过的蒸馏水。

（6）气密性检查：连接好定氮装置，调节氩气流量为 50mL·min^{-1}，在冷凝管出口端连接另一个"氩气流量计"，若氩气流量没有变化，则证明装置各部件及各接口气密性良好，可以进行测定。否则检查各个部件及其接口情况。

5. 任务实施步骤

（1）水解炉通电升温，塞紧水解管入口端带橡胶塞的进样杆，调节氩气流量为 50mL·min^{-1}。

（2）从蒸馏瓶侧管管口加入氢氧化钠溶液约 150mL（氢氧化钠溶液每天更换一次），并用橡胶塞塞紧侧管管口，接通冷凝水，套式加热器通电升温，并使温度控制在（125±5）℃。

（3）当水解炉炉温升到 500℃时通入水蒸气，继续升温到 1050℃。每日在试样分析前需在此温度下空蒸 30min 或待馏出物体积达 100～200mL 后，再进行样品测定。

（4）称取空气干燥（0.1±0.01）g（称准到 0.0002g），与 0.5g 氧化铝充分混合后，转移至瓷舟内。对于挥发分较高的烟煤，在混合后的试样上，应覆盖一层氧化铝 0.3～0.5g。

（5）在吸收瓶中加入 20mL 硼酸溶液和 3～4 滴混合指示剂，将其接在冷凝管出口端，使冷凝管出口端没入硼酸溶液。

（6）将瓷舟放入燃烧管内的石英或刚玉托盘上，塞紧带进样杆的橡胶塞，通入水蒸气。先将试样推到 450～500℃区域，停留 5min，然后推到 750～800℃区域，停留 5min，最后推到 1050℃恒温区，停留 25min（此时溶液体积约 150mL）。

（7）取下吸收瓶并用水冲洗硼酸溶液中的玻璃管内、外洗液收入吸收瓶中。

（8）以硫酸标准溶液滴定吸收溶液到由绿色变为钢灰色，由硫酸标准溶液的用量来计算试样中氮的质量分数。

（9）试验结束后，停止通入水蒸气，将托盘拉回到低温区，关冷凝水、氩气，关闭所有电器开关，将蒸馏瓶内的碱液倒出，并把蒸馏瓶洗净。

（10）空白试验：更换水、试剂或仪器设备后，应进行空白试验。用 0.1g 石墨代替煤或焦炭试样，按上述测定步骤进行空白试验。以硫酸标准溶液滴定体积相差不超过 0.05mL 的 2 个空白测定平均值作为当天（或当批）的空白值。

四、分析结果的计算

同式(3-15)、式(3-16)。

五、方法精密度

氮测定的重复性限和再现性临界差按表 3-8 规定。

表 3-8 氮测定的精密度

重复性限(N_{ad})/%	再现性临界差(N_d)/%
0.08	0.15

六、试验报告

试验结报告应包括以下信息：①试样标识；②依据标准；③使用的方法；④试验结果；⑤与标准的任何偏离；⑥试验中出现的异常现象；⑦试验日期。

七、任务思考

① 在试验中如何进行气密性检查？

② 蒸馏瓶侧管管口加入的氢氧化钠溶液为何需每天更换一次？

项目五 煤中全硫的测定方法

任务1 高温燃烧中和法

一、使用标准

依据国家标准 GB/T 214—2007《煤中全硫的测定方法》。

二、任务目的

掌握测定煤的高温燃烧中和法的测定原理及操作技能。本方法适用于褐煤、烟煤、无烟煤和焦炭，也适用于水煤浆干燥煤样。

三、制订实施方案

1. 方法提要

煤样在催化剂作用下于氧气流中燃烧，煤中硫生成硫氧化物，被过氧化氢溶液吸收形成硫酸，用氢氧化钠溶液滴定，根据消耗的氢氧化钠标准溶液量，计算煤中全硫含量。

2. 试剂与试样

(1) 氧气：99.5%。

(2) 碱石棉：化学纯，粒状。

(3) 三氧化钨。

(4) 无水氯化钙：化学纯。

（5）混合指示剂：将 0.125g 甲基红溶于 100mL 乙醇中；另将 0.083g 亚甲基蓝溶于 100mL 乙醇中，分别贮存于棕色瓶中，使用前按等体积混合。

（6）邻苯二甲酸氢钾：优级纯。

（7）酚酞溶液：$1g \cdot L^{-1}$，0.1g 酚酞溶于 100mL 60% 的乙醇溶液中。

（8）过氧化氢溶液：体积分数为 3%。

取 30mL 质量分数为 30% 的过氧化氢加入 970mL 水，加 2 滴混合指示剂，用稀硫酸溶液或稀氢氧化钠溶液中和至溶液呈钢灰色。此溶液应当天使用当天中和。

（9）氢氧化钠标准溶液：$c(NaOH) = 0.03 mol \cdot L^{-1}$。

氢氧化钠标准溶液的配制：称取优级纯氢氧化钠 6.0g，溶于 5000mL 经煮沸并冷却后的蒸馏水中，混合均匀，装入瓶内，用橡胶塞塞紧。

氢氧化钠标准溶液浓度的标定：称取预先在 120℃ 下干燥 1h 的邻苯二甲酸氢钾 0.2～0.3g（称准至 0.0002g）于 250mL 锥形瓶中，用 20mL 左右水溶解；以酚酞作指示剂，用氢氧化钠标准溶液滴定至红色，按式（3-17）计算其浓度：

$$c(NaOH) = \frac{m}{0.2042V} \tag{3-17}$$

式中 $c(NaOH)$——氢氧化钠标准溶液的浓度，$mol \cdot L^{-1}$；

　　　　m——邻苯二甲酸氢钾的质量，g；

　　　　V——氢氧化钠标准溶液的用量，mL；

　　　　0.2042——邻苯二甲酸氢钾的摩尔质量，$g \cdot mmol^{-1}$。

氢氧化钠标准溶液滴定度的标定：称取 0.2g 左右煤标准物质（称准至 0.0002g），置于燃烧舟中，盖上一薄层三氧化钨。按本实验操作步骤进行试验并记下滴定时氢氧化钠溶液的用量，按式（3-18）计算其滴定度：

$$T = \frac{mS'_{t,ad}}{100V} \tag{3-18}$$

式中 T——氢氧化钠标准溶液的滴定度，$g \cdot mL^{-1}$；

　　　　m——煤标准物质的质量，g；

　　　　$S'_{t,ad}$——煤标准物质的空气干燥基全硫质量分数，%；

　　　　V——氢氧化钠溶液的用量，mL。

（10）羟基氰化汞溶液：称取 6.5g 左右羟基氰化汞，溶于 500mL 去离子水中，充分搅拌后，放置片刻，过滤。往滤液中加入 2～3 滴混合指示剂，用稀硫酸溶液中和，贮存于棕色瓶中。此溶液有效期为 7d。

（11）碳酸钠纯度标准物质。

（12）硫酸标准溶液：$c\left(\frac{1}{2}H_2SO_4\right) = 0.03 mol \cdot L^{-1}$。

（13）硫酸标准溶液的配制：于 1000mL 容量瓶中，加入约 40mL 蒸馏水，用移液管吸取 0.7mL 硫酸缓缓加入容量瓶中，加水稀释至刻度，充分混匀。

硫酸标准溶液的标定：于锥形瓶中称取 0.05g 碳酸钠纯度标准物质（称准至 0.0002g），加入 50～60mL 蒸馏水使之溶解，然后加入 2～3 滴甲基橙，用硫酸标准溶液滴定到由黄色变为橙色。煮沸，赶出二氧化碳，冷却后，继续滴定到橙色。

硫酸浓度按式（3-19）计算：

$$c(\mathrm{H_2SO_4}) = \frac{m}{0.053V} \qquad (3\text{-}19)$$

式中　$c(\mathrm{H_2SO_4})$——硫酸标准溶液的浓度，$\mathrm{mol \cdot L^{-1}}$；

$\qquad\quad m$——碳酸钠纯度标准物质的质量，g；

$\qquad\quad V$——硫酸标准溶液的用量，mL；

$\qquad\quad 0.053$——碳酸钠的摩尔质量，$\mathrm{g \cdot mmol^{-1}}$。

3. 仪器与设备

(1) 管式高温炉：能加热到 1250℃，并有 80mm 长的（1200±10）℃高温恒温带，附有铂铑-铂热电偶测温和控温装置。

(2) 异径燃烧管：耐温 1300℃ 以上，总长约 750mm；一端外径约 22mm，内径约 19mm，长约 690mm；另一端外径约 10mm，内径约 7mm，长约 60mm。

(3) 氧气流量计：测量范围 0～600mL·$\mathrm{min^{-1}}$。

(4) 吸收瓶：250mL 或 300mL 锥形瓶。

(5) 气体过滤器：用 G1～G3 型玻璃熔板制成。

(6) 干燥塔：容积 250mL，下部（2/3）装碱石棉，上部（1/3）装无水氯化钙。

(7) 贮气桶：容量为 30～50L。用氧气钢瓶正压供气时可不配备贮气桶。

(8) 酸式滴定管：25mL 和 10mL 两种。

(9) 碱式滴定管：25mL 和 10mL 两种。

(10) 镍铬丝钩：用直径约 2mm 的镍铬丝制成，长约 700mm，一端弯成小钩。

(11) 带橡胶塞的 T 形管（见图 3-14）。

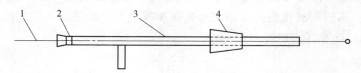

图 3-14　带橡胶塞的 T 形管

1—镍铬丝推棒，直径约 2mm，长约 700mm，一端卷成直径
约 10mm 的圆环；2—翻胶帽；3—T 形玻璃管，外径为 7mm，
长约 60mm，垂直支管长约 30mm；4—橡胶塞

(12) 洗耳球。

(13) 燃烧舟：瓷或刚玉制品，耐温 1300℃ 以上，长约 77mm，上宽约 12mm，高约 8mm。

4. 试验准备

(1) 把燃烧管插入高温炉，使细径管端伸出炉口 100mm，并接上一段长约 30mm 的硅橡胶管。

(2) 将高温炉加热并稳定在（1200±10）℃，测定燃烧管内高温恒温带及 500℃ 温度带部位和长度。

(3) 将干燥塔，氧气流量计、高温炉的燃烧管和吸收瓶连接好，并检查装置的气密性。

5. 任务实施步骤

(1) 将高温炉加热并控制在（1200±10）℃。

(2) 用量筒分别量取 100mL 已中和的过氧化氢溶液，倒入 2 个吸收瓶中，塞上带有气体过滤器的瓶塞并连接到燃烧管的细径端，再次检查其气密性。

（3）称取粒度小于0.2mm的空气干燥煤样（0.20±0.01）g（称准至0.0002g）于燃烧舟中，并盖上一薄层三氧化钨。

（4）将盛有煤样的燃烧舟放在燃烧管入口端，随即用带橡胶塞的T形管塞紧，然后以350mL·min⁻¹的流量通入氧气。用镍铬丝推棒将燃烧舟推到500℃温度区并保持5min，再将舟推到高温区，立即撤回推棒，使煤样在该区燃烧10mm。

（5）停止通入氧气，先取下靠近燃烧管的吸收瓶，再取下另一个吸收瓶。

（6）取下带橡胶塞的T形管，用镍铬丝钩取出燃烧舟。

（7）取下吸收瓶塞，用蒸馏水清洗气体过滤器2～3次。清洗时，用洗耳球加压，排出洗液。

（8）分别向2个吸收瓶内加入3～4滴混合指示剂，用氢氧化钠标准溶液滴定至溶液由桃红色变为钢灰色，记下氢氧化钠溶液的用量。

（9）空白测定：在燃烧舟内放一薄层三氧化钨（不加煤样），按上述步骤测定空白值。

四、分析结果的计算

煤中全硫含量，用氢氧化钠标准溶液的浓度计算，由式（3-20）计算：

$$S_{t,ad} = \frac{(V - V_0)c(NaOH) \times 0.016 f}{m} \times 100 \qquad (3-20)$$

式中　$S_{t,ad}$——一般分析煤样中全硫质量分数，%；

$\quad V$——煤样测定时，氢氧化钠标准溶液的用量，mL；

$\quad V_0$——空白测定时，氢氧化钠标准溶液的用量，mL；

$c(NaOH)$——氢氧化钠标准溶液的浓度，mol·L⁻¹；

$\quad 0.016$——硫的摩尔质量，g·mmoL⁻¹；

$\quad f$——校正系数，当$S_{t,ad} < 1\%$时，$f = 0.95$，$S_{t,ad}$为1%～4%时，$f = 1.00$，$S_{t,ad} > 4\%$时，$f = 1.05$；

$\quad m$——煤样质量，g。

用氢氧化钠标准溶液的滴定度计算，见式（3-21）：

$$S_{t,ad} = \frac{(V_1 - V_0)T}{m} \times 100 \qquad (3-21)$$

式中　$S_{t,ad}$——一般分析煤样中全硫质量分数，%；

$\quad V_1$——煤样测定时，氢氧化钠标准溶液的用量，mL；

$\quad V_0$——空白测定时，氢氧化钠标准溶液的用量，mL；

$\quad T$——氢氧化钠标准溶液的滴定度，g·mL⁻¹；

$\quad m$——煤样质量，g。

氯的校正：氯含量高于0.02%的煤或用氯化锌减灰的精煤应按以下方法进行氯的校正。在氢氧化钠标准溶液滴定到终点的试液中加入10mL羟基氰化汞溶液，用硫酸标准溶液滴定到溶液由绿色变钢灰色，记下硫酸标准溶液的用量，按式（3-22）计算全硫含量：

$$S_{t,ad} = S_{t,ad}^n - \frac{c\left(\frac{1}{2}H_2SO_4\right)V_2 \times 0.016}{m} \times 100 \qquad (3-22)$$

式中　$S_{t,ad}$——一般分析煤样中全硫质量分数，%；

$S_{t,ad}^{n}$——按式（3-20）或式（3-21）计算的全硫质量分数，%；

$c\left(\frac{1}{2}H_2SO_4\right)$——硫酸标准溶液的浓度，$mol \cdot L^{-1}$；

V_2——硫酸标准溶液的用量，mL；

0.016——硫的摩尔质量，$g \cdot mmoL^{-1}$；

m——煤样质量，g。

五、方法的精密度

高温燃烧中和法测定煤中全硫含量精密度如表 3-9 规定。

表 3-9　高温燃烧中和法测定煤中全硫含量精密度

全硫质量分数 S_t/%	重复性限 $S_{t,ad}$/%	再现性临界差 $S_{t,d}$/%
≤1.50	0.05	0.15
1.50(不含)～4.0	0.10	0.25
>4.0	0.20	0.35

六、试验报告

试验报告至少应包括以下信息：①试样标识；②依据标准；③使用的方法；④试验结果；⑤与标准的任何偏离；⑥试验中出现的异常现象；⑦试验日期。

七、任务思考

① 在试验中，三氧化钨的作用是什么？

② 当煤样中氯含量高于 0.02% 时，需加入什么试剂以消除氯的干扰？

任务 2　库伦滴定法

一、使用标准

依据国家标准 GB/T 214—2007《煤中全硫的测定方法》。

二、任务目的

掌握测定煤的库伦滴定法的测定原理及操作技能。本方法适用于褐煤、烟煤、无烟煤和焦炭，也适用于水煤浆干燥煤样。

三、制订实施方案

1. 方法提要

煤样在催化剂作用下，于空气流中燃烧分解，煤中硫生成硫氧化物，其中二氧化硫被碘化钾溶液吸收，以电解碘化钾溶液所产生的碘进行滴定，根据电解所消耗的电量计算煤中全硫的含量。

2. 试剂与试样

（1）三氧化钨。

（2）变色硅胶：工业品。

（3）氢氧化钠：化学纯。

（4）电解液：碘化钾、溴化钾各 5g，冰醋酸 10mL 溶于 250～300mL 水中。

（5）燃烧舟：长 70～77mm，素瓷或刚玉制品，耐热 1200℃ 以上。

3. 仪器与设备

测定所使用的仪器是库仑测硫仪,由下面几部分组成。

(1) 管式高温炉,能加热到1200℃以上,并有70mm以上长的高温带(1150±10)℃,附有铂铑-铂热电偶测温及控温装置,炉内装有耐温1300℃以上的异径燃烧管。

(2) 电解池和电磁搅拌器,电解池高120~180mm,容量不少于400mL,内有面积约150mm²的铂电解电极对和面积约15mm²的铂指示电极对。指示电极响应时间应小于1s,电磁搅拌器转速约500r·min⁻¹,且连续可调。

(3) 库仑积分器,电解电流0~350mA范围内,积分线性误差应小于±0.1%。配有4~6位数字显示器和打印机。

(4) 送样程序控制器,可按指定的程序前进、后退。

(5) 空气供应及净化装置,由电磁泵和净化管组成。供气量约1500mL·min⁻¹,抽气量约1000mL·min⁻¹,净化管内装有氢氧化钠及变色硅胶。

4. 试验准备

(1) 将管式炉升温至1150℃,用另一组铂铑-铂热电偶高温计测定燃烧管中高温带的位置、长度及500℃的位置。

(2) 调节送样程序控制器,使煤样预分解及高温分解的位置分别处于500℃和1150℃处。

(3) 在燃烧管出口处填充洗净并干燥的玻璃纤维棉,在距出口端80~100mm处,填充厚度约3mm的硅酸铝棉。

(4) 将程序控制器、管式高温炉、库仑积分器、电解池、电磁搅拌器和空气供应及净化装置组装在一起。燃烧管、活塞及电解池之间连接时应口对口紧接并用硅橡胶管密封。

(5) 开动抽气泵和供气泵,将抽气流量调节到1000mL·min⁻¹,然后关闭电解池与燃烧管间的活塞,如抽气量降到300mL·min⁻¹以下,证明仪器各部件及各接口气密性良好,可以测定,否则需检查各部件及其接口。

5. 任务实施步骤

(1) 将管式高温炉升温并控制在(1150±10)℃。

(2) 开动供气泵和抽气泵,将抽气流量调节到1000mL·min⁻¹。在抽气下,将250~300mL电解液加入电解池内,开动电磁搅拌器。

(3) 在瓷舟中放入少量非测定用的煤样,按下述方法进行测定(终点电位调整试验)。如试验结束后库仑积分器的显示值为零,应再次测定直至显示值不为零。

(4) 称取粒度小于0.2mm的空气干燥煤样(0.05±0.005)g(准确至0.0002g)于瓷舟中,在煤样上盖上一薄层三氧化钨。将瓷舟置于送样的石英托盘上,开启送样程序控制器,煤样即自动送进炉内,库仑滴定随即开始。测定结束后,库仑积分器显示出硫的质量(mg)或质量分数,并由打印机将数据打印出来。

四、分析结果的计算

若库仑积分器最终显示数为硫的毫克数时,全硫含量按下式计算:

$$S_{t,ad} = \frac{m_1}{m} \times 100 \qquad (3-23)$$

式中　$S_{t,ad}$——空气干燥煤样中全硫的质量分数,%;

　　　　m_1——库仑积分器显示值,mg;

m——煤样质量，mg。

五、方法的精密度

其精密度要求与高温燃烧中和法相同。

六、任务思考

① 在煤样上盖一层三氧化钨的作用是什么？

② 库伦滴定法是依据什么理论计算的？

钢铁分析实训

知识目标

① 掌握钢铁中总碳的测定方法；
② 掌握钢铁中硫的测定方法；
③ 掌握钢铁中磷的测定方法；
④ 掌握钢铁中锰的测定方法；
⑤ 掌握钢铁中硅的测定方法。

技能目标

① 能采用感应炉燃烧后红外吸收法对钢铁及合金中总碳含量的测定；
② 能采用感应炉燃烧后红外吸收法对钢铁及合金中硫含量的测定；
③ 能采用二安替比林甲烷磷钼酸重量法对钢铁及合金中磷的测定；
④ 能采用高碘酸钠（钾）光度法对钢铁及合金中锰的测定；
⑤ 能采用高氯酸脱水重量法对钢铁及合金中硅的测定。

任务引导

查阅标准

GB/T 223.86—2009《钢铁及合金　总碳含量的测定　感应炉燃烧后红外吸收法》

GB/T 223.85—2009《钢铁及合金　硫含量的测定　感应炉燃烧后红外吸收法》

GB/T 223.3—1988（2004）《钢铁及合金化学分析方法　二安替比林甲烷磷钼酸重量法测定磷量》

GB/T 223.63—1988（2004）《钢铁及合金化学分析方法　高碘酸钠（钾）光度法测定锰量》

GB/T 223.60—1997（2004）《钢铁及合金化学分析方法　高氯酸脱水重量法测定硅含量》

 任务实施

项目

钢铁的分析

任务1 总碳含量的测定

一、使用标准

依据国家标准 GB/T 223.86—2009《钢铁及合金 总碳含量的测定 感应炉燃烧后红外吸收法》。

二、任务目的

① 能采用感应炉燃烧后红外吸收法对钢铁及合金中总碳含量的测定。

② 能正确地进行测定装置的实训操作。

三、制订实施方案

1. 方法提要

本方法采用试料在纯氧气流中通过高频感应炉,在高温有助熔剂存在的条件下燃烧,将碳转化为二氧化碳和/或一氧化碳。测量氧气流中的二氧化碳和/或一氧化碳的红外吸收光谱。适用于质量分数为 0.003%~4.5% 的碳含量的测定。

2. 试剂与试样

(1) 水:不含二氧化碳,使用前将水煮沸 30min,冷却至室温,通氧气吹泡 15min。

(2) 氧气:质量分数不小于 99.5%。

(3) 纯铁:碳的质量分数小于 0.0010%。

(4) 合适的溶剂:用于清洗试样表面的油渍或污垢,例如,丙酮。

(5) 高氯酸镁 $[Mg(ClO_4)_2]$:粒度为 0.7~1.2mm。

(6) 碳酸钡:用前将碳酸钡(质量分数大于 99.5%)于 105~110℃干燥 3h,并置于干燥器中冷却,备用。

(7) 碳酸钠:将无水碳酸钠(质量分数大于 99.9%)于 285℃干燥 2h,并置于干燥器中冷却,备用。

(8) 助熔剂:碳质量分数小于 0.0010% 的铜、钨锡混合物或钨助熔剂。

(9) 蔗糖标准溶液:相当于每升 25g 碳。称取 14.843g 蔗糖($C_{12}H_{22}O_{11}$)(分析纯,用前于 100~105℃干燥 2.5h,并置于干燥器中冷却,备用),精确至 1mg。

将蔗糖溶于约 100mL 水中,定量移入 250mL 单标线容量瓶中,用水稀释至刻度,混匀。此标准溶液 1mL 含 25mg 碳。

(10) 碳酸钠标准溶液:相当于每升 25g 碳,称取 55.152g 碳酸钠,精确至 1mg,溶于 200mL 水中,定量移入 250mL 单标线容量瓶中,用水稀释至刻度,混匀。此标准溶液 1mL 含 25mg 碳。

(11) 惰性瓷珠(碱石棉):用氢氧化钠浸渍,粒度为 0.7~1.2mm。

3. 仪器与设备

（1）微量移液管，$100\mu L$，误差应小于 $1\mu L$。

（2）瓷坩埚，能够耐感应炉中的燃烧。使用前，将坩埚置于通空气或氧气流的电炉中，于 $1100℃$ 灼烧 2h 以上，贮存于干燥器中。

（3）锡囊，直径 6mm，高 18mm，质量 0.3g，容积约 0.4mL，碳质量分数小于 0.0010%。

4. 任务实施步骤

按 GB/T 20066 或适当的国家标准取制样。与燃烧分析有关的危险主要是预烧瓷坩埚和熔融过程中的燃烧。任何时候都要使用坩埚钳，并将用过的坩埚存放在合适的容器中。操作氧气钢瓶应小心。燃烧过程中的氧气应有效地从仪器中清除，因为高浓度的氧气在有限空间内易造成火灾。

（1）仪器调试　采用装有用氢氧化钠浸渍的惰性瓷珠（碱石棉）和高氯酸镁的管子净化供给的氧气。待机时维持平稳的流速。安装一个玻璃棉过滤器或不锈钢网作为灰尘捕集器。必要时予以清洗和更换。燃烧室、基座柱、过滤井应经常清洁，以除去积存的氧化物。

停机一段时间后开机，应根据仪器厂商的推荐稳定时间，使仪器的各项指标达到稳定。

清洁炉腔和/或更换过滤器，或仪器停用一段时间后，在开始分析前应先燃烧几个与被测样品类型相似的样品，以稳定仪器。

给仪器通氧并调节零点。

如果所用仪器直接给出碳的含量，按以下步骤调整每一个校准范围的仪器读数：

选择一个碳含量接近校准系列中最高点的有证参考物质，按（4）规定的方法测量有证参考物质的碳含量；将仪器读数调至标准值。

这种调节应在（5）规定的建立校准曲线之前进行，不能代替或修正校准曲线。

（2）试料　用合适的溶剂清洗试样表面油污，用热风吹干。碳质量分数小于 1.0% 时，称取约 1g 试料；质量分数大于 1.0% 时，称取约 0.5g 试料，精确至 1mg。

（3）空白试验　测量前，做两份下述空白试验：将锡囊移入瓷坩埚中，轻轻按压锡囊，使其位于坩埚底部。加入与试料等量的纯铁和助熔剂。按（4）中②和③的规定处理坩埚和所盛材料。得到空白读数，根据校准曲线（5）将空白读数转化为硫的毫克数。由空白试验的碳量减去所用纯铁中的碳量得到空白值。由两个空白值计算空白平均值（m_1）。

（4）测量

① 将锡囊移入瓷坩埚，轻轻按压锡囊，轻轻按压锡囊，使其位于坩埚底部。加入试料，并于表面覆盖适量的助熔剂。

② 将瓷坩埚及所盛材料放在基座上，升至燃烧位置，并锁定系统，按厂家说明操作燃烧炉。

③ 经燃烧和测量后，移出并弃去坩埚，记录分析读数。

（5）校准曲线的建立

① 碳含量（质量分数）在 0.003%～0.01% 的样品。校准系列的准备：按表 4-1 移取一定体积的蔗糖标准溶液或碳酸钠标准溶液于 5 个 250mL 单标线容量瓶中，用水稀释至刻度，混匀。用微量移液管移取稀释后的标准溶液各 $100\mu L$ 于 5 个锡囊中，$90℃$ 干燥 2h，在干燥器中冷却至室温。

表 4-1　碳含量（质量分数）在 0.003%～0.01%校准系列的准备

标准溶液体积 /mL	每毫升稀释液中的碳质量 /mg	移入锡囊中的碳质量 /mg	试料中碳含量（质量分数） /%
0	0	0	0
1.0	0.10	0.010	0.001
2.0	0.20	0.020	0.002
5.0	0.50	0.050	0.005
10.0	1.00	0.100	0.010

　　测量：将装有蔗糖或碳酸钠的锡囊放入瓷坩埚，轻轻按压锡囊，使其位于坩埚底部。加1.000g 纯铁，并于表面覆盖与测定试料时等量的助熔剂。按（4）中②和③的规定处理坩埚和所盛材料。

　　校准曲线的绘制：从校准系列的每个点的读数中减去零点读数，得到净读数。以净读数对校准系列的每个点碳的毫克数绘制校准曲线。

　　② 碳含量（质量分数）为 0.01%～0.1%的样品。校准系列的准备：按表 4-2 移取一定体积的蔗糖标准溶液或碳酸钠标准溶液于 5 个 50mL 单标线容量瓶中，用水稀释至刻度，混匀。用微量移液管移取稀释后的标准溶液各 100μL 于 5 个锡囊中，于 90℃ 干燥 2h。在干燥器中冷却至室温。

表 4-2　碳含量（质量分数）在 0.01%～0.1%校准系列的准备

标准溶液体积 /mL	每毫升稀释液中的碳质量 /mg	移入锡囊中的碳质量 /mg	试料中碳含量（质量分数） /%
0	0	0	0
2.0	1.0	0.10	0.010
4.0	2.0	0.20	0.020
10.0	5.0	0.50	0.050
20.0	10.0	1.00	0.100

　　测量：同碳含量（质量分数）在 0.003%～0.01%的样品中的测量步骤进行操作。

　　校准曲线的绘制：同碳含量（质量分数）在 0.003%～0.01%的样品中的校准曲线绘制步骤进行操作。

　　③ 碳含量（质量分数）为 0.1%～1.0%的样品。按表 4-3 称取碳酸钡或碳酸钠，精确至 0.1mg，移入 5 个锡囊中。

表 4-3　碳含量（质量分数）在 0.1%～1.0%校准系列的准备

参考物质质量/mg		移入锡囊中的碳质量 /mg	试料中的碳含量（质量分数） /%
碳酸钡	碳酸钠		
0	0	0	0
16.4	8.8	1.0	0.10
32.9	17.7	2.0	0.20
82.1	44.1	5.0	0.50
164.3	88.2	10.0	1.00

　　测量：将装有碳酸钡或碳酸钠的锡囊放入瓷坩埚，轻轻按压锡囊，使其位于坩埚底部。加1.000g 纯铁，并于表面覆盖与测定试料时等量的助熔剂。按（4）中②和③的规定处理坩埚和所盛材料。

　　校准曲线的绘制：同碳含量（质量分数）在 0.003%～0.01%的样品中的校准曲线绘制

步骤进行操作。

④ 碳含量（质量分数）在 $1.0\%\sim4.5\%$ 的样品。校准系列的准备：按表 4-4 称取碳酸钡或碳酸钠，精确至 $0.1mg$，移入 5 个锡囊中。如果称取的碳酸钡不能移入锡囊中，可直接置于瓷坩埚底部。

表 4-4　碳含量（质量分数）在 $1.0\%\sim4.5\%$ 校准系列的准备

参考物质质量/mg		移入锡囊中的碳质量	试料中的碳含量(质量分数)
碳酸钡	碳酸钠	/mg	/%
0	0	0	0
82.1	44.1	5.0	1.0
164.3	88.2	10.0	2.0
246.4	132.3	15.0	3.0
369.7	198.6	22.5	4.5

测量：将装有碳酸钡或碳酸钠的锡囊放入瓷坩埚中，轻轻按压锡囊，使其位于坩埚底部。加 $0.500g$ 纯铁，并于表面覆盖与测定试料时等量的助熔剂。按（4）中②和③的规定处理坩埚和所盛材料。

校准曲线的绘制：同碳含量（质量分数）在 $0.003\%\sim0.01\%$ 的样品中的校准曲线绘制步骤进行操作。

四、分析结果计算

用校准曲线将试料分析读数转换成碳的毫克数。碳含量以质量分数 w_C 计，数值以％表示，按式(4-1)计算：

$$w_C=\frac{m_0-m_1}{m\times10^3}\times100 \tag{4-1}$$

式中　m_0——试料中碳的质量，mg；

$\qquad m_1$——空白试验中碳的质量，mg；

$\qquad m$——试料的质量，g。

五、任务思考

① 感应炉燃烧后红外吸收法测总碳的原理是什么？

② 实训中要注意的事项是什么？

任务 2　硫含量的测定

一、使用标准

依据国家标准 GB/T 223.85—2009《钢铁及合金　硫含量的测定　感应炉燃烧后红外吸收法》。

二、任务目的

① 能采用感应炉燃烧后红外吸收法对钢铁及合金中硫含量的测定。

② 能正确地进行测定装置的实训操作。

三、制订实施方案

1. 方法提要

本方法采用试样在纯氧气流中通过高频感应炉，在高温、有助熔剂存在的条件下燃烧，将硫转化为二氧化硫。测量氧气流中的二氧化硫的红外吸收光谱。适用于质量分数为 $0.002\%\sim0.10\%$ 硫含量的测定。

2. 试剂与试样

（1）氧气：质量分数不小于 99.5%。

（2）纯铁：硫的质量分数小于 0.0005%。

（3）合适的溶剂：用于清洗试样表面的油渍或污垢，例如，丙酮。

（4）高氯酸镁 $[Mg(ClO_4)_2]$：粒度为 $0.7\sim1.2mm$。

（5）钨助熔剂：不含硫或已知硫的质量分数小于 0.0005%。

（6）硫标准溶液：按表 4-5 称取预先在 $105\sim110℃$ 干燥 1h 或达到恒定质量并置于干燥器中冷却的硫酸钾 [纯度大于 99.9%（质量分数）]，精确至 0.1mg。于烧杯中用水溶解，定量移入 7 个 100mL 单标线容量瓶中，用水稀释至刻度，混匀。

表 4-5 硫标准溶液

硫标准溶液编号	硫酸钾质量/g	硫的浓度/mg·mL^{-1}
1	0.2174	0.40
2	0.3804	0.70
3	0.5434	1.00
4	1.0869	2.00
5	1.9022	3.50
6	2.7172	5.00
7	4.3475	8.00

（7）惰性瓷珠（碱石棉）：用氢氧化钠浸渍，粒度为 $0.7\sim1.2mm$。

3. 仪器与设备

（1）微量移液管：$50\mu L$ 和 $100\mu L$，误差应小于 $1\mu L$。

（2）瓷坩埚：能够耐感应炉中的燃烧。使用前，将坩埚置于通空气或氧气流的电炉中，于 $1100℃$ 灼烧 2h 以上，贮存于干燥器中。

（3）锡囊：直径 6mm，高 18mm，质量 0.3g，容积约 0.4mL。

4. 任务实施步骤

按 GB/T 20066 或适当的国家标准取样、制样。与燃烧分析有关的危险主要是预烧瓷坩埚和熔融过程中的燃烧。任何时候都要使用坩埚钳，并将用过的坩埚存放在合适的容器中。操作氧气钢瓶应小心。燃烧过程中的氧气应有效地从仪器中清除，因为高浓度的氧气在有限空间内易造成火灾。

（1）**仪器调试** 采用装有用氢氧化钠浸渍的惰性瓷珠（烧碱石棉）和高氯酸镁的管子净化供给的氧气。待机时维持平稳的流速。安装一个玻璃棉过滤器或不锈钢网作为灰尘捕集器，必要时予以清洗和更换。燃烧室、基座柱、过滤器应经常清洁，以除去积存的氧化物。

停机一段时间后开机，应根据仪器厂商的推荐稳定时间，使仪器的各项指标达到稳定。

清洁炉腔和/或更换过滤器，或仪器停用一段时间后，在开始分析前应先燃烧几个与被测样品类型相似的样品，以稳定仪器。

给仪器通氧并调节零点。

如果所用仪器直接给出硫的含量，按以下步骤调整每一个校准范围的仪器读数：

选择一个硫含量接近校准系列中最高点的有证参考物质，按（4）规定的方法测量有证参考物质的硫含量；将仪器读数调至标准值。

这种调节应在（5）规定的建立校准曲线之前进行，不能代替或修正校准曲线。

（2）试样　用合适的溶剂清洗试样表面油污，用热风吹干。

硫质量分数小于 0.04％时，称取约 1g 试样；质量分数大于 0.04％时，称取约 0.5g 试样，精确至 1mg。

（3）空白试验　测量前，做两份下述空白试验：将锡囊移入瓷坩埚中，轻轻按压锡囊，使其位于坩埚底部。加入与试样相同量的纯铁和（1.5±0.1）g 助熔剂。按（4）中②和③的规定处理坩埚和所盛材料。

得到空白读数，根据校准曲线将空白读数转化为硫的质量（mg）。

由空白试验的硫量减去所用纯铁中的硫量得到空白值。纯铁中硫含量测定方法：准备两个瓷坩埚，每个坩埚各移入一个锡囊，轻轻按压锡囊，使其位于坩埚底部；分别将 0.500g 和 1.000g 纯铁加入每个瓷坩埚中，并覆盖（1.5±0.1）g 助熔剂；按（4）中②和③的规定处理坩埚和所盛材料；根据校准曲线将测定值转化为硫的质量（mg）。加入的 0.500g 纯铁的硫含量（m_2）可通过从 1.000g 纯铁处理后所测得硫含量值（m_4）减去 0.500g 纯铁处理后所测得硫含量值（m_3）得到，加入的 1.000g 纯铁的硫含量（m_5）为加入的 0.500g 纯铁硫含量（m_2）的两倍。

$$m_5 = 2 \times m_2 = 2 \times (m_4 - m_3)$$

由两个空白值计算空白平均值。硫的空白平均值不应超过 0.005mg，两个硫的空白值之差不应超过 0.003mg。如果这些数值异常高，应调查并消除污染源。

（4）测量

① 将锡囊移入瓷坩埚，轻轻按压锡囊，使其位于坩埚底部。加入试料，并于表面覆盖（1.5±0.1）g 助熔剂。

② 将瓷坩埚及所盛材料放在基座上，升至燃烧位置，并锁定系统，按厂家说明书操作燃烧炉。

③ 经燃烧和测量后，移出并弃去坩埚，记录分析读数。

（5）校准曲线的建立

① 硫含量（质量分数）小于 0.005％的样品　校准系列的准备：按表 4-6 用 5μL 微量移液管移取水（零点）和硫标准溶液于 4 个锡囊中。于 90℃下缓慢蒸发至完全干燥，在干燥器中冷却至室温。

表 4-6　硫含量（质量分数）小于 0.005％校准系列的建立

硫标准溶液号	硫的质量/μg	试料中硫含量（质量分数）/％
水	0	0.0000
1	20	0.0020
2	35	0.0035
3	50	0.0050

测量：将锡囊移入瓷坩埚，轻轻按压锡囊，使其位于坩埚底部。加 1.000g 纯铁，并于表面覆盖（1.5±0.1）g 助熔剂。按（4）中②和③的规定处理坩埚和所盛材料。

校准曲线的绘制：从校准系列的每个溶液的读数中减去零点读数，得到净读数。以净读数对校准系列的每个溶液硫的质量（mg）绘制校准曲线。

②硫含量（质量分数）为 0.005%～0.04% 的样品　校准系列的准备：按表 4-7 用 50μL 微量移液管移取水（零点）和硫标准溶液于 5 个锡囊中。于 90℃下缓慢蒸发至完全干燥，在干燥器中冷却至室温。

表 4-7　硫含量（质量分数）为 0.005%～0.04% 校准系列的建立

硫标准溶液号	硫的质量/μg	试料中硫含量(质量分数)/%
水	0	0.0000
3	50	0.0050
4	100	0.0100
6	250	0.0250
7	400	0.0400

测量：将锡囊移入瓷坩埚，轻轻按压锡囊，使其位于坩埚底部。加 1.000g 纯铁，并于表面覆盖 1.5g±0.1g 助熔剂。按（4）中②和③的规定处理坩埚和所盛材料。

校准曲线的绘制：从校准系列的每个溶液的读数中减去零点读数，得到净读数。以净读数对校准系列的每个溶液硫的毫克数绘制校准曲线。

③硫含量（质量分数）为 0.04%～0.1% 的样品　按表 4-8 用 100μL 微量移液管移取水（零点）和硫标准溶液于 5 个锡囊中。于 90℃下缓慢蒸发至完全干燥，在干燥器中冷却至室温。

表 4-8　硫含量（质量分数）为 0.04%～0.1% 校准系列的建立

硫标准溶液号	硫的质量/μg	试料中硫含量(质量分数)/%
水	0	0.0000
3	100	0.0200
4	200	0.0400
5	350	0.0700
6	500	0.1000

测量：将锡囊移入瓷坩埚，轻轻按压锡囊，使其位于坩埚底部。加 0.500g 纯铁，并于表面覆盖（1.5±0.1）g 助熔剂。按（4）中②和③的规定处理坩埚和所盛材料。

校准曲线的绘制：从校准系列的每个溶液的读数中减去零点读数，得到净读数。以净读数对校准系列的每个溶液硫的质量（mg）绘制校准曲线。

四、分析结果计算

通过校准曲线将试样分析读数转换成硫的质量（mg）。

硫含量以质量分数 w_S 表示，按式(4-2) 计算：

$$w_S = \frac{m_0 - m_1}{m \times 10^3} \times 100 \tag{4-2}$$

式中　m_0——试样中硫的质量，mg；

　　　m_1——空白试验中硫的质量，mg；

　　　m——试样的质量，g。

五、任务思考

①该方法能否对硫含量超过 0.10% 的样品进行测定？如果不能，该用什么方法进行

测定？

② 能否将总碳和硫进行联合测定？

任务3 磷含量的测定

一、使用标准

依据国家标准 GB/T 223.3—1988（2004）《钢铁及合金化学分析方法 二安替比林甲烷磷钼酸重量法测定磷量》。

二、任务目的

① 能采用二安替比林甲烷磷钼酸重量法对钢铁及合金中磷的测定。

② 能正确地进行重量测定装置的安装及实训操作。

三、制订实施方案

1. 方法提要

本方法采用磷在 $0.24 \sim 0.60 \text{mol} \cdot \text{L}^{-1}$ 盐酸溶液中，加入二安替比林甲烷、钼酸钠混合沉淀剂，生成二安替比林甲烷磷钼酸沉淀。当溶液中共存 360mg 镍、175mg 锰、80mg 铝、50mg 钴、30mg 钒、20mg 铁、5mg 锆、3mg 铈不干扰测定。硅大于 $80\mu g$ 用氢氟酸处理。铁、铬、钒在 EDTA 存在下用硫酸铍作载体，氢氧化铵沉淀分离后不干扰测定；含钨试样以草酸配合钨，用上述方法氢氧化铵两次分离；铌、钛的干扰用铜铁试剂分离；砷、锡用氢溴酸驱除。适用于生铁、铁粉、碳钢、合金钢、高温合金中质量分数为 $0.01\% \sim 0.80\%$ 的磷含量的测定。

2. 试剂与试样

(1) 草酸：固体。

(2) 硫酸铵：固体。

(3) 乙二胺四乙酸二钠：固体。

(4) 高氯酸：$\rho = 1.67 \text{g} \cdot \text{mL}^{-1}$。

(5) 硝酸：$\rho = 1.42 \text{g} \cdot \text{mL}^{-1}$。

(6) 盐酸：$\rho = 1.19 \text{g} \cdot \text{mL}^{-1}$。

(7) 盐酸（1+1）。

(8) 盐酸（4+96）。

(9) 盐酸（0.5+100）。

(10) 盐酸-硝酸混合酸：3 份盐酸（$\rho = 1.19 \text{g} \cdot \text{mL}^{-1}$）和 1 份硝酸（$\rho = 1.42 \text{g} \cdot \text{mL}^{-1}$）混合。

(11) 盐酸-氢溴酸混合酸：2 份盐酸（$\rho = 1.19 \text{g} \cdot \text{mL}^{-1}$）和 1 份氢溴酸（$\rho = 1.49 \text{g} \cdot \text{mL}^{-1}$）混合。

(12) 氢氟酸（1+2）。

(13) 硫酸（1+1）。

(14) 氨水：$\rho = 0.90 \text{g} \cdot \text{mL}^{-1}$。

(15) 氨水（5+95）。

(16) 过氧化氢（1+1）。

(17) 硫酸铍溶液（2%）：称取 10g 试剂用适量水溶解，加入 10mL 硫酸（1+1），用水稀释至 500mL 混匀。

(18) 铜铁试剂溶液（6%）。

(19) 混合沉淀剂：42mL 5%钼酸钠溶液、41mL 盐酸（$\rho=1.19g \cdot mL^{-1}$）、17mL 5%二安替比林甲烷盐酸（4+96）溶液，使用时现混合。

(20) 混合溶剂：100mL 丙酮、100mL 水及 5mL 氯水（$\rho=0.90g \cdot mL^{-1}$）混匀，用时现配。

3. 仪器与设备

实训室常用仪器。

4. 任务实施步骤

(1) 试样量　按表 4-9 称取试样。

表 4-9　称取试样量

含量范围/%		0.01～0.02	0.02～0.1	0.1～0.5	0.5 以上
试样量/g		1.0000	0.5000	0.2000	0.1000
加高氯酸体积/mL		15	12	10	8
加 EDTA 量/g	镍基	2	1	0.5	0.5
	铁基	8	4	2	2

(2) 空白试验　随同试样做空白试验。

(3) 测定

① 将试样置于烧杯中，加 10mL 盐酸-硝酸混合酸，加热溶解（不易溶解试样可补加盐酸或硝酸助溶）。按表 4-9 加高氯酸（试样中含锰超过 2%加 20mL），加热蒸发至刚冒高氯酸烟，取下稍冷，加入 2mL 氢氟酸，再蒸发至刚冒烟，稍冷，加入 10mL 盐酸-氢溴酸混合酸，继续蒸发至冒白烟驱砷，稍冷，再加入 5mL 盐酸-氢溴酸混合酸，重复驱砷一次，继续加热蒸发冒白烟至烧杯内部透明，并维持 3～4min（若试样中含锰超过 2%时，冒烟至烧杯内部透明，并维持 20～30min），并蒸发至糖浆状。

② 冷却，加 30mL 热水溶解盐类，按表 4-9 的规定加入 EDTA 及 10mL 硫酸铍溶液，用氨水调节 pH3～4，用水稀释至约 100mL，煮沸并保持微沸 3～4min，加入 10mL 氢氧化铵，再煮沸 1min，用流水冷却。

注：含钨试样在加 EDTA 前先加 2g 草酸。沉淀过滤洗净后，用盐酸溶解，加 0.5g EDTA 用氨水再沉淀分离一次。被测试液中含钛 5mg 以下时，先滴加 2mL 过氧化氢，再加入 10mL 氨水后，煮沸 1min，稍冷，再缓缓加入 3mL 过氧化氢，充分搅拌，室温放置 40min 后，冷却。

③ 用中速滤纸过滤，以氢氧化铵洗净，用水洗 2 次。

④ 沉淀用 8mL 热盐酸溶解于原烧杯中。用水洗净滤纸，并稀释至 100mL。

⑤ 如试样中含铌、钽、锆、钒及含 5mg 以上钛时，将洗净的沉淀及滤纸移入原烧杯中，加入 7mL 硫酸、2mL 高氯酸、2g 硫酸铵、10mL 硝酸，蒸发至冒硫酸烟驱尽高氯酸，冷却，用少量水洗表皿及杯壁，加入 3mL 氢氟酸配合铌、钽等，用水稀释至约 100mL，冷却至约 15℃，滴加铜铁试剂溶液至沉淀完全并过量 2mL，放置 50～60min，过滤，用盐酸洗净，滤液和洗液合并，加入 15mL 硝酸蒸发至冒硫酸烟，用水洗表皿及杯壁，重复冒烟，冷却，加入 2g 草酸，用水溶解盐类并稀释至约 80mL，用氨水中和至 pH3～4，煮沸 1min，

加入 10mL 氨水煮沸，冷却，以下按测定中③～④进行。

⑥ 将测定中④或⑤溶液加热至 40～100℃，加入 10mL 混合沉淀剂（如被测试液中含磷超过 30μg 时，加入 15mL 混合沉淀剂，超过 400μg 时，加入 20mL 混合沉淀剂，补加 20mL 水），搅匀，在 40～60℃下放置 30min 以上，用 P_4 玻璃坩埚式过滤器过滤，沉淀全部移入坩埚中，用盐酸洗涤坩埚及沉淀 10～15 次，水洗 2 次，于 110～115℃烘干，置于干燥器中冷却，称量，并反复烘干至恒重。用 20mL 混合溶剂分 2 次溶解沉淀，用水洗 6～8 次，再烘干，置于干燥器中冷却，称量，并反复烘干至恒重。

四、分析结果计算

按下式计算磷的含量（质量分数，%）：

$$w_P = \frac{[(m_1 - m_2) - (m_3 - m_4)] \times 0.01023}{m_0} \times 100 \qquad (4\text{-}3)$$

式中　m_1——沉淀加坩埚质量，g；

　　　m_2——坩埚加残渣质量，g；

　　　m_3——随同试样所做空白沉淀加坩埚质量，g；

　　　m_4——随同试样所做空白坩埚加残渣质量，g；

　　　m_0——试样量，g；

　0.01023——二安替比林甲烷磷钼酸换算成磷的换算系数。

五、任务思考

① 试验中为什么要进行空白试验？

② 实训中怎样减小误差？

任务 4　锰含量的测定

一、使用标准

依据国家标准 GB/T 223.63—1988（2004）《钢铁及合金化学分析方法　高碘酸钠（钾）光度法测定锰量》。

二、任务目的

① 能采用高碘酸钠（钾）光度法对钢铁及合金中锰的测定。

② 能正确地进行分光光度计实训操作。

三、制订实施方案

1. 方法提要

本方法试样经酸溶解后，在硫酸、磷酸介质中，用高碘酸钠（钾）将锰氧化至七价，测量其吸光度。适用于生铁、铁粉、碳钢、合金钢、高温合金、精密合金中锰量的测定。测定范围：0.010%～2.00%。

2. 试剂与试样

（1）氢氟酸：ρ 约 1.15g·mL^{-1}。

（2）盐酸：ρ 约 1.19g·mL^{-1}。

（3）硝酸：ρ 约 1.42g·mL^{-1}，1+4，2+98。

（4）硫酸：1+1，5+95，1+3。

(5) 磷酸-高氯酸混合酸：三份磷酸和一份高氯酸混匀。

(6) 高碘酸钠（钾）溶液：50g·L⁻¹。

称取 5g 高碘酸钠（钾），置于 250mL 烧杯中，加 60mL 水、20mL 硝酸，温热溶解后，冷却。用水稀释至 100mL，混匀。

(7) 亚硝酸钠溶液：10g·L⁻¹。

(8) 不含还原物质的水：将去离子水（或蒸馏水）加热煮沸，每升用 10mL 硫酸（1+3）酸化，加几粒高碘酸钠（钾），继续煮沸几分钟，冷却后使用。

(9) 锰标准贮备溶液：500μg·mL⁻¹。

称取 1.4383g 基准高锰酸钾（质量分数大于 99.9%），精确至 0.0001g。置于 600mL 烧杯中，加 300mL 水溶解，加 10mL 硫酸（1+1），滴加过氧化氢至红色恰好消失，加热煮沸 5～10min，冷却。移入 1000mL 容量瓶中，用水稀释至刻度，混匀。也可称取 0.5g 电解锰（质量分数大于 99.9%）[电解锰需预先放在硫酸（5+95）中清洗，待表面氧化锰洗净后，取出，立即用蒸馏水反复洗净，再放在无水乙醇中洗 4～5 次，取出放在干燥器中干燥后方可使用]，精确至 0.0001g。置于 250mL 烧杯中，加 20mL 硝酸（1+4），加热溶解，煮沸驱尽氮氧化物，取下冷却至室温，移入 1000mL 容量瓶中，用水稀释至刻度，混匀。此溶液 1mL 含 500μg 锰。

(10) 锰标准溶液：100μg·mL⁻¹。

移取 20.00mL 锰标准贮备溶液（500μg·mL⁻¹）于 100mL 容量瓶中，用水稀释至刻度，混匀。此溶液 1mL 含 100μg 锰。

3. 仪器与设备

(1) 分光光度计。

(2) 实训室常用仪器。

4. 任务实施步骤

(1) 称样　按表 4-10 称取试样，精确至 0.0001g。

表 4-10　试样称取量

含量范围/%	0.01～0.1	0.1～0.5	0.5～1.0	1.0～2.0
称样量/g	0.5000	0.2000	0.2000	0.1000
锰标准溶液的浓度/μg·mL⁻¹	100	100	500	500
移取锰标准溶液的体积/mL	0.50 2.00 3.00 4.00 5.00	2.00 4.00 6.00 8.00 10.00	2.00 2.50 3.00 3.50 4.00	2.00 2.50 3.00 3.50 4.00
比色皿厚度/cm	3	2	1	1

(2) 空白试液　随同试料做空白试液。

(3) 试料分解　将试料置于 150mL 锥形瓶中，加 15mL 硝酸（1+4）（高硅试样加 3～4 滴氢氟酸助溶），加 10mL 磷酸-高氯酸混合酸，加热蒸发至冒高氯酸（含铬的试样需将铬氧化），稍冷，加 10mL 硫酸（1+1），用水稀释至约 40mL。

(4) 氧化　加 10mL 高碘酸钠（钾）溶液（50g·L⁻¹），加热至沸并保持 2～3min（防止试液溅出），冷却至室温，移入 100mL 容量瓶中，用不含还原物质水稀释至刻度，混匀。

（5）测量　按表 4-10 将部分显色溶液移入吸收皿中，向剩余的显色液中，边摇动边滴加亚硝酸钠溶液（10g·L⁻¹）至紫红色刚好褪去［含钴试样用硝酸钠溶液（10g·L⁻¹）褪色时，钴的微红色不褪，可按下述方法处理。不断摇动容量瓶，慢慢滴加亚硝酸钠溶液（10g·L⁻¹），若试样微红色无变化时，将试液置于吸收皿中，测量吸光度，向剩余试液中再加亚硝酸钠溶液（10g·L⁻¹），再次测量吸光度，直至两次吸光度无变化即可用此溶液为参比液］，将此溶液移入另一吸收皿为参比，在分光光度计于波长 530nm 处测量其吸光度。根据测得的试液吸光度，从工作曲线上查出相应锰的质量。

（6）工作曲线的绘制　按表 4-10 移取锰标准溶液，分别置于 150mL 锥形瓶中，加 10mL 磷酸-高氯酸混合酸，测量其吸光度。以锰质量为横坐标，吸光度为纵坐标，绘制工作曲线。

四、分析结果计算

按下计算锰的含量，以质量分数表示：

$$w(\mathrm{Mn}) = \frac{m_1 \times 10^{-6}}{m} \times 100 \tag{4-4}$$

式中　$w(\mathrm{Mn})$ ——锰的质量分数，%；

　　　　m_1 ——从工作曲线上查得的锰质量，μg；

　　　　m ——试样的质量，g。

五、任务思考

① 试验中比色皿能够混用吗？

② 绘制工作曲线时应注意什么？

任务 5　硅含量的测定

一、使用标准

依据国家标准 GB/T 223.60—1997（2004）《钢铁及合金化学分析方法　高氯酸脱水重量法测定硅含量》。

二、任务目的

① 能采用高氯酸脱水重量法对钢铁及合金中硅的测定。

② 能正确地对马弗炉进行实训操作。

三、制订实施方案

1. 方法提要

本方法采用盐酸、硝酸溶解试料，用高氯酸冒烟使硅酸脱水，过滤洗净后，灼烧成二氧化硅。用硫酸-氢氟酸处理，使硅生成四氟化硅挥发除去。由除硅前后称量的质量差计算硅含量。适用于铁、钢、高温合金和精密合金中质量分数为 0.10%～6.00% 的硅含量的测定。

2. 试剂与试样

（1）盐酸：$\rho = 1.19\mathrm{g \cdot mL^{-1}}$。

（2）盐酸（5+95）：以盐酸（$\rho = 1.19\mathrm{g \cdot mL^{-1}}$）稀释。

（3）硝酸：$\rho = 1.42\mathrm{g \cdot mL^{-1}}$。

（4）高氯酸：$\rho = 1.67\mathrm{g \cdot mL^{-1}}$。

（5）氢氟酸：$\rho = 1.15 \text{g} \cdot \text{mL}^{-1}$。

（6）甲醇。

（7）硫酸（1+1）：以硫酸（$\rho = 1.84 \text{g} \cdot \text{mL}^{-1}$）稀释。

（8）硫氰酸铵溶液：$50 \text{g} \cdot \text{L}^{-1}$。

3. 仪器与设备

（1）铂坩埚：容积 30mL。

（2）马弗炉：可调温度范围 500～1000℃。

4. 任务实施步骤

按 GB 222 或相应的铁的国家标准取制试样。通常在有氨、氮的氧化物或有机物存在时，冒高氯酸烟可能引起爆炸。氢氟酸能严重地烧伤人体，使用时应戴医用手套，用后必须立即以流水洗手。

（1）试料量　按表 4-11 规定称取试料。

表 4-11　试料量

硅含量（质量分数）/%	试料量/g	硅含量（质量分数）/%	试料量/g
0.10～0.50	4.0±0.1，准确至 10mg	>2.00～4.00	1.00±0.01，准确至 0.1mg
>0.50～1.00	3.0±0.1，准确至 5mg	>4.00～6.00	0.50±0.01，准确至 0.1mg
>1.00～2.00	2.00±0.01，准确至 1mg		

（2）空白试验　与试样的测定平行，并按同样的操作做空白试验，各种试剂及其用量与试料测定的试剂及其用量完全一样。

（3）测定

① 溶解试料。将试料置于 400mL 烧杯中，加入 30～60mL 盐酸（$\rho = 1.19 \text{g} \cdot \text{mL}^{-1}$）-硝酸混合酸。盖上表皿，缓慢加热至试料完全溶解（硼钢中硼含量大于 1%；或硼含量大于 0.01%，而且硅含量大于 1% 时，均要除硼。试样溶解后，将试液加热浓缩至体积约为 10mL，加入 40mL 甲醇，移动表皿稍留空隙，低温缓慢挥发溶液至 10mL 以下）。加入 5mL 硝酸。取下稍冷，用少量水冲洗表皿和杯壁。

按表 4-12 规定加入高氯酸加热蒸发至冒烟，盖上表皿，继续加热使高氯酸回流 15～25min。

表 4-12　高氯酸量

试料量/g	加入高氯酸体积/mL	试料量/g	加入高氯酸体积/mL
4.0±0.1	55	1.00±0.01	25
3.0±0.1	45	0.50±0.01	20
2.00±0.01	35		

注：1. 盐酸-硝酸混合酸的比例，视试样而定。含铬高、混合酸难溶的试样，先用盐酸溶解后，再用硝酸氧化。
2. 对于含钨、钼高的试样，溶样过程中，尤其蒸发近糖浆状时，应多摇动，再用硝酸氧化。

② 取下稍冷，用 6mL 盐酸（$\rho = 1.19 \text{g} \cdot \text{mL}^{-1}$）润湿盐类，并使六价铬还原，加入 100mL 热水，搅拌，微热使可溶性盐类溶解。加入少量纸浆，立即用中速滤纸过滤，用淀帚将黏附在杯壁上的沉淀仔细擦下，用热盐酸（5+95）洗净烧杯并洗涤沉淀至无铁离子（用硫氰酸铵溶液检查），再用热水洗涤三次。

③ 将滤液及洗液移入原溶样烧杯中，加热浓缩至高氯酸冒烟，并回流 1～25min。以下按测定中步骤②进行。

④ 将测定中步骤②和③所得沉淀连同滤纸置于铂坩埚中，烘干，灰化，用铂坩埚盖部分盖上坩埚，在1000～1050℃高温炉中灼烧30～40min（灼烧时间长短视二氧化硅的数量和钢中是否含钨铂而定）。取出，稍冷，置于干燥器中，冷却至室温，称量，反复灼烧至恒重。

沿坩埚内壁加4～5滴硫酸、5mL氢氟酸，低温加热至冒尽硫酸烟，再将铂坩埚置于1000～1050℃高温炉中灼烧20min，取出、稍冷，置于干燥器中，冷却至室温，称量，并反复灼烧至恒重。

注：含铌、钽、钛、锆的试样，在1000～1050℃灼烧后取出，冷却，加入1～1.5mL硫酸，低温加热至冒尽硫酸烟，在800℃灼烧10min。取出，置于干燥器中，冷却至室温，称量，并反复灼烧至恒重。沿坩埚内壁加约1mL硫酸、5mL氢氟酸，低温加热至冒尽硫酸烟，再在800℃灼烧至恒重。含钨、钼较高的试样，在灼烧沉淀过程中，需取出铂坩埚用铂丝搅碎沉淀，以加速钨、钼挥发。氢氟酸挥发硅后800℃灼烧至恒重。

四、分析结果计算

以质量分数表示的硅含量由式(4-5)计算：

$$w(\mathrm{Si}) = \frac{[(m_1 - m_2) - (m_3 - m_4)] \times 0.4674}{m_0} \times 100 \tag{4-5}$$

式中　　m_1——氢氟酸处理前铂坩埚与沉淀质量，g；

　　　　m_2——氢氟酸处理前铂坩埚与残渣质量，g；

　　　　m_3——氢氟酸处理前铂坩埚与空白试验的沉淀质量，g；

　　　　m_4——氢氟酸处理后铂坩埚与空白试验的残渣质量，g；

　　　　m_0——试样质量，g；

　0.4674——二氧化硅换算为硅的换算系数。

五、任务思考

① 高氯酸脱水重量法测定硅含量的原理是什么？

② 实训中要注意的安全事项是什么？

肥料分析实训

项目一 氮肥的分析（以尿素为主产品分析）

知识目标

① 肥料实训室样品制备的方法；
② 掌握尿素中总氮含量的测定方法；
③ 掌握尿素中缩二脲含量的测定方法；
④ 掌握尿素中水分的含量的测定方法；
⑤ 掌握尿素中铁含量的测定方法；
⑥ 掌握尿素中碱度测定方法；
⑦ 掌握尿素中水不溶物测定方法；
⑧ 掌握尿素粒度测定方法；
⑨ 掌握尿素硫酸盐测定方法；
⑩ 掌握尿素中亚甲基二脲的测定方法。

技能目标

① 能采用正确的方法进行尿素样品的制备；
② 能采蒸馏法测定尿素中的总氮含量；
③ 能采用分光光度法测定尿素中缩二脲含量；
④ 能采用卡尔·费休法测定尿素中水含量；
⑤ 能采用分光光度法测定尿素中铁含量；
⑥ 能采用滴定法测定尿素中的碱度；
⑦ 能采用重量法测定尿素中水不溶物；
⑧ 能采用筛分法测定尿素的粒度；
⑨ 能采用目视比浊法测定尿素中的硫酸盐含量；
⑩ 能采用分光光度法测定尿素中亚甲基二脲含量。

任务引导

查阅标准

GB/T 2440—2001《尿素》

GB/T 6679—2003《固体化工产品采样通则》

GB/T 2441.1—2008《尿素的测定方法 第 1 部分：总氮含量》

GB/T 2441.2—2010《尿素的测定方法 第 2 部分：缩二脲含量 分光光度法》

GB/T 2441.3—2010《尿素的测定方法 第 3 部分：水分 卡尔·费休法》

GB/T 2441.4—2010《尿素的测定方法 第 4 部分：铁含量 邻菲啰啉分光光度法》

GB/T 2441.5—2010《尿素的测定方法 第 5 部分：碱度 容量法》

GB/T 2441.6—2010《尿素的测定方法 第 6 部分：水不溶物含量 重量法》

GB/T 2441.7—2010《尿素的测定方法 第 7 部分：粒度 筛分法》

GB/T 2441.8—2010《尿素的测定方法 第 8 部分：硫酸盐含量 目视比浊法》

GB/T 2441.9—2010《尿素的测定方法 第 9 部分：亚甲基二脲含量 分光光度法》

任务实施

任务1 样品检测要求和实训室样品制备

一、使用标准

依据国家标准 GB/T 2440—2001《尿素》、GB/T 6679—2003《固体化工产品采样通则》。

二、任务目的

明确尿素检测要求及如何进行尿素实训室样品的制备。

三、制订实施方案

1. 尿素检测要求

尿素的要求应符合表 5-1 的规定。

2. 检验规则

（1）本标准中指标合格判定采用 GB/T 1250—1989 中"修约值比较法"。

（2）产品应由生产企业的质量检验部门进行检验，生产企业应保证每批出厂的产品都符

表 5-1 尿素的要求 单位：%

项 目			工业用			农业用		
			优等品	一等品	合格品	优等品	一等品	合格品
总氮（N）（以干基计）		≥	46.5	46.3	46.3	46.4	46.2	46.0
缩二脲		≤	0.5	0.9	1.0	0.9	1.0	1.5
水（H_2O）分		≤	0.3	0.5	0.7	0.4	0.5	1.0
铁（以 Fe 计）		≤	0.0005	0.0005	0.0010			
碱度（以 NH_3 计）		≤	0.01	0.02	0.03			
硫酸盐（以 SO_4^{2-} 计）		≤	0.005	0.010	0.020			
水不溶物		≤	0.005	0.010	0.040			
亚甲基二脲（以 HCHO 计）		≤				0.6	0.6	0.6
粒度	d 0.85～2.80mm	≥	90	90	90	93	90	90
	d 1.18～3.35mm	≥						
	d 2.00～4.75mm	≥						
	d 4.00～8.00mm	≥						

注：1. 若尿素生产工艺中不加甲醛，可不做亚甲基二脲的测定。

2. 指标中的粒度项只需符合四挡中任意一挡即可，包装表示中应注明。

合本标准要求，每批出厂的产品都应附有一定格式的质量证明书。证明书包括下列内容：生产企业名称、生产企业地址、产品名称、商标、产品类别、等级、粒度、批号或生产日期、产品净含量和本标准编号。

（3）使用单位有权按照本标准规定对所收到的尿素进行质量检验，核验其指标是否符合本标准的要求。

（4）产品按批检验，以一班或一天的产量为一批，最大批量不超过 1500t。用户把附有质量证明书或收到的产品作为一批。

（5）袋装产品，总的包装袋数小于 512 时，按表 5-2 确定采样袋数；大于 512 时，按式（5-1）计算结果确定采样袋数，如遇小数，则进为整数。

$$采样袋数 = \sqrt[3]{N} \tag{5-1}$$

式中 N——每批产品的总袋数。

按表 5-2 或式（5-1）计算结果，随机抽取采样袋数，用采样器从每袋最长对角线插入取样器至袋 3/4 处采取不少于 100g 样品，每批采取样品量不得少于 2kg。

散装产品，按 GB/T 6679 规定进行采样。

（6）将采取的样品迅速用缩分器或四分法并根据工、农业品不同要求，缩分为 600～1200g 的试样，分装于两个清洁、干燥、带磨口塞的广口瓶或聚乙烯瓶中密封，贴上标签，

表 5-2 采样袋数的确定

总袋数	最少采样袋数	总袋数	最少采样袋数
1～10	全部	182～216	18
11～49	11	217～254	19
50～64	12	255～296	20
65～81	13	297～343	21
82～101	14	344～394	22
102～125	15	395～450	23
126～151	16	451～512	24
152～181	17		

注明生产企业名称、产品名称、类别、批号、粒径范围、取样日期和采样人姓名。一瓶作产品质量分析，另一瓶保存两个月，以备查用。

（7）如果检验结果中有一项指标不符合本标准要求时，应重新自两倍数量的采取袋中采取样品进行检验。重新检验结果，只要有一项指标不符合本标准要求，则整批产品不能验收。

（8）当供需双方对产品质量发生异议时，应按《产品质量仲裁检验和产品质量鉴定管理方法》有关规定进行。

任务2 总氮含量的测定

一、使用标准
依据国家标准 GB/T 2441.1—2008《尿素的测定方法 第1部分：总氮含量》。

二、任务目的
① 能采用蒸馏后滴定法测定尿素中总氮量，并掌握其方法及原理。
② 能正确地进行蒸馏装置的安装及实训操作。

三、制订实施方案

（一）总氮含量的测定——蒸馏后滴定法（酰胺态氮）

1. 方法提要

在硫酸铜的催化作用下，在浓硫酸中加热使试料中酰胺态氮转化为铵态氮，加入过量碱液蒸馏出氨，吸收于过量的硫酸溶液中，在指示剂存在下，用氢氧化钠标准滴定溶液返滴定。

转化 $CO(NH_2)_2 + H_2SO_4(浓) + H_2O \longrightarrow (NH_4)_2SO_4 + CO_2 \uparrow$

蒸馏 $(NH_4)_2SO_4 + 2NaOH \longrightarrow Na_2SO_4 + 2NH_3 \uparrow + 2H_2O$

吸收 $2NH_3 + H_2SO_4 \longrightarrow (NH_4)_2SO_4$

滴定 $2NaOH + H_2SO_4(剩余) \longrightarrow Na_2SO_4 + 2H_2O$

2. 试剂与试样

本部分所用试剂、溶液和水，在未注明规格和配制方法时，均应符合 HG/T 2843 的规定。

（1）五水硫酸铜，分析纯。

（2）硫酸。

（3）氢氧化钠溶液，$450g \cdot L^{-1}$。

（4）硫酸铜溶液，$c\left(\frac{1}{2}H_2SO_4\right) \approx 0.5mol \cdot L^{-1}$ 或 $c\left(\frac{1}{2}H_2SO_4\right) \approx 1.0mol \cdot L^{-1}$。

（5）氢氧化钠标准滴定液，$c(NaOH) = 0.5mol \cdot L^{-1}$。

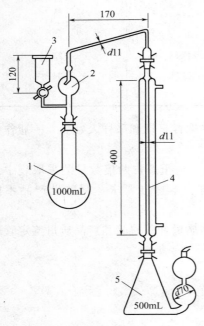

图 5-1 蒸馏装置（单位：mm）

1—蒸馏瓶；2—防溅球管；3—滴液漏斗；

4—冷凝管；5—带双连球锥形瓶

（6）甲基红-亚甲基蓝混合指示液。

（7）硅胶。

3. 仪器和设备

（1）通常实训室用仪器。

（2）蒸馏仪器（见图 5-1）。

（3）梨形玻璃漏斗。

（4）防溅棒，一根长约 100mm、直径约为 5mm 的玻璃棒，一端套一根 25mm 聚乙烯管。

4. 任务实施步骤

做两份试料的平行测定。

（1）样品的交接与试液制备　领取某尿素厂生产的尿素若干，经过任务 1 的实训室样品处理。称取约 5g 实训室样品（精确到 0.001g），移入 500mL 锥形瓶中，加 25mL 水、50mL 硫酸、0.5g 硫酸铜，插上梨形玻璃漏斗，在通风橱内缓慢加热，使二氧化碳逸尽，然后逐步提高加热温度直至冒白烟，再继续加热 20min 后停止加热，待锥形瓶中试液充分冷却后，小心加入 300mL 水冷却。

把锥形瓶中的试液，定量移入 500mL 量瓶中，稀释至刻度摇匀。

（2）蒸馏　从量瓶中移取 50.0mL 试液于蒸馏烧瓶中，加入约 300mL 水，4～5 滴混合指示液，放入一根防溅棒，聚乙烯管端向下。

用滴定管、移液管或自动加液器加 40mL $\left[c\left(\frac{1}{2}H_2SO_4\right) \approx 0.5mol \cdot L^{-1}\right]$ 或 20mL $\left[c\left(\frac{1}{2}H_2SO_4\right) \approx 1.0mol \cdot L^{-1}\right]$ 硫酸溶液于接收器中，加水使溶液量能淹没接收器的双连球瓶颈，加滴混合指示液。

用硅脂涂抹仪器接口，按图 5-1 装好蒸馏仪器，并保证仪器所有连接部分密封。通过滴液漏斗向蒸馏烧瓶中加入足够量的氢氧化钠溶液，以中和溶液并过量 25mL。应当注意，滴液漏斗内至少存留几毫升溶液。

加热蒸馏，直到接收器中的溶液量达到 250～300mL 时停止加热，拆下防溅球管，用水洗涤冷凝管洗涤液，收集在接收器中。

（3）滴定　将接收器中的溶液混匀，用氢氧化钠标准滴定溶液滴定，直至指示液呈灰绿色，滴定时要使溶液充分混匀。

（4）空白试验　按上述操作步骤进行空白试验，除不加试料外，操作步骤和应用的试剂与测定时相同。

5. 分析结果的计算

（1）计算公式　试料中总氮（干基计）含量（w）以氮（N）的质量分数（%）表示，按式(5-2)计算：

$$w(\text{N}) = \frac{c(V_2 - V_1) \times 0.01401 \times 100}{\dfrac{50}{500} \times m \times \dfrac{100 - w(\text{H}_2\text{O})}{100}} \tag{5-2}$$

$$= \frac{c(V_2 - V_1) \times 1401}{m[100 - w(\text{H}_2\text{O})]}$$

式中　V_1——空白试验时，消耗氢氧化钠标准滴定溶液的体积，mL；

　　　V_2——测定时，消耗氢氧化钠标准滴定溶液的体积，mL；

　　　　c——测定及空白试验时，所用氢氧化钠标准滴定溶液的浓度，$mol \cdot L^{-1}$；

　　　m——试料的质量，g；

0.01401——与 1.00mL 氢氧化钠标准滴定溶液 $[c(\text{NaOH}) = 1.000 mol \cdot L^{-1}]$ 相当的，以克表示氮的质量；

$w(\text{H}_2\text{O})$——试样中水分的质量分数，%。

取平行测定结果的算术平均值作为测定结果，所得结果表示至两位小数。

（2）数据指标　平行测定结果的绝对差值不大于 0.10%；不同实训室测定结果的绝对差值不大于 0.15%。

（3）质量指标　见任务 1 表 5-1。

6. 注意事项

（1）该方法的仪器设备、试剂溶液、操作步骤、结果计算等基本完全按照尿素总氮含量的测定（GB/T 2441.1—2008），编者对溶液浓度表示方法、语顺等略有修改，在项目中的测定方法中，如无特殊说明，基本按国家标准方法编写。

（2）本方法和肥料中氨态氮含量的测定《肥料中氨态氮含量的测定　蒸馏后滴定法》GB/T 3595—2000 相似，后者因样品中的氮以 NH_4^+-N 形态存在，可直接用水 400mL 或 1∶1 盐酸 20mL（静置除去 CO_2 后）加水 400mL（可能保留有氨的水不溶物的样品），振荡 30min，定容为 500mL，取含 NH_4^+-N 75～100mg 的一份滤液按本法进行蒸馏定氮。

（3）蒸馏仪器各接口处应用弹簧或橡皮筋紧固。

（4）蒸馏过程加蒸馏水时热源所供出的热，应能在 7～7.5min 使溶液剧烈沸腾。

（5）在原标准中（GB/T 2441—91）中，养分的含量是以干基进行计算的，这样的计算对生产厂家有利，因为水分不合格的样品，其养分含量可能仍然合格。故在本项目收录的方法中，若原方法中使用干基进行计算的方法均改为按称样量进行计算，使用这些方法时请注意核对。

7. 任务思考

（1）制备试液时，加入硫酸铜的作用是什么？

（2）如何检查蒸馏装置的气密性？

（3）如何判断试样已消化完全？

（二）氮肥中氮含量的测定——直接滴定法（铵态氮）

1. 方法提要

氨水是一种弱碱；碳酸氢铵是一种弱酸弱碱盐，水溶液是弱碱性。所以测定这两种氮肥中的氮含量，可以用强酸标准溶液直接进行滴定：

$$NH_3 + H^+ \longrightarrow NH_4^+$$

$$HCO_3^- + H^+ \longrightarrow CO_2 + H_2O$$

2. 试剂与试样

（1）硫酸标准溶液：$c\left(\dfrac{1}{2}H_2SO_4\right) = 0.1\,mol \cdot L^{-1}$。

（2）氢氧化钠标准溶液：$c(NaOH) = 1.0\,moL \cdot L^{-1}$。

（3）甲基红-亚甲基蓝混合指示剂。

3. 仪器与设备

滴定管、锥形瓶等常规的实训室仪器设备。

4. 测定步骤

（1）用已知质量的带磨口的称量瓶，迅速称取约2g试样（精确至0.001g），用水将试样洗入已盛有40.0～50.0mL硫酸标准溶液的250mL锥形瓶中，摇均匀使试样完全溶解，加热煮沸3～5min，以驱除二氧化碳，冷却。

（2）加入2～3滴混合指示剂，用氢氧化钠标准溶液滴定至溶液呈现灰绿色即为终点。同时做空白试验。

5. 分析结果计算

碳酸氢铵试样的氮质量分数 $w(N)$ 按式（5-3）计算：

$$w(N) = \dfrac{(V - V_0)c \times 10^{-3} \times 14.01}{m} \times 100 \tag{5-3}$$

式中　V_0——滴定空白溶液消耗氢氧化钠标准溶液的体积，mL；

　　　V——滴定试样消耗氢氧化钠标准溶液的体积，mL；

　　　c——氢氧化钠标准溶液的浓度，moL·L^{-1}；

　　　m——试样的质量，g；

　　14.01——氮元素的摩尔质量，g·moL^{-1}。

6. 任务思考

在称取样品的时候为什么要迅速称量？在煮沸后为什么还要加热煮沸3～5min？

（三）氮肥中氮含量的测定——还原法（硝态氮）

1. 方法提要

硝态氮肥中氮含量的测定，常采用德瓦达合金还原法。德瓦达合金在化学分析中常用作还原剂，它是由50%铜、45%铝、5%锌组成的。

首先德瓦达合金与氢氧化钠溶液作用生成初生态氢：

$$Cu + 2NaOH + 2H_2O \longrightarrow Na_2[Cu(OH)_4] + 2H$$

$$Al + NaOH + 3H_2O \longrightarrow Na[Al(OH)_4] + 3H$$

$$Zn + 2NaOH + 2H_2O \longrightarrow Na_2[Zn(OH)_4] + 2H$$

然后初生态氢将硝酸根离子还原：

$$NO_3^- + 8H \longrightarrow NH_3 \uparrow + OH^- + 2H_2O$$

之后按照测定氨态氮的方法进行测定。一般可同时将硝酸盐试样与德瓦达合金及氢氧化钠一起放在蒸馏瓶中反应，然后按蒸馏法进行测定。

试样中如果有亚硝酸根离子存在，亚硝酸根离子同样会被还原为氨：

$$NO_2^- + 6H \longrightarrow NH_3\uparrow + OH^- + H_2O$$

所以测得的硝态氮的含量应是硝酸态氮和亚硝酸态氮的总和。

2. 试剂与试样

（1）德瓦达合金，粒度为 0.2～0.3mm。

（2）45%氢氧化钠溶液。

（3）氢氧化钠标准溶液，$c(NaOH) = 0.5mol \cdot L^{-1}$。

（4）硫酸标准溶液，$c\left(\frac{1}{2}H_2SO_4\right) = 0.5mol \cdot L^{-1}$。

（5）甲基红-亚甲基蓝混合指示剂。

3. 仪器与设备

氮的蒸馏装置、容量瓶等。

4. 任务实施步骤

（1）称取试样约 10g（精确至 0.001g），移入 500mL 容量瓶中，加水溶解并稀释至刻度，摇匀。

（2）准确移取 25.00mL 上述溶液，于 1000mL 长颈蒸馏瓶中。加入 300mL 水、5g 德瓦达合金、数粒沸石。在吸收瓶中加入 40.0mL 0.5mol·L⁻¹硫酸标准溶液、80mL 水、数滴甲基红-亚甲基蓝混合指示剂。安装好蒸馏装置，连接处不得漏气。经分液漏斗往蒸馏瓶中加 30mL 45%氢氧化钠溶液。关闭漏斗旋塞，打开冷却水。微微加热蒸馏瓶，至反应开始时停止加热。放置 1h 后，加热蒸馏。

（3）蒸馏至吸收瓶收集达到 250～300mL 时，停止加热。拆下防溅球管，用少量水冲洗冷凝管，拆下吸收瓶，摇匀。用 0.5mol·L⁻¹氢氧化钠标准溶液滴定，至呈灰绿色为终点。同时做空白试验。

5. 分析结果计算

试样中总氮的质量分数按式(5-4) 计算：

$$w(N) = \frac{(V - V_0)c \times 10^{-3} \times 14.01}{m(25.00/500)} \times 100 \tag{5-4}$$

式中　V_0——滴定空白溶液消耗氢氧化钠标准溶液的体积，mL；

　　　　V——滴定试样消耗氢氧化钠标准溶液的体积，mL；

　　　　c——氢氧化钠标准溶液的浓度，mol·L⁻¹；

　　　　m——试样的质量，g；

　　14.01——氮元素的摩尔质量，g·mol⁻¹。

6. 任务思考

什么是德瓦达合金，它的成分和作用是什么？

任务3 缩二脲含量的测定——分光光度法

一、使用标准

依据国家标准 GB/T 2441.2—2010《尿素的测定方法　第2部分：缩二脲含量　分光光度法》。

二、任务目的

（1）能正确使用分光光度法进行尿素中缩二脲含量的测定。

（2）能正确绘制吸收曲线和工作曲线。

三、制订实施方案

1. 方法提要

缩二脲在硫酸铜、酒石酸钾钠的碱性溶液中生成紫红色配合物，在波长为550nm处测定其吸光度。

2. 试剂与试样

本实训方法所用试剂、溶液和水除特殊注明外，均应符合 HG/T 2843 要求。

（1）硫酸铜溶液，$15g \cdot L^{-1}$。

（2）酒石酸钾钠碱性溶液，$50g \cdot L^{-1}$。

（3）缩二脲标准溶液，$2.00g \cdot L^{-1}$。

3. 仪器和设备

（1）一般实训室仪器。

（2）水浴，(30 ± 5)℃。

（3）分光光度计，带有3cm的吸收池。

4. 任务实施步骤

做两份试料的平行测定。

（1）样品的交接与试液制备　领取某尿素厂生产的尿素若干，经过任务1的实训室样品处理。

（2）标准曲线的绘制

① 标准比色溶液的制备。按表5-3所示，将缩二脲标准溶液依次分别注入八个100mL量瓶中。

表 5-3　缩二脲标准溶液加入量

缩二脲标准溶液体积/mL	缩二脲的对应量/mg
0	0
2.50	5.00
5.00	10.0
10.0	20.0
15.0	30.0
20.0	40.0
25.0	50.0
30.0	60.0

每个量瓶用水稀释至约50mL，然后依次加入20.0mL酒石酸钾钠碱性溶液和20.0mL硫酸铜溶液，摇匀，稀释至刻度，把量瓶浸入(30 ± 5)℃的水浴中约20min，不时摇动。

② 吸光度测定。在30min内，以缩二脲为零的溶液作为参比溶液，在波长550nm处，用分光光度计分别测定标准比色溶液的吸光度。

③ 标准曲线的绘制。以100mL标准比色溶液中所含缩二脲的质量（mg）为横坐标，相应的吸光度为纵坐标作图，或求线性回归方程。

（3）测定

① 试液制备。根据尿素中缩二脲的不同含量，按表5-4确定称样量后称样，准确至0.0002g。然后将称好的试料仔细转移至100mL量瓶中，加少量水溶解（加水量不得大于50mL），放置至室温，依次加入20.0mL酒石酸钾钠碱性溶液和20.0mL硫酸铜溶液，摇

匀，稀释至刻度，将量瓶浸入（30±5）℃的水浴中约 20min，不时摇动。

表 5-4　不同缩二脲含量与称取试料量对应关系

缩二脲(w)/%	$w \leqslant 0.3$	$0.3 < w \leqslant 0.4$	$0.4 < w \leqslant 1.0$	$w > 1.0$
称取试料量/g	10	7	5	3

② 空白试验。按上述操作步骤进行空白试验，除不加试料外，操作步骤和应用的试剂与测定时相同。

③ 吸光度测定。与标准曲线绘制步骤相同，对试液和空白试验溶液进行吸光度的测定。

四、分析结果的计算

1. 计算公式

从标准曲线查出所测吸光度对应的缩二脲的质量或由曲线系数求出缩二脲的质量。

缩二脲（Biu）含量(w)，以质量分数（%）表示，按式(5-5)计算：

$$w_{\mathrm{Biu}} = \frac{(m_1 - m_2) \times 10^{-3}}{m} \times 100 = \frac{m_1 - m_2}{m \times 10} \tag{5-5}$$

式中　m_1——试料中测得缩二脲的质量的数值，mg；

　　　m_2——空白试验所测得的缩二脲的质量的数值，mg；

　　　m——试料的质量的数值，g。

计算结果表示到小数点后两位，取平行测定结果的算术平均值为测定结果。

2. 数据指标

平行测定结果的绝对差值不大于 0.05%；不同实训室测定结果的绝对差值不大于 0.08%。

3. 质量指标

见任务 1 表 5-1。

4. 注意事项

（1）如果试液有色或浑浊有色，除按上述（3）条测定吸光度外，另于两个 100mL 量瓶中，各加入 20.0mL 酒石酸钾钠碱性溶液，其中一个加入与显色时相同体积的试料，将溶液用水稀释至刻度，摇匀。以不含试料的试液作为参比溶液，用测定时的同样条件测定另一份溶液的吸光度，在计算时扣除之。

（2）如果试液只是浑浊，则加入 0.3mL 盐酸溶液［$c(\mathrm{HCl}) = 1\mathrm{mol} \cdot \mathrm{L}^{-1}$］，剧烈摇动，用中速滤纸过滤，用少量水洗涤，将滤液和洗涤定量收集于量瓶中，然后按试液的制备进行操作。

（3）本方法适应于由氨和二氧化碳合成制得的尿素中缩二脲含量的测定。

五、任务思考

（1）实训中加入硫酸铜和酒石酸钠的作用是什么？

（2）如何正确地选择最大吸收波长？

任务 4　水分的测定

一、使用标准

依据国家标准 GB/T 2441.3—2010《尿素的测定方法　第 3 部分：水分　卡尔·费休法》。

二、任务目的

（1）理解什么是卡尔·费休试剂，能运用卡尔·费休法对水分进行测定。

（2）能运用碳化钙法对碳酸氢铵中水分的测定。

三、制订实施方案

（一）水分的测定——卡尔·费休法（尿素）

1. 方法提要

存在于试料中的水分，与已知水滴定度的卡尔·费休试剂进行定量反应，反应式如下：

$$H_2O+I_2+SO_2+3C_5H_5N \longrightarrow 2C_5H_5N \cdot HI+C_5H_5N \cdot SO_3$$

$$C_5H_5N \cdot SO_3+CH_3OH \longrightarrow C_5H_5NH \cdot OSO_2CH_3$$

2. 试剂与试样

下列的部分试剂和溶液易燃且对人体有毒有害，操作者应小心谨慎！如溅到皮肤上应立即用水冲洗或适合的方式进行处理，如有不适应立即就医。

本标准中所用试剂、溶液和水，在未注明规格和配制方法时，均应符合 HG/T 2843《化肥产品化学分析常用标准滴定溶液、试剂溶液和指示剂溶液》的规定。

（1）卡尔·费休试剂。

（2）不含吡啶的卡尔·费休试剂。

（3）甲醇（脱水）。

（4）二水酒石酸钠。

3. 仪器和设备

卡尔·费休水分测定仪，滴定装置如图 5-2 所示。

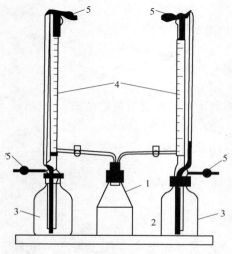

图 5-2　卡尔·费休法水分测定仪滴定装置

1—滴定容器；2—电磁搅拌器；3—贮液器；
4—滴定管；5—干燥管

4. 任务实施步骤

做两份试料的平行测定。

（1）样品的交接与试液制备　领取某尿素厂生产的尿素若干，经过任务 1 的实训室样品处理。

（2）卡尔·费休试剂的标定　按照 GB/T 6283 规定步骤，用水或二水酒石酸钠标定试剂对水的滴定度 T。

（3）测定　用称量管称量 1～5g 实训室样品（精确至 0.0002g），要求称取的试料量消耗卡尔·费休试剂体积不超过 10mL。

通过卡尔·费休仪器的排泄嘴，将滴定容器中的残液放完，加 50mL 甲醇于滴定容器中，甲醇用量须足以淹没电极，打开电磁搅拌器，与标定卡尔·费休试剂滴定至电流计产生与标定时同样的偏斜，并保持稳定 1min。

打开加料口橡胶塞，迅速将已称量过的称量管中试料倒入滴定容器中，立即盖好橡胶塞，搅拌至试料溶解，用卡尔·费休试剂如上述滴定甲醇中水量一样滴定至终点，记录所消耗卡尔·费休试剂的体积（V）。

称量加完试料后称量管的质量，以确定所用试料的质量（m）。

5. 分析结果的计算

（1）计算公式　水分 w，以质量分数（％）表示，按式（5-6）计算：

$$w(H_2O) = \frac{TV \times 100}{m \times 1000} = \frac{TV}{m \times 10} \tag{5-6}$$

式中　T——卡尔·费休试剂对水的滴定度，$mg \cdot mL^{-1}$；

　　　V——滴定消耗卡尔·费休试剂的体积，mL；

　　　m——试料的质量，g。

（2）数据标准　计算结果表示到小数点后两位，取平行测定结果的算术平均值为测定结果。平行测定结果的绝对差值不大于 0.03%。

（3）质量标准　见任务 1 表 5-1。

6. 任务思考

（1）如何配制卡尔·费休试剂？

（2）在测定步骤中为什么打开加料口橡胶塞，要迅速将已称量过的称量管中试料倒入滴定容器中？

（二）水分的测定——碳化钙法（碳酸氢铵）

1. 方法提要

碳酸氢铵的稳定性很差，特别是有吸附水时。常温下即有可能分解：

$$NH_4HCO_3 \longrightarrow NH_3 \uparrow + H_2O + CO_2 \uparrow$$

所以测定碳酸氢铵产品的水分含量，不能用烘干法，而采用碳化钙（电石）法。

碳化钙法是依据试样中的水分与碳化钙作用时，生成定量的乙炔气体：

$$CaC_2 + 2H_2O \longrightarrow Ca(OH)_2 + C_2H_2 \uparrow$$

通过测量乙炔气体的体积，即可计算水分的含量。

称取一定量的碳酸氢铵，使其中的游离水与碳化钙（电石）反应，生成乙炔气。测定生成的乙炔气体积，计算出试样中水分含量。

2. 试剂与试样

（1）电石：全部通过筛孔为 $250\mu m$ 的标准筛。若有结块现象，不得继续使用。

（2）封闭液：在 200mL 氯化钠饱和溶液中，加入 2 滴甲基橙指示剂，用少量盐酸酸化至溶液呈红色。然后通入乙炔气至饱和。

3. 仪器与设备

碳化钙水分测定装置。

碳化钙法水分测定装置如图 5-3 所示。图中的水准瓶 1 内装有经酸化后的氯化钠饱和溶液（以甲基橙为指示剂，用盐酸调节至呈明显的红色）；乙炔发生器 9 中装有粒度为 60～100 目的碳化钙。为避免反应产生的气体通过的过滤管 6 和量气管 3 时温度波动过大，将它们分别置于水套管 7 和 2 中，其温度分别由温度计 5 和 4 测出。乙炔发生器 9 也置于水浴中，通过温度计 10 可测定过程的温度。

4. 任务实施步骤

（1）称取一定量的化肥碳酸氢铵试样置于乙炔发生器中，立即塞好瓶塞。此时，试样中的水分立即与碳化钙反应，产生乙炔气体。

（2）乙炔气体经玻璃纤维过滤管，再经连接管进入量气管，待反应完成后即可从量气管中读出乙炔的体积。同时记录测量时的温度和大气压力等。

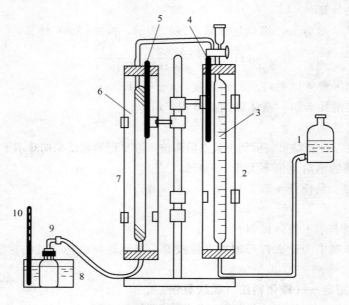

图 5-3 碳化钙法水分测定装置

1—水准瓶；2,7—水套管；3—具有三通旋塞的 100mL 量气管；4,5,10—温度计；

6—玻璃纤维过滤管；8—水浴缸；9—70mL 乙炔发生器

5. 分析结果计算

根据下面式(5-7)的计算，可计算出试样中水分的质量分数：

$$w(\mathrm{H_2O})=\dfrac{\dfrac{V_2-V_1}{22.4\times1000}\times\dfrac{(p-p_{\mathrm{w}})\times273}{101.3\times(273+t)}\times2\times18}{m}\times100 \tag{5-7}$$

式中　V_1——反应前量气管的体积，mL；

　　　V_2——反应后量气管的体积，mL；

　　　m——试样的质量，g；

　　　p——测定时的大气压力，kPa；

　　　p_{w}——测定时饱和食盐水的蒸气压力，kPa；

　　　t——测定时的温度，℃；

　　　22.4——标准状态时 1mol 乙炔的体积，L；

　　　18——水的摩尔质量，g·moL^{-1}；

　　　2——乙炔换算为水的系数。

6. 注意事项

(1) 当水分质量分数小于 0.5%，误差不得大于 0.05%。

(2) 当水分质量分数大于 0.5%，误差不得大于 0.2%。

(3) 仪器的操作可参考奥氏气体分析的使用操作。

任务 5 铁含量的测定

一、使用标准

依据国家标准 GB/T 2441.4—2010《尿素的测定方法　第 4 部分：铁含量　邻菲啰啉分

光光度法》。

二、任务目的

（1）能掌握分光光度法测定铁含量的方法和原理。

（2）能正确地进行分光光度法测定铁含量的实训条件的选择。

三、制订实施方案

1. 方法提要

用抗坏血酸将试液中的三价铁离子还原为二价铁离子，在 pH 为 2～9 时（本标准选择 pH 为 4.5），二价铁离子与邻菲啰啉生成橙红色配合物，在吸收波长 510nm 处，用分光光度计测定其吸光度。

$$Fe^{2+} + 3C_{12}H_8N_2 \longrightarrow [Fe(C_{12}H_8N_2)_3]^{2+}$$

2. 试剂与试样

下列的部分试剂和溶液具有腐蚀性，操作者应小心谨慎！如溅到皮肤上应立即用水冲洗或适合的方式进行处理，严重者应立即治疗。

本部分中所用试剂、溶液和水，在未注明规格和配制方法时，均应符合 HG/T 2843 的规定。

（1）盐酸溶液（1+1）。

（2）氨水溶液（1+1）。

（3）乙酸-乙酸钠缓冲溶液，pH≈4.5。

（4）抗坏血酸溶液，$20g \cdot L^{-1}$（该溶液使用期限 10d）。

（5）邻菲啰啉溶液，$2g \cdot L^{-1}$。

（6）铁标准溶液，$0.100mg \cdot mL^{-1}$。

（7）铁标准溶液，$0.010mg \cdot mL^{-1}$；用铁标准溶液（6），稀释 10 倍，只限当日使用。

3. 仪器与设备

（1）常用实训室仪器。

（2）分光光度计，带有 3cm 或 1cm 的吸收池。

4. 任务实施步骤

做两份试料的平行测定。

（1）样品的交接与试液制备　领取某尿素长生产的尿素若干，经过任务 1 的实训室样品处理。

（2）标准曲线的绘制

① 标准比色溶液的制备。按表 5-5 所示，在 7 个 100mL 量瓶中，分别加入给定体积的上述铁标准溶液（7）。

每个量瓶都按下述规定同时同样处理：加水至约 40mL，用盐酸溶液调整溶液的 pH 接近 2，加 2.5mL 抗坏血酸溶液、10mL 乙酸-乙酸钠缓冲溶液、5mL 邻菲啰啉溶液，用水稀释至刻度，摇匀。

② 吸光度测定。以铁含量为零的溶液作为参比溶液，在波长 510nm 处，用 1cm 或 3cm 吸收池在分光光度计测定上述标准比色溶液的吸光度。

③ 标准曲线的绘制。以 100mL 标准比色溶液中铁含量（μg）为横坐标，相应的吸光度为纵坐标作图，或求线性回归方程。

表 5-5 铁标准溶液加入量

铁标准溶液用量/mL	对应的铁含量/μg
0	0
1.00	10.0
2.00	20.0
4.00	40.0
6.00	60.0
8.00	80.0
10.00	100.0

（3）测定

① 试液制备　称取约 10g 实训室样品（精确至 0.01g），置于 100mL 烧杯中，加少量水使试料溶解，加入 10mL 盐酸溶液，加热煮沸，并保持稳定 3min，冷却后，将试液定量过滤于 100mL 烧杯中，用少量水洗涤几次，使溶液体积约为 40mL。

用氨水溶液调整溶液的 pH 约为 2，将溶液定量转移到 100mL 量瓶中，加 2.5mL 抗坏血酸溶液、10mL 乙酸-乙酸钠缓冲溶液、5mL 邻菲啰啉溶液，用水稀至刻度，混匀。

注：若试料含铁量≤15μg，可在调整 pH 前加入 5.00mL 铁标准溶液（7），然后在结果中扣除。

② 空白试验　按上述操作步骤进行空白试验，除不加试料外，操作步骤和应用的试剂与测定时相同。

③ 吸光度测定　与标准曲线绘制步骤相同，对试液和空白试验溶液进行吸光度的测定。

四、分析结果的计算

1. 计算公式

从标准曲线查出所测吸光度对应的铁含量或由曲线系数求出铁含量。

铁（Fe）含量 w，以质量分数（%）表示，按式(5-8)计算：

$$w(\mathrm{Fe}) = \frac{m_1 - m_2}{m} \times 100 \tag{5-8}$$

式中　m_1——试料中测得铁的质量，g；

　　　m_2——空白试验所测得的铁的质量，g；

　　　m——试料的质量，g。

计算结果表示到小数点后五位，取平行测定结果的算术平均值为测定结果。

2. 数据标准

平行测定结果的相对偏差不大于 1.0%。

3. 质量标准

见任务 1 表 5-1。

4. 注意事项

部分溶液和试剂具有腐蚀性，操作者应小心谨慎。如溅到皮肤上应马上用水冲洗。氨水和盐酸具有挥发性，取用时应在通风橱中进行。

五、任务思考

（1）本实训中的空白溶液能不能用蒸馏水代替，为什么？

（2）为什么加入试剂的量、顺序和时间要一致？

（3）抗坏血酸和邻菲啰啉的作用分别是什么？

任务 6 碱度的测定

一、使用标准

依据国家标准 GB/T 2441.5—2010《尿素的测定方法　第 5 部分：碱度　容量法》。

二、任务目的

能正确地选取滴定法对尿素的碱度进行测定。

三、制订实施方案

1. 方法提要

在指示液存在下，用盐酸标准滴定溶液滴定试料的游离氨。

2. 试剂与试样

本实训方法所用试剂、溶液和水，除在未注明规格和配制方法时，均应符合 HG/T 2843 的规定。

（1）甲基红-亚甲基蓝混合指示液。

（2）盐酸标准滴定溶液，$c(HCl) = 0.1 mol \cdot L^{-1}$。

3. 仪器与设备

常用分析实训室仪器。

4. 任务实施步骤

样品的交接与试液制备。

做两份试料的平行测定。

领取某尿素厂生产的尿素若干，经过任务 1 的实训室样品处理。称取约 50g 实训室样品（精确到 0.05g），将试料置于 500mL 锥形瓶中，加约 350mL 水，溶解试料，加入 3～5 滴混合指示液，然后用盐酸标准滴定溶液滴定到溶液呈灰绿色。

四、分析结果的计算

1. 计算公式

碱度（w），以氨（NH_3）的质量分数（％）表示，按式(5-9)计算：

$$w(NH_3) = \frac{cV \times 0.017 \times 100}{m} = \frac{cV \times 1.7}{m} \tag{5-9}$$

式中　c——盐酸标准滴定溶液的浓度，$mol \cdot L^{-1}$；

　　　V——测定时消耗盐酸标准滴定溶液的体积，mL；

　　　m——试料的质量，g；

　　0.017——氨的毫摩尔质量，$g \cdot mmol^{-1}$。

2. 数据标准

（1）平行测定结果的绝对差值不大于 0.001％。

（2）不同实训室测定结果的绝对差值不大于 0.002％。

（3）计算结果表示到小数点后三位，取平行测定结果的算术平均值作为测定结果。

3. 质量标准

见任务 1 表 5-1。

五、任务思考

（1）如何正确地进行滴定终点的判断？

（2）本实训选用甲基红-亚甲基蓝混合指示液，能否用甲基红指示剂，为什么？

任务 7 水不溶物含量

一、使用标准

依据国家标准 GB/T 2441.6—2010《尿素的测定方法　第 6 部分：水不溶物含量　重量法》。

二、任务目的

掌握用重量法测定尿素中水不溶物的含量。

三、制订实施方案

1. 方法提要

用玻璃坩埚式滤器减压过滤尿素水溶液，残渣量表示为水不溶物量。

2. 仪器和设备

（1）常用分析实训室仪器。

（2）玻璃坩埚式过滤器，P_{10}（孔径 4～16μm），容积 30mL。

（3）恒温干燥箱。

（4）水浴。

3. 任务实施步骤

样品的交接与试液制备

做两份试料的平行测定。

领取某尿素厂生产的尿素若干，经过任务 1 的实训室样品处理。称量约 50g 实训室样品（精确至 0.05g），将试料溶于 150～200mL 水中。将溶液置于 90℃的水浴中保温 30min，立即用已恒重的 P_{10} 玻璃坩埚式过滤器趁热减压过滤，用热水洗涤滤渣 3～5 次，每次用量约 15mL，取下过滤器，于 105～110℃恒温干燥箱中干燥至恒量。

四、分析结果的计算

1. 计算公式

水不溶物含量 w，用质量分数（%）表示，按式（5-10）计算：

$$w_{水不溶物} = \frac{m_1 \times 100}{m} \tag{5-10}$$

式中　m_1——干燥后残渣质量，g；

m——试料的质量，g。

2. 数据标准

（1）平行测定结果的绝对差值不大于 0.0050%。

（2）计算结果表示到小数点后四位，取平行测定结果的算术平均值作为测定结果。

3. 质量标准

见任务 1 表 5-1。

五、任务思考

什么是水不溶物？为什么要在 90℃ 的水浴中保温 30min？

任务 8 粒度的测定

一、使用标准

依据国家标准 GB/T 2441.7—2010《尿素的测定方法 第 7 部分：粒度 筛分法》。

二、任务目标

能运用筛分法完成对尿素颗粒的测定。

三、制订任务方案

1. 方法提要

用筛分法将尿素分成不同粒径的颗粒，称量，计算质量分数。

2. 仪器及设备

（1）孔径 0.85mm、1.18mm、2.00mm、2.80mm、3.35mm、4.00mm、4.75mm 和 8.00mm 试验筛（GB 6003.1 中 R40/3 系列），附筛盖和底盘。

（2）感量 0.5g 的天平。

（3）振荡器，能垂直和水平振荡。

3. 任务实施步骤

（1）样品的交接与试液制备 领取某尿素厂生产的尿素若干，经过任务 1 的实训室样品处理。

（2）根据被测物料，按粒度 d（0.85～2.80mm、1.18～3.35mm、2.00～4.75mm、4.00～8.00mm）选取一套（两个）相应的试验筛。

（3）将筛子按孔径大小依次叠好（大在上，小在下），装上底盘，称量约 100g 实训室样品（精确到 0.5g），将试料置于依次叠好的筛子上，盖好筛盖，置于振荡器上，夹紧，振荡 3min，或人工筛分。称量通过大孔径筛子及未通过小孔径筛子试料，夹在筛孔中的颗粒按不通过计。

四、分析结果的计算

1. 计算公式

粒度 w，以质量分数（％）表示，按式(5-11)计算：

$$w_{粒度} = \frac{m_1 \times 100}{m} \tag{5-11}$$

式中 m_1——通过大孔径筛子和未通过小孔径筛子试料的质量，g；

m——试料的质量，g。

2. 数据标准

计算结果表示到小数点后一位。

3. 质量标准

见任务 1 表 5-1。

五、任务思考

在筛分时应注意什么事项？

任务 9 硫酸盐含量的测定

一、使用标准

依据国家标准 GB/T 2441.8—2010《尿素的测定方法 第8部分：硫酸盐含量 目视比浊法》。

二、任务目标

能正确地使用沉淀法进行尿素中硫酸盐含量的测定。

三、制订任务方案

1. 方法提要

在酸性介质中，加入氯化钡溶液，与硫酸根离子生成硫酸钡白色悬浮微粒所形成的浊度与标准浊度进行比较。

$$Ba^{2+} + SO_4^{2-} \longrightarrow BaSO_4 \downarrow$$

2. 试剂与试样

本部分中所用试剂、溶液和水，在未注明规格和配制方法时，均应符合 HG/T 2843 的规定。

(1) 氯化钡溶液，$50g \cdot L^{-1}$。

(2) 盐酸溶液（1+3）。

(3) 硫酸盐（SO_4^{2-}）标准溶液，$0.1mg \cdot mL^{-1}$。

3. 仪器与设备

常用分析实训室仪器和 50mL 比色管。

4. 任务实施步骤

(1) 样品的交接与试液制备　领取某尿素厂生产的尿素若干，经过任务 1 的实训室样品处理。

(2) 标准比浊液的制备　于 8 支 50mL 比色管中，分别加入 0、0.50mL、1.00mL、1.50mL、2.00mL、2.50mL、3.00mL、3.50mL 硫酸盐标准溶液，加 5mL 盐酸溶液，加水至 40mL，待用。

(3) 测定　称量约 10g 实训室样品（精确到 0.1g），将试料溶于 25～30mL 热水中，加 20mL 盐酸溶液，加热煮沸 1～2min，若溶液浑浊，用紧密滤纸过滤，并用热水洗涤 3～4 次，滤液和洗液收集于 100mL 量瓶中，冷却，用水稀释至刻度，混匀。

吸取 25.0mL 试液于 50mL 比色管中，加水至 40mL，与上述标准比浊管同时在不断摇动下，滴加 5mL 氯化钡溶液，用水稀释至刻度，摇匀后放置 20min，与标准管进行比较。

四、分析结果的计算

1. 计算公式

硫酸盐（SO_4^{2-}）含量 w，以质量分数（％）表示，按式(5-12)计算：

$$w(SO_4^{2-}) = \frac{V(0.1/1000)}{(25/100)m} \times 100 = \frac{0.04V}{m} \qquad (5-12)$$

式中　V——与实训部分浊度相同的标准比浊液中硫酸盐标准溶液的体积，mL；

　　　m——试料的质量，g。

2. 数据标准

计算结果表示到小数点后四位。

3. 质量标准

见任务 1 表 5-1。

五、任务思考

（1）为什么实训中用到（1+3）盐酸溶液？

（2）在浊度比较的时候应注意什么事项？

任务 10 亚甲基二脲含量的测定

一、使用标准

依据国家标准 GB/T 2441.9—2010《尿素的测定方法 第 9 部分：亚甲基二脲含量 分光光度法》。

二、任务目标

（1）能正确地进行尿素的溶液的处理。

（2）能正确地使用分光光度法进行亚甲基二脲含量的测定。

三、制订实施方案

1. 方法提要

在浓硫酸作用下，尿素中亚甲基二脲分解生成甲醛与尿素，甲醛与萘二磺酸二钠盐（变色酸）反应，生成紫红色配合物，在 570nm 波长处，用分光光度计测定其吸光度。

2. 试剂与试样

下列的部分试剂和溶液具有腐蚀性，操作者应小心谨慎！如溅到皮肤上应立即用水冲洗或适合方式进行处理，严重者应立即治疗。

本部分中所用试剂、溶液和水，在未注明规格和配制方法时，均应符合 HG/T 2843 的规定。

（1）硫酸。

（2）萘二磺酸二钠盐（变色酸）溶液，$10g \cdot L^{-1}$。

（3）甲醛标准溶液

① 甲醛含量测定：量取 50mL 亚硫酸溶液（$126g \cdot L^{-1}$），置于 250mL 锥形瓶中，加 3 滴百里酚酞指示剂（$1g \cdot L^{-1}$），用硫酸标准滴定溶液 $\left[c\left(\frac{1}{2}H_2SO_4 \right) = 1mol \cdot L^{-1} \right]$ 滴定至无色。称取 3mL 甲醛溶液（称准至 0.0002g），置于上述溶液中，摇匀，用硫酸标准滴定溶液 $\left[c\left(\frac{1}{2}H_2SO_4 \right) = 1mol \cdot L^{-1} \right]$ 滴定至溶液由蓝色变为无色。

甲醛（HCHO）含量 w，以质量分数（%）表示，按式（5-13）计算：

$$w(\text{HCHO}) = \frac{cV \times 0.03003 \times 100}{m_1} \tag{5-13}$$

式中 c——硫酸标准滴定溶液的浓度，$mol \cdot L^{-1}$；

V——消耗硫酸标准滴定溶液的体积，mL；

m_1——甲醛溶液的质量，g；

0.03003——甲醛的摩尔质量，$g \cdot mmoL^{-1}$。

② 甲醛标准溶液（$1mg \cdot mL^{-1}$）制备：根据式（5-14）计算，称取甲醛溶液①，置于 1000mL 量瓶中，加水稀释全刻度，摇匀。

甲醛溶液质量（m_2）的计算：

$$m_2 = \frac{1.000}{w}$$

(5-14)

式中 　w——甲醛质量分数，%；

　　1.000——1000mL 甲醛标准溶液中含甲醛的质量，g。

③ 甲醛标准溶液（0.02mg·mL^{-1}）制备：移取 10.0mL 甲醛标准溶液②，置于 500mL 容量瓶中，加水稀释至刻度，摇匀（此溶液使用前制备）。

3. 仪器与设备

常用分析实训室仪器和分光光度计（带有 1cm 吸收池）。

4. 任务实施步骤

做两份试料的平行测定。

（1）样品的交接与试液制备　领取某尿素厂生产的尿素若干，经过任务 1 的实训室样品处理。

（2）标准曲线的绘制

① 标准比色溶液的制备　按表 5-6，在 6 个 100mL 量瓶中，分别加入甲醛标准溶液。

表 5-6　甲醛标准溶液加入量

甲醛标准溶液体积/mL	0.00	0.50	1.00	2.00	3.00	4.00
对应甲醛含量/mg	0.00	0.01	0.02	0.04	0.06	0.08

每个量瓶都按下述规定同时处理：加入 1mL 萘二磺酸二钠盐（变色酸）溶液，靠壁缓慢加入 10mL 硫酸，摇匀，静置 15min。小心加水稀释至约 80mL，摇匀。待再次冷却后，用水稀释至刻度，摇匀。

② 吸光度测定　以甲醛含量为零的溶液为参比溶液，在波长 570nm 处，用分光光度计测定各标准比色溶液的吸光度。

③ 标准曲线的绘制　以 100mL 标准比色溶液中甲醛含量（mg）为横坐标，相应的吸光度为纵坐标作图，或求线性回归方程。

（3）测定

① 试液制备　按表 5-7 称取试样（称准至 0.0002g），置于 100mL 的烧杯中，加少量水使试料溶解，定量转移到 500mL 量瓶中，加水稀释至刻度，摇匀后移取 5.0mL 于 100mL 量瓶中。以下操作按上述标准曲线绘制（1）步骤进行发色反应。

表 5-7　实训室样品的称取量

亚甲基二脲 w/%	$w \leqslant 0.10$	$0.10 < w \leqslant 0.15$	$0.15 < w \leqslant 0.20$	$0.20 < w \leqslant 0.40$	$w > 0.40$
试料质量/g	6	4	3	2	1

② 空白试验　按上述操作步骤进行空白试验，除不加试料外，操作步骤和应用的试剂与测定时相同。

③ 吸光度测定　与标准曲线绘制步骤相同，对试液和空白试验溶液进行吸光度的测定。

四、分析结果的计算

1. 计算公式

从标准曲线查出所测吸光度对应的甲醛的量或由曲线系数求出甲醛的量。

亚甲基二脲含量 w，以质量分数（%）表示，按式(5-15)计算：

$$w_{\text{亚甲基二脲}} = \frac{(m_1 - m_2) \times 10^{-3}}{m \times 5/500} \times 100 = \frac{m_1 - m_2}{m} \times 10 \qquad (5\text{-}15)$$

式中　m_1——试料中测得缩二脲的质量，mg；

　　　m_2——空白试验所测得的缩二脲的质量，mg；

　　　m——试料的质量，g。

计算结果表示到小数点后两位，取平行测定结果的算术平均值为测定结果。

2. 数据标准

平行测定结果的绝对差值不大于 0.03%。

不同实训室测定结果的绝对差值不大于 0.08%。

3. 质量标准

见任务 1 表 5-1。

五、任务思考

为什么靠壁缓慢加入 10mL 硫酸，摇匀，还要静置 15min？

项目二　　# 磷肥的分析

 知识目标

① 了解硝酸磷肥粒度测定方法。

② 了解硝酸磷肥中总氮含量的测定方法。

③ 硝酸磷肥中磷含量的测定方法。

技能目标

① 能测定硝酸磷肥的粒度。

② 能采用蒸馏后滴定法测定硝酸磷肥中总氮含量。

③ 能采用磷钼酸喹啉重量法测定硝酸磷肥中磷含量。

任务引导

查阅标准

GB 10515—2012《硝酸磷肥粒度的测定》

GB/T 10511—2008《硝酸磷肥中总氮含量的测定　蒸馏后滴定法》

GB 10512—2008《硝酸磷肥中磷含量的测定　磷钼酸喹啉重量法》

 任务实施

任务 1 硝酸磷肥中总氮含量

一、使用标准

依据国家标准 GB 10515—2008《硝酸磷肥粒度的测定》规定被列为基准法。

二、任务目的

能采用筛分法进行磷肥粒度的测定。

三、制订实施方案

1. 方法提要

用筛分方法,将颗粒硝酸磷肥分成不同粒度,称量、计算质量分数。

2. 仪器与设备

(1) 分析天平:感量 0.5g。

(2) 实验筛:孔径为 1.0mm、2.0mm、2.8mm、4.75mm 筛子一套,并附有筛盖和筛底盘,应符合 GB 6003.1 中 R40/3 系列。

(3) 振筛器:能垂直上下和水平振动。

3. 任务实施步骤

样品的交接与处理 领取某磷肥生产厂生产的硝酸磷肥若干,将筛子孔径大小依次叠好,称取缩分以后的实训室样品 200g,精确称量到 1g,置于 4.75mm 筛子上,盖好筛盖,置于振筛器上,夹紧,振动 5min,将未通过 4.75mm 孔径筛的试样及地盘上的试样称量,精确到 1g,夹在筛孔中的颗粒应作为不通过此筛孔部分计量。保留 2~2.8mm 之间的颗粒硝酸磷肥,以备颗粒平均抗压强度测定用。

注:若无振筛器,可用人工进行筛分操作,但仲裁时必须用振筛器。

四、分析结果的计算

粒度 D,以 1.0~4.75mm 颗粒质量占总取试样质量的百分数表示,按式(5-16)计算:

$$D = \frac{m_0 - m_1}{m_0} \times 100 \qquad (5\text{-}16)$$

式中 m_1——未通过 4.75mm 孔径筛子和底盘上的试样质量之和,g;

m_0——试样的质量,g。

五、任务思考

如何能很好地进行样品的缩分?

任务 2 硝酸磷肥中总氮含量的测定

一、使用标准

依据国家标准 GB/T 10511—2008《硝酸磷肥中总氮含量的测定 蒸馏后滴定法》规定。

二、任务目的

① 能掌握此测定任务中的相关溶液的配制方法和仪器设备的正确使用操作。

② 能运用蒸馏后滴定法进行对硝酸磷肥中总氮含量的测定。

三、制订实施方案

1. 方法提要

用定氮合金或金属铬粉将硝酸盐和亚硝酸盐还原成铵，加过量的氢氧化钠溶液，从碱性溶液中蒸出氨，通过量的硫酸溶液吸收，在指示液存在下，用氢氧化钠标准溶液返滴定。

2. 试剂与试样

下列的部分试剂和溶液具有腐蚀性，操作者应小心谨慎！若溅到皮肤上应立即用水冲洗或适合的方式进行处理，严重者应立即治疗。

本标准中所用试剂、溶液和水，在未注明规格和配制方法时，均应符合 HG/T 2843 规定。

（1）定氮合金（Cu 50％、Al 45％、Zn 5％）（细度不大于 0.85mm）或金属铬粉（细度不大于 0.25mm）。

（2）盐酸。

（3）硝酸铵，使用前应于 100℃下干燥至恒重。

（4）氢氧化钠溶液，400g·L^{-1}。

（5）硫酸溶液：$c\left(\frac{1}{2}H_2SO_4\right) \approx 0.5\text{mol} \cdot L^{-1}$ 或 $1\text{mol} \cdot L^{-1}$。

（6）氢氧化钠标准溶液：$c(\text{NaOH}) = 0.5\text{mol} \cdot L^{-1}$。

（7）甲基红-亚甲基蓝混合指示液。

（8）广泛 pH 试纸。

3. 仪器与设备

（1）通用的实训室仪器。

（2）还原仪器：1L 圆底蒸馏瓶（与蒸馏仪器配套）和梨形玻璃漏斗。

（3）蒸馏仪器：如 GB/T 2441.1—2008 中图 1（见图 5-1）所示，或其他具有相同功效的定氮蒸馏仪器。

（4）防溅棒：一根长约 100mm、直径约为 5mm 的玻璃棒，一端接一根长约 25mm 的聚乙烯管。

（5）还原加热装置：置于通风橱内的 1500W 电炉，或能在 7～8min 内使 250mL 水从正常温度至剧烈沸腾的其他形式热源。

（6）蒸馏加热装置：1000～1500W 电炉，置于升降台架上，可自由调节高度，也可使用调温电炉或能够调节供热强度的其他形式热源。

4. 任务实施步骤

做两份试样的平行测定。

（1）样品的交接与处理 领取某磷肥生产厂生产的硝酸磷肥若干，经多次缩分后取约 100g 实训室样品，迅速研磨至全部通过 1.00mm 孔径（GB/T 6003.1 R40/3 系列）的实验筛，混匀，置于洁净、干燥的瓶中，作成分分析用，余下作粒度和颗粒平均抗压强度测定。

（2）还原 称取 0.5～1.0g 的试样（精确至 0.0002g）于蒸馏瓶中，加约 300mL 水，摇动使试料溶解，再放入定氮合金 3～5g 和防溅棒，将蒸馏烧瓶连接于蒸馏装置上。

或称取 0.5～1.0g 的试样（精确至 0.0002g）于蒸馏瓶中，加约 35mL 水，摇动使试料溶解，加入铬粉约 1.2g，盐酸 7mL，静置 5～8min，插上梨形玻璃漏斗，置蒸馏瓶于通风橱内的还原加热装置上，加热至沸腾并泛起泡沫后 1min，冷却至室温，小心加入 300mL 水和防溅棒，将蒸馏烧瓶连接于蒸馏装置上。

注：以定氮合金还原为仲裁法。

（3）蒸馏 向接收器中准确加入 40mL 硫酸溶液 $\left[c\left(\frac{1}{2}H_2SO_4\right)\approx0.5mol\cdot L^{-1}\right]$ 或 20mL 硫酸溶液 $\left[c\left(\frac{1}{2}H_2SO_4\right)\approx1mol\cdot L^{-1}\right]$、4～5 滴混合指示液，加水至略高于接收器双连球管末端以保证封闭气体出口，将接收器连接在蒸馏装置的直形冷凝管下端。

蒸馏装置的磨口连接处应涂硅脂密封。

连接好蒸馏烧瓶，通过蒸馏装置的滴液漏斗加入 20mL 氢氧化钠（400g·L⁻¹）（若用铬粉还原法应加入 50mL 氢氧化钠溶液），在溶液将流尽时加入 20～30mL 水冲洗漏斗，剩 5～10mL 水时关闭活塞，静置 10min 后开通冷却水，开始加热，沸腾时根据泡沫产生程度调节供热强度，避免泡沫溢出或液滴带出。蒸馏出至少 150mL 馏出液后，把接收器稍微移开，冷凝管下端靠在接收器壁上，用 pH 试纸测试冷凝管出口的液滴，若无碱性结束蒸馏。

（4）滴定 用氢氧化钠标准滴定液 $[c(NaOH)=0.5mol\cdot L^{-1}]$ 返滴定过量硫酸溶液至指示液呈灰绿色为终点。

（5）空白实训 在测定的同时，按同样步骤，使用同样的试剂，但不含试料进行平行测定。

（6）核对试验 使用新配制的含 100mg 氮的硝酸铵，按测定试料的相同条件进行。

四、分析结果的计算

总氮含量，以氮（N）的质量分数 w 计，按式(5-17) 计算：

$$w(N)=\frac{c(V_1-V_2)\times14.01}{m\times1000}\times100=\frac{c(V_1-V_2)}{m}\times1.401 \qquad (5-17)$$

式中 c——测定及空白试验时，使用氢氧化钠标准滴定溶液浓度，mol·L⁻¹；

V_1——空白试验时，使用氢氧化钠标准滴定液消耗的体积，mL；

V_2——测定时，使用氢氧化钠标准滴定液消耗的体积，mL；

14.01——氮的摩尔质量，g·mol⁻¹；

m——试料质量，g。

计算结果表示到小数点后两位，取平行测定结果的算术平均值作为测定结果。

允许差：平行测定结果的绝对差值不大于 0.30%；不同实训室测定结果的绝对差值不大于 0.50%。

五、任务思考

① 此分析方法的原理是什么？

② 为何要进行空白试验和核对试验？

项目三　钾肥的分析

 知识目标

　　① 了解常用钾肥标准。
　　② 掌握常用钾肥测定方法。

 技能目标

　　① 能用四苯硼酸钾重量法测定氧化钾的含量。
　　② 能采用磷钼酸喹啉重量法测定磷酸二氢钾含量。

 任务引导

　　查阅标准
　　GB 6549—2011《氯化钾》
　　GB 20406—2006《农业用硫酸钾》
　　HG 2321—92《磷酸二氢钾》

 任务实施

任务 1　氧化钾含量的测定

一、使用标准

　　依据国家标准 GB 6549—2011《氯化钾》、GB 20406—2006《农业用硫酸钾》四苯硼酸钾重量法规定被列为基准法。

二、任务目的

　　① 能掌握此测定任务中的相关溶液的配制方法和仪器设备的正确使用操作。
　　② 能运用四苯硼酸钠法对钾肥中氧化钾含量的测定。

三、制订实施方案

1. 方法提要

　　在碱性条件下加热消除试样溶液中的铵离子的干扰，加入乙二胺四乙酸二钠以配合其他微量阳离子，钾与四苯硼酸钠反应生成四苯硼酸钾沉淀，过滤、干燥称重。

2. 试剂与试液

　　（1）氢氧化钠溶液：$200g \cdot L^{-1}$。

（2）乙二胺四乙酸二钠（EDTA）溶液：40g·L^{-1}。

（3）四苯硼酸钠溶液：15g·L^{-1}。

（4）四苯硼酸钠溶液：1.5g·L^{-1}。

（5）酚酞指示剂：5g·L^{-1}乙醇溶液，溶解0.5g酚酞于100mL的乙醇中。

3. 仪器与设备

（1）常用分析实训室仪器。

（2）玻璃坩埚式滤器：P$_4$，30mL。

（3）干燥箱：能维持于（120±5）℃。

4. 任务实施步骤

（1）样品的交接与处理　领取某钾肥生产厂生产的钾肥若干，称取试样2.0g（精确至0.001g），置于250mL锥形瓶中，加100mL水，插上梨形漏斗，在电炉上缓缓煮沸15min，冷却，定量转移到500mL容量瓶中，用水稀释至刻度，干过滤，弃去最初几毫升滤液，保留续滤液供测定氧化钾量用。

（2）准确吸取含有约40mg K$_2$O的滤液（K$_2$O的质量分数为50%，吸取20.0mL；K$_2$O的质量分数为45%，吸取25.0mL）到200mL烧杯中，用水稀释至约50mL，加10mL ED-TA溶液和5滴酚酞指示剂，逐滴加入氢氧化钠溶液至红色出现并过量1mL。加热微沸15min，使溶液始终保持红色，在不断搅拌下，缓慢滴加四苯硼酸钠溶液30mL，继续搅拌1min，然后在水流下迅速冷却至室温，静置15min。

（3）通过预先在（120±5）℃下干燥恒重的滤器过滤烧杯上面的清液，以四苯硼酸钠洗涤液用倾泻法反复洗涤沉淀5～7次，每次约用洗涤液5mL，直至将全部沉淀沉淀转移到滤器中没用少量洗涤液洗涤烧杯，最后用水洗涤烧杯两次，每次用水约5mL。

（4）将盛有沉淀的滤器置于（120±5）℃的干燥箱中，待温度达到后干燥90min，移入干燥器内冷却称重。

（5）空白试验　在测定的同时，除不加试样外，按同样的操作步骤，用同样试剂、溶液和用量，进行平行操作。

四、分析结果的计算

氧化钾（K$_2$O）含量w(K$_2$O)质量分数（%）表示，按式(5-18)计算：

$$w(\text{K}_2\text{O}) = \frac{(m_1 - m_2) \times 0.1314}{m_0 \times \dfrac{V}{500}} \times 100 = \frac{(m_1 - m_2) \times 657.0}{m_0 \times V} \tag{5-18}$$

式中　m_1——四苯硼酸钾沉淀质量，g；

$\quad\quad m_2$——空白试验所得四苯硼酸钾沉淀质量，g；

$\quad$0.1314——四苯硼酸钾换算为氧化钾质量系数；

$\quad\quad m_0$——试料质量，g；

$\quad$500——试样溶液总体积，mL。

取平行测定结果的算术平均值作为测定结果。

允许差：平行测定结果的绝对差值不大于0.39%，不同实训室测定结果的绝对差值不大于0.73%。

五、任务思考

① 实训中为什么要加入乙二胺四乙酸二钠？

② 实训过程中为什么要加热微沸 15min，使溶液始终保持红色，在不断搅拌下，缓慢滴加四苯硼酸钠溶液？

任务 2 磷酸二氢钾含量的测定

一、使用标准

依据行业标准 HG 2321—92《磷酸二氢钾》磷钼酸喹啉重量法。

二、任务目的

① 能掌握此测定任务中的相关溶液的配制方法和仪器设备的正确使用操作。

② 能运用磷钼酸喹啉重量法进行磷酸二氢钾含量的测定。

三、制订实施方案

1. 方法提要

在酸性介质中，含磷溶液中的正磷酸根离子和喹钼柠酮试剂生成黄色的磷钼酸喹啉沉淀，过滤、洗涤、干燥和称量，所得沉淀的量换算为磷酸二氢钾含量。

2. 试剂与试样

（1）硝酸（GB 626）（1＋1）溶液。

（2）喹钼柠酮试剂的配制。

溶液 A：70g 钼酸钠溶解在加有 100mL 水的 400mL 烧杯中。

溶液 B：60g 柠檬酸溶解在加有 100mL 水的 1000mL 烧杯中，再加 85mL 硝酸。

溶液 C：将溶液 A 加到溶液 B 中，混匀。

溶液 D：混合 35mL 硝酸和 100mL 水在 400mL 烧杯中，并加入 5mL 喹啉。

溶液 E：将溶液 D 加到溶液 C 中，混匀，静置 24h 后，用滤纸过滤，滤液中加入 280mL 丙酮，用水稀释至 1000mL。溶液贮存于聚乙烯瓶中，置于暗处，避光避热。

3. 仪器与设备

（1）常用分析实训室仪器。

（2）玻璃滤器：滤板编号 4。

（3）干燥箱：能控制温度在 （180±20）℃。

4. 任务实施步骤

（1）样品的交接与处理 领取某钾肥生产厂生产的磷酸二氢钾若干，称取预先在 105～110℃干燥 2h 后的 1g 试样，精确至 0.0002g，置于 50mL 烧杯中，用水溶解，并转移到 250mL 容量瓶中，稀释至刻度，混匀。

（2）测定 吸取 10.0mL 试样溶液于 500mL 烧杯中，加 10mL 硝酸（1＋1）溶液，用水稀释至 100mL，加热近沸，加 50mL 喹钼柠酮试剂，盖上表面皿，在电热板微沸 1min 或近沸水浴中保温至沉淀分层，取出冷却至室温，冷却过程中转动烧杯 3～4 次。

用预先在 （180±2）℃下干燥至恒重的玻璃滤器抽滤，先将上层清液滤光，然后以倾泻法洗涤沉淀 1～2 次（每次用 25mL 水），将沉淀转移到滤器中，再用水继续洗涤，所用水共 125～150mL。将滤器与沉淀置于 （180±2）℃的干燥箱内，待温度达到后干燥 45min，移入干燥器中冷却至室温，称量。

（3）空白试验 在测定的同时，按同样的操作步骤，同样试剂、用量、但不含试样进行空白试验。取平行测定结果的算术平均值为空白试验值。

四、分析结果的计算

磷酸二氢钾（KH_2PO_4）含量 w，以磷酸二氢钾质量分数表示，按式（5-19）计算：

$$w(KH_2PO_4) = \frac{(m_1 - m_2) \times 0.0615}{m \times \dfrac{V}{250}} \times 100 \tag{5-19}$$

式中 m_1——磷钼酸喹啉沉淀的质量，g；

$\quad\quad m_2$——空白试验所测得的磷钼酸喹啉沉淀的质量，g；

$\quad\quad m$——试样的质量，g；

0.0615——磷钼酸喹啉沉淀的质量换算为磷酸二氢钾质量的系数。

取平行测定结果的算术平均值为测定结果；平行测定结果的绝对差值不大于 0.30%；不同实训室测定结果的绝对差值不大于 0.60%。

五、任务思考

① 写出该反应实训原理。

② 在测定实训步骤中要注意什么事项？

农药分析实训

知识目标

① 掌握农药水分测定方法。
② 掌握农药 pH 值的测定方法。
③ 掌握农药熔点测定方法。
④ 掌握农药乳液稳定性测定方法。
⑤ 掌握农药丙酮不溶物测定方法。
⑥ 掌握化工产品中水分测定的通用方法——干燥减量法

技能目标

① 能采用卡尔·费休化学滴定法对农药水分的测定。
② 能正确采用 pH 计对农药 pH 值的测定。
③ 能采用熔点测定仪对农药熔点的测定。
④ 能正确地进行乳液稳定性的测定。
⑤ 能正确地进行丙酮不溶物的测定。
⑥ 能正确地进行干燥减量的测定。

任务引导

查阅标准

GB/T 1600—2001（2004）《农药水分测定方法》

GB/T 1601—1993（2004）《农药 pH 值的测定方法》

GB/T 1602—2001（2004）《农药熔点测定方法》

GB/T 1603—2001（2004）《农药乳液稳定性测定方法》

GB/T 19138—2003（2004）《农药丙酮不溶物测定方法》

GB/T 6284—2006《化工产品中水分测定的通用方法　干燥减量法》

任务实施

项 目 农药的分析

任务1 水分的测定

一、使用标准

依据国家标准 GB/T 1600—2001（2004）《农药水分测定方法》。

二、任务目的

① 能采用卡尔·费休化学滴定法对农药水分的测定。

② 能正确地进行滴定装置的安装及实训操作。

三、制订实施方案

1. 方法提要

本测定方法采用卡尔·费休化学滴定法，将样品分散在甲醇中，用已知水当量的标准卡尔·费休试剂滴定。适合于农药原药及其加工制剂中水分的测定。

2. 试剂与试样

（1）无水甲醇：水的质量分数应≤0.03%。取 5～6g 表面光洁的镁（或镁条）及 0.5g 碘，置于圆底烧瓶中，加 70～80mL 甲醇，在水浴上加热回流至镁全部生成絮状的甲醇镁，此时加入 900mL 甲醇，继续回流 30min，然后进行分馏，在 64.5～65℃收集无水甲醇。使用仪器应预先干燥，与大气相通的部分应连接装有氯化钙或硅胶的干燥管。

（2）无水吡啶：水的质量分数应<0.1%。吡啶通过装有粒状氢氧化钾的玻璃管。管长 40～50cm，直径 1.5～2.0cm，氢氧化钾高度为 30cm 左右。处理后进行分馏，收集 114～116℃的馏分。

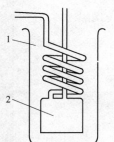

图 6-1　冷井
1—广口保温瓶；
2—250mL 冷片

（3）碘：重升华，并放在硫酸干燥器内 48h 后再用。

（4）硅胶：含变色指示剂。

（5）二氧化硫：将浓硫酸滴加到盛有亚硫酸钠（或亚硫酸氢钠）的糊状水溶液的支管烧瓶中，生成的二氧化硫经冷井（图 6-1）冷至液状（冷井外部加干冰和乙醇或冰和食盐混合）。使用前把盛有液体二氧化硫的冷井放在空气中汽化，并经过浓硫酸和氯化钙干燥塔进行干燥。

（6）酒石酸钠。

（7）卡尔·费休试剂（有吡啶）：将 63g 碘溶解在干燥的 100mL 无水吡啶中，置于冰中冷却，向溶液中通入二氧化硫直至增重 32.3g 为止，避免吸收环境潮气，补充无水甲醇至 500mL 后，放置 24h。此卡尔·费休试剂的水当量约为 5.2mg·mL^{-1}。也可使用市售的无吡啶卡尔·费休试剂。

3. 仪器与设备

（1）滴定装置见图 6-2。

（2）试剂瓶：250mL，配有 10mL 自动滴定管，用吸球将卡尔·费休试剂压入滴定管

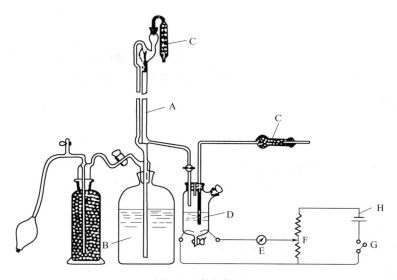

图 6-2 滴定装置

A—10mL 自动滴定管；B—试剂瓶；C—干燥管；D—滴定瓶；E—电流计或
检流计；F—可变电阻；G—开关；H—1.5V 或 2.0V 电池组

中，通过安放适当的干燥管防止吸潮。

（3）反应瓶：约 60mL，装有两个铂电极，一个调节滴定管尖的瓶塞，一个用干燥剂保护的放空管，待滴定的样品通过入口管或可以用磨口塞开闭的侧口加入，在滴定过程中，用电磁搅拌。

（4）1.5V 或 2.0V 电池组：同一个约 2000Ω 的可变电阻并联。铂电极上串联一个微安表。调节可变电阻，使 0.2mL 过量的卡尔·费休试剂流过铂电极的适宜的初始电流应不超过 20mV 产生的电流。每加一次卡尔·费休试剂，电流表指针偏转一次，但很快恢复到原来的位置，到达终点时，偏转的时间持续较长。电流表：满刻度偏转不大于 100μA。

4. 任务实施步骤与分析结果计算

（1）二水酒石酸钠为基准物　加 20mL 甲醇于滴定容器中，用卡尔·费休试剂滴定至终点，不记录需要的体积，此时迅速加入 0.15～0.20g（精确至 0.0002g）酒石酸钠，搅拌至完全溶解（约 3min），然后以 1mL·min⁻¹ 的速度滴加卡尔·费休试剂至终点。

卡尔·费休试剂的水当量 c_1（mg·mL⁻¹）按式（6-1）计算：

$$c_1 = \frac{36 \times m \times 1000}{230 \times V} \tag{6-1}$$

式中　230——酒石酸钠的相对分子质量；

　　　36——水的相对分子质量的 2 倍；

　　　m——酒石酸钠的质量，g；

　　　V——消耗卡尔·费休试剂的体积，mL。

（2）水为基准物　加 20mL 甲醇于滴定容器中，用卡尔·费休试剂滴定至终点，迅速用 0.25mL 注射器向滴定瓶中加入 35～40mg（精确至 0.0002g）水，搅拌 1min 后，用卡尔·费休试剂滴定至终点。

卡尔·费休试剂的水当量 c_2（mg·mL⁻¹）按式（6-2）计算：

$$c_2 = \frac{m \times 1000}{V} \tag{6-2}$$

式中 *m*——水的质量，g；

        V——消耗卡尔·费休试剂的体积，mL。

（3）测定步骤　加 20mL 甲醇于滴定瓶中，用卡尔·费休试剂滴定至终点，迅速加入已称量的试样（精确至 0.01g，含水 5～15mg），搅拌 1min，然后以 1mL·min^{-1} 的速度滴加卡尔·费休试剂至终点。

试样中水的质量分数 $w(H_2O)$（%），按式（6-3）计算：

$$w(H_2O) = \frac{CV}{m \times 1000} \times 100 \tag{6-3}$$

式中 *C*——卡尔·费休试剂的水当量，mg·mL^{-1}；

        V——消耗卡尔，费休试剂的体积，mL；

        m——试样的质量，g。

四、任务思考

① 简述此测定方法的原理及注意事项。

② 思考为什么测定卡尔·费休试剂的水当量。

任务2　pH 的测定

一、使用标准

依据国家标准 GB/T 1601—1993（2004）《农药 pH 值的测定方法》。

二、任务目的

能正确采用 pH 计对农药 pH 的测定。

三、制订实施方案

1. 方法提要

本方法采用 pH 计测定水溶液的 pH，适用于农药原药、粉剂、可湿性粉剂、乳油等的水分散液（或水溶液）的 pH 的测定。

2. 试剂与试样

（1）水：新煮沸并冷至室温的蒸馏水，pH 为 5.5～7.0。

（2）$c(C_8H_5KO_4) = 0.05 mol·L^{-1}$ 苯二甲酸氢钾 pH 标准溶液：称取在 105～110℃烘至恒重的苯二甲酸氢钾 10.21g 于 1000mL 容量瓶中，用水溶解并稀释至刻度，摇匀。此溶液放置时间应不超过一个月。

（3）$c(Na_2B_4O_7) = 0.05 mol·L^{-1}$ 四硼酸钠 pH 标准溶液：称取 19.07g 四硼酸钠于 1000mL 容量瓶中，用水溶解并稀释至刻度，摇匀。此溶液放置时间应不超过一个月。

（4）标准溶液 pH 的温度校正：$0.05 mol·L^{-1}$ 苯二甲酸氢钾溶液的 pH 为 4.00（温度对 pH 的影响可忽略不计）。

$0.05 mol·L^{-1}$ 四硼酸钠溶液的温度校正值如表 6-1 所示。

表 6-1　四硼酸钠溶液的温度校正值

温度/℃	10	15	20	25	30
pH	9.29	9.26	9.22	9.18	9.14

3. 仪器与设备

（1）pH 计：需要有温度补偿或温度校正图表。

（2）玻璃电极：使用前需在蒸馏水中浸泡 24h。

（3）饱和甘汞电极：电极的室腔中需注满饱和氯化钾溶液，并保证饱和溶液中总有氯化钾晶体存在。

4. 任务实施步骤

（1）pH 计的校正　将 pH 计的指针调整到零点，调整温度补偿旋钮至室温，用上述中一个 pH 标准溶液校正 pH 计，重复校正，直到两次读数不变为止。再测量另一 pH 标准溶液的 pH，测定值与标准值的绝对差值应不大于 0.02。

（2）试样溶液的配制　称取 1g 试样于 100mL 烧杯中，加入 100mL 水，剧烈搅拌 1min，静置 1min。

（3）测定　将冲洗干净的玻璃电极和饱和甘汞电极插入试样溶液中，测其 pH。至少平行测定三次，测定结果的绝对差值应小于 0.1，取其算术平均值即为该试样的 pH。

四、任务思考

① 试验中为什么 pH 计要进行校正？

② 实训中要注意的事项是什么？

任务 3　熔点的测定

一、使用标准

依据国家标准 GB/T 1602—2001（2004）《农药熔点测定方法》。

二、任务目的

① 能采用熔点测定仪对农药熔点的测定。

② 能正确地进行熔点测定仪的安装及实训操作。

三、制订实施方案

1. 方法提要

本方法将被测样品装入毛细管中，在带搅拌的液浴中，以控制的速度加热，观察样品生成弯月面和（或）样品全部液化的温度。适用于固体农药原药及固体农药标准样品熔点的测定。

2. 试剂与试样

聚硅氧烷液。

3. 仪器与设备

（1）U 形管：U 形硼硅玻璃或类似的硬质玻璃管，上部有横接管连接两根支管，直径 2.5cm。

（2）加热装置：可以使热浴升温速度控制在 1～10℃·min⁻¹ 的可调加热装置。

（3）照明装置：可以保证清晰地观察到加热时样品和温度的变化状况。

（4）搅拌装置：混合并推动液体沿着 U 形管循环。

（5）温度计：校正过的温度计，分度为 0.5℃。

（6）辅助温度计：分度为 1℃。

（7）放大镜。

（8）毛细管：干燥，一端封闭，内径约 1mm，壁厚 0.10～0.15mm，长度至少 12cm 且保证开口的一端在加热管的液面上。

4. 任务实施步骤

（1）熔点测定仪的安装 在 U 形玻璃管的右侧支管的外部，绕有电加热线圈，用以加热传热液体，在管内装有玻璃搅拌棒，以混合并推动液体沿着 U 形管循环。另一支管中装有温度计。使装有样品的毛细管，紧贴着温度计，使水银球与毛细管并排在液浴中，处于供观察的固定位置上。当测定样品时，用灯泡照明样品。电路是为了控制加热速度和循环传热液体。

如图 6-3 所示，将 U 形管、加热装置、照明装置、搅拌装置、温度计以胶塞连接在一起，在 U 形管的右侧支管的下部，包上一层石棉纸（带）并缠绕加热装置的电阻丝。缠绕电阻丝部分总长度为 4cm，4 圈·cm^{-1}。将 U 形管固定在一个 15cm×10cm×5cm 的金属箱内，用硬质绝缘物皱石棉或玻璃棉填紧。在箱子的旁边，安装一个电灯泡，通过一个孔口照亮试样及整个金属箱。从箱子正面的第二个孔，可以观察熔点测定的全过程。在 U 形管的缠有电炉丝的支管上部，安装搅拌装置，在 U 形管中插入玻璃搅拌棒，并用一个橡胶套管将玻璃搅拌套紧在电动机轴上，通过 U 形管支管上的软木塞中玻璃套管进行搅拌。温度计用左侧支管的软木塞固定，毛细管紧贴在温度计上，灯泡安装在左侧支管的可见部分，辅助温度计依附在温度计上，使其水银球在温度计露出胶塞的水银柱的中部。

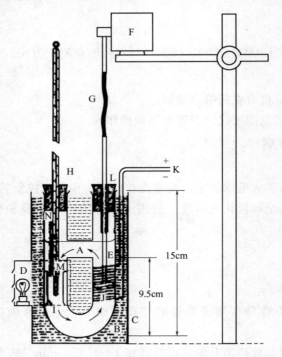

图 6-3 熔点测定仪示意图

A—充满硅酮液的 U 形管；B—坚硬的绝缘物；C—铜片或铝片盒；D—6V/0.3A 灯泡，在金属盒边留 40mm×15mm 缝，以照亮样品；E—玻璃搅拌器，柄 6mm；F—传动电动机，220V，375r·min^{-1}；G—弹性橡胶套管；H—温度计；I—内玻璃套管，长 38mm，距壁 0.3mm；J—固定在热阻纸上的电阻加热器；K—可变电压传输装置；L—搅拌的玻璃套管；M—金属盒的观察窗；N—装样品的毛细管，用橡皮筋固定在温度计上

（2）仪器的校准 用硅酮液充满 U 形管到横管的顶面。装好玻璃搅拌棒和温度计，开动搅拌电动机，并使流过加热线圈的电流为 0.1A。按一定的时间间隔，记录浴温，改变电

流可得到一系列加热曲线。这些加热曲线，显示了每一个加热电流对应的温度范围。在该范围内，升温是有规律的。如果不规定升温速率，则应采用 $2℃ \cdot min^{-1}$ 的升温速率。

（3）测定　在研钵中研磨样品，进行干燥。放入一根毛细管中，加以振动使样品粉末掉入封闭端，将毛细管在一硬表面上轻敲，使粉末填紧，并形成 $3\sim5mm$ 长的样品柱。用橡皮筋将毛细管套在温度计上，使毛细管底对准温度计水银球的中部。将此温度计插入 U 形管左边支管，使液面刚好浸没刻度线。接通总电源、启动搅拌电动机，接通加热线圈，并打开照明样品的灯泡。

先测定样品的近似熔点，当温度升至样品熔点前 $10℃$ 时，控制升温速度为 $2℃ \cdot min^{-1}$。用手持或固定的放大镜，观察试样在熔化过程中的变化情况，记录弯月面点和（或）液化点的温度。

（4）熔点的校正　观察到的温度必须作如下校正：温度计水银柱露出部分的温度与熔点测定时的温度之差。水银柱露出部分的温度用辅助温度计将其水银球部分置于温度计水银柱露出部分的中部。校正值 t_c 按式(6-4)进行计算：

$$t_c = 0.00016h \times (t_s - t_d) \tag{6-4}$$

式中　h——温度计露出胶塞上部的水银柱高度，以摄氏度数表示；

t_c——温度的校正值，℃；

t_s——观测到的熔点，℃；

t_d——辅助温度计的读数，℃；

0.00016——汞体积的表观膨胀系数。

样品的熔点 t 按式(6-5)计算

$$t = t_s + t_c \tag{6-5}$$

除非另有说明，应把弯月面点当作样品的熔点。

四、任务思考

① 简述此测定方法的原理及注意事项。

② 思考聚硅氧烷液的作用是什么。

任务 4　乳液稳定性的测定

一、使用标准

依据国家标准 GB/T 1603—2001（2004）《农药乳液稳定性测定方法》。

二、任务目的

能正确地进行乳液稳定性的测定。

三、制订实施方案

1. 方法提要

本方法试样采用标准硬水稀释，1h 后观察乳液的稳定性。适用于农药乳油、水乳剂和微乳剂等制剂乳液稳定性的测定。

2. 试剂与试样

（1）无水氯化钙。

（2）碳酸钙：使用前在 $400℃$ 下烘 2h。

（3）六水合氯化镁：使用前在 200℃下烘 2h。

（4）盐酸。

（5）标准硬水：硬度以碳酸钙计为 0.342g·L^{-1}。称取无水氯化钙 0.304g 和带结晶水的氯化镁 0.139g 于 1000mL 的容量瓶中，用蒸馏水溶解稀释至刻度。

3. 仪器与设备

（1）量筒：100mL，内径（28±2)mm，高（250±5)mm。

（2）烧杯：250mL，直径 60～65mm。

（3）玻璃搅拌棒：直径 6～8mm。

（4）移液管：刻度精确至 0.02mL。

（5）恒温水浴。

4. 任务实施步骤

在 250mL 烧杯中，加入 100mL（30±2)℃标准硬水，用移液管吸取适量乳剂试样，在不断搅拌的情况下慢慢加入硬水中（按各产品规定的稀释浓度），使其配成 100mL 乳状液。加完乳剂后，继续用 2～3r·s^{-1} 的速度搅拌 30s，立即将乳状液移至清洁、干燥的 100mL 量筒中，并将量筒置于恒温水浴内，在（30±2)℃范围内，静置 1h，取出，观察乳状液分离情况，如在量筒中无浮油（膏）、沉油和沉淀析出，则判定乳液稳定性合格。

四、任务思考

① 标准硬水还有别的配制方法么？

② 为什么要用硬水来测乳液稳定性？

任务 5 丙酮不溶物的测定

一、使用标准

依据国家标准 GB/T 19138—2003（2004）《农药丙酮不溶物测定方法》。

二、任务目的

能正确地进行丙酮不溶物的测定。

三、制订实施方案

1. 方法提要

本方法适量样品用丙酮加热溶解，不溶物趁热过滤并干燥，丙酮不溶物含量以固体不溶物占样品的质量分数计算。适用于农药原药产品中丙酮不溶物的测定。

2. 试剂与试样

丙酮：分析纯。

3. 仪器与设备

（1）标准具塞磨口锥形烧瓶：250mL。

（2）回流冷凝器。

（3）玻璃砂芯坩埚、漏斗 P$_{40}$ 型。

（4）锥形抽滤瓶：500mL。

（5）烘箱。

（6）玻璃干燥器。

（7）水浴锅。

4. 任务实施步骤

将玻璃砂芯坩埚漏斗烘干（110℃约1h）至恒重（精确至0.0002g），放入干燥器中冷却待用。称取10g样品（精确至0.0002g），置于锥形烧瓶中，加入150mL丙酮并振荡，尽量使样品溶解。然后装上回流冷凝器，在热水浴中加热至沸腾，自沸腾开始回流5min后停止加热。装配砂芯坩埚漏斗抽滤装置，在减压条件下尽量使热溶液快速通过漏斗。用60mL热丙酮分3次洗涤，抽干后取下玻璃砂芯坩埚漏斗，将其放入110℃烘箱中干燥30min（使达到恒重），取出放入干燥器中，冷却后称重（精确至0.0002g）。

四、分析结果计算

丙酮不溶物的质量分数 $w(\%)$，按式(6-6)计算：

$$w = \frac{m_1 - m_0}{m_2} \times 100 \tag{6-6}$$

式中　w——丙酮不溶物的质量分数，%；

m_0——玻璃坩埚漏斗的质量，g；

m_1——丙酮不溶物与玻璃坩埚漏斗的质量，g；

m_2——试样的质量，g。

五、任务思考

① 简述此测定方法的原理及注意事项。

② 思考为什么要进行丙酮不溶物测定。

任务6 干燥减量的测定

一、使用标准

依据国家标准 GB/T 6284—2006《化工产品中水分测定的通用方法　干燥减量法》。

二、任务目的

能正确地进行干燥减量的测定。

三、制订实施方案

1. 方法提要

本方法将试料在（105±2）℃下加热烘干至恒重，计算干燥后试料减少的质量。

2. 试剂与试样

如试样为块状或大的结晶，应粉碎至粒径小于2mm以下，充分混匀。操作中应避免试样中水分损失或从空气中吸收水分。

3. 仪器与设备

（1）称量瓶：扁形带盖，容量为加入试样后，试样厚度小于5mm。

（2）电热恒温干燥箱：温度能控制在105℃，精度±1℃。

（3）干燥器：内盛适当的干燥剂（如变色硅胶、五氧化二磷等）。

（4）天平：光电分析天平或电子天平，分度值为0.1mg。

4. 任务实施步骤

将电热恒温干燥箱调节至（105±2）℃，然后将称量瓶置于电热恒温干燥箱中干燥，取出后在干燥器中冷却（冷却时间一般为 20～40min，重复操作的冷却时间一定要相同），称量，精确至 0.1mg。反复操作至恒重。用已恒重的称量瓶，称取约 10g 试料，精确至 0.1mg。试料表面轻轻压平，放入已调节至（105±2)℃的电热恒温干燥箱中（称量瓶应放在温度计水银球的周围）。称量瓶盖子稍微错开或取下与试样同时干燥。

烘于 2～4h 后，将称量瓶和盖子迅速移至干燥器中冷却。冷却后盖好盖子，称量，精确至 0.1mg。重复操作至恒重，重复干燥时间约 1h。除另有规定外，试料的烘干温度一般规定为（105±2)℃。对于特殊性质的产品，当试料在约 105℃ 的温度下熔化时，可在比熔化温度低 10℃ 的温度下加热 1～2h 后，再在（105±2)℃下加热干燥。也可根据产品性质确定烘干温度。

四、分析结果计算

水分以质量分数 $w(H_2O)$ 计，数值以％表示，按式(6-7)计算：

$$w(H_2O) = \frac{m_1 - m_2}{m_1 - m_0} \times 100 \tag{6-7}$$

式中　m_0——称量瓶的质量，g；

　　　m_1——称量瓶和干燥前试样质量，g；

　　　m_2——称量瓶和干燥后试样质量，g。

取平行测定结果的算术平均值为测定结果。两次平行测定结果的绝对差值符合产品规定。

五、任务思考

① 简述此测定方法的原理及注意事项。

② 思考为什么试样为块状或大的结晶进行粉碎至粒径小于 2mm 以下。

石油产品分析实训

项目一　概述

知识目标

液体石油产品取样。

技能目标

能采用正确的方法进行石油产品的取样。

任务引导

查阅标准
GB/T 4756—1998《石油液体手工取样法》

任务实施

任务　液体石油手工油罐取样（组合样）

一、使用标准
依据国家标准 GB/T 4756—1998《石油液体手工取样法》规定作为测定方法。

二、任务目的
了解取样的各项注意事项，明确石油液体手工取样和样品处理的具体方法。

三、制订实施方案

1. 仪器与设备

（1）加重的取样器　取样器应加重，以便使它能迅速地沉降到被取样的油品中。如果用取样器采取上部样、中部样、下部样和出口液面样时，应将取样器拴到降落装置上，并通过突然拉动降落装置来打开取样器的塞子。如果用于采取例行样时，应使用特殊塞子。为了避免每次取样后都要清洗取样器，所有的加重物质都应固定在取样器的外部，使其不与样品接触。

（2）2500mL 广口试剂瓶若干。

（3）标签纸若干。

2. 准备工作

检查取样器、接收器，确保其清洁和干燥。

3. 任务实施步骤

（1）从柴油（或其他油品）罐中取液面下 1/6、1/2、5/6 处试样各一份。

（2）将取样器中的试样等体积倾倒入广口试剂瓶中混合成一份组合样，并将试剂瓶留有 10％的无油空间，根据后续试验需要可多次采取集成 5～10L。

（3）在充装样品之后，立即封闭接收器或容器，检验是否渗漏。

（4）在装有试样的试剂瓶上贴上标签。

4. 实训报告

在标签上注明试样名称、罐号、取样日期、取样人。

四、指导学生进行样品信息报告的填写

指导学生进行样品信息报告的填写，取样标签如表 7-1 所示。

表 7-1　取样标签

试样名称	
罐号	
取样日期	
取样人	

五、任务思考

① 为何组合样需要取液面下 1/6、1/2、5/6 处试样？

② 不同的油品能否使用同一取样器？

项目二　油品分析

 知识目标

① 掌握密度的测定方法。

② 掌握运动黏度的测定方法。

③ 掌握闪点的测定方法。

④ 掌握车用汽油馏程的测定方法。

⑤ 掌握凝点的测定方法。

⑥ 掌握航空汽油中硫含量的测定方法。

⑦ 掌握石油产品酸值的测定方法。

⑧ 掌握水溶性酸、碱的测定方法。

⑨ 掌握油品中水分的测定方法。

 技能目标

① 能采用手工法测定石油产品的密度。

② 能熟练进行运动黏度的测定与计算。

③ 能熟练进行闭口闪点测定的操作。

④ 能熟练进行车用汽油馏程的测定和计算。

⑤ 能熟练进行石油产品凝点的测定。

⑥ 能熟练进行航空汽油中硫含量的测定。

⑦ 能熟练进行石油产品酸值的测定。

⑧ 能熟练进行石油产品水溶性酸、碱的测定。

⑨ 能熟练进行石油产品中水分的测定。

任务引导

查阅国标

GB/T 1884—2000《原油和液体石油产品密度实验室测定法（密度计法）》

GB/T 265—88《石油产品运动粘度测定法和动力粘度计算法》

GB/T 261—2008《闪点的测定 宾斯基-马丁闭口杯法》

GB/T 6536—2010《石油产品蒸馏测定法》

GB/T 510—83（91）《石油产品凝点测定法》

SH/T 0689—2000《轻质烃及发动机燃料和其他油品的总硫含量测定法（紫外荧光法）》

GB/T 264—83（91）《石油产品酸值测定法》

GB/T 259—88《石油产品水溶性酸及碱测定法》

GB/T 260—77《石油产品水分测定法》

任务实施

任务 1 测定油品密度（密度计法）

一、使用标准

依据国家标准 GB/T 1884—2000《原油和液体石油产品密度实验室测定法（密度计法）》规定作为测定方法。

二、任务目的

① 了解石油密度计法测定油品密度的原理和方法。

② 掌握密度计法测定油品密度的操作技能。

三、制订实施方案

1. 方法提要

使试样处于规定温度，将其倒入温度大致相同的密度计量筒中，将合适的密度计放入已调好温度的试样中，让它静止。当温度达到平衡后，读取密度计刻度读数和试样温度。用石油计量表把观察到的密度计读数换算成标准密度。如果需要，将密度计量筒及内装的试样一起放在恒温浴中，以避免在测定期间温度变化太大。

2. 仪器与设备

（1）密度计量筒：由透明玻璃材料、塑料或金属制成，其内径至少比密度计外径大25mm，其高度应使密度计在试样中漂浮时，密度计底部与量筒底部的间距至少有25mm。

塑料密度计量筒应不变色并抗腐蚀，不影响被测物质的特性。此外，长期暴露在日光下，不应变得不透明。

注：为了倾倒方便，密度计量筒边缘应有斜嘴。

（2）密度计：玻璃制，应符合 SH/T 0136 和表 7-2 中给出的技术要求。

（3）恒温浴：其尺寸大小应能容纳密度计量筒，使试样完全浸没在恒温浴液体液面以下，在试验期间，能保持试验温度变化在 ±0.25℃ 以内。

（4）温度计：范围、刻度间隔和最大刻度误差见表 7-3。

（5）玻璃或塑料搅拌棒：长约 450mm。

表 7-2　密度计技术要求

型号	单位	密度范围	每支单位	刻度间隔	最大刻度误差	弯月面修正值
SY-02	kg·m⁻³ (20℃)	600～1100	20	0.2	±0.2	+0.3
SY-05		600～1100	50	0.5	±0.3	+0.7
SY-10		600～1100	50	1.0	±0.6	+1.4
SY-02	g·cm⁻³ (20℃)	0.600～1.100	0.02	0002	±0.0002	+0.0003
SY-05		0.600～1.100	0.05	0005	±0.0003	+0.0007
SY-10		0.600～1.100	0.05	0.0010	±0.0006	+0.0014

注：可以使用 SY-Ⅰ型或 SY-Ⅱ型石油密度计。

表 7-3　温度计技术要求

范围/℃	刻度间隔/℃	最大误差范围/℃
1～38	0.1	±0.1
−20～120	0.2	±0.15

注：可以使用电阻温度计，只要它的准确度不低于上述温度时的不确定度。

3. 样品制备

（1）样品混合　混合试样是使用于试验的试样尽可能地代表整个样品所必需的步骤，但在混合操作中，应始终注意保持样品的完整性。

注：对含水或沉淀物的挥发性原油和石油产品或含蜡挥发性原油和石油产品应该承认在对样品均化或加热时，可能会发生轻组分的损失。

（2）试验温度　把样品加热到使它能充分地流动，但温度不能高到引起轻组分损失，或低到样品中的蜡析出。

注：1. 用密度计法测定密度在标准温度 20℃ 或接近 20℃ 时最准确。

2. 要在被测样品物化特性合适的温度下取得密度计的读数，这个温度最好接近标准温度 20℃，当密度值用于散装石油样品计量时，在散装石油样品温度或接近散装石油样品±3℃下测定密度可以减少石油体积修正的误差。

对原油样品，要加热到20℃，或高于倾点9℃以上，或高于浊点3℃以上中较高的一个温度。

4. 仪器准备

（1）检查密度计的基准点，确定密度计刻度是否处于干管内的正确位置，如果刻度已移动，应废弃这支密度计。

（2）使密度计量筒和密度计的温度接近试样的温度。

5. 测定方法

（1）在试验温度下把试样转移到温度稳定、清洁的密度计量筒中，避免试样飞溅和生成空气泡，并要减少轻组分的挥发。

（2）用一片清洁的滤纸除去试样表面上形成的所有气泡。

（3）把装有试样的量筒垂直地放在没有空气流动的地方。在整个试验期间，环境温度变化应不大于±2℃。当环境温度变化大于±2℃时，应使用恒温浴，以免温度变化太大。

（4）用合适的温度计或搅拌棒作垂直旋转运动搅拌试样，如果使用电阻温度计，要用搅拌棒，使整个量筒中试样的密度和温度达到均匀。记录温度接近到0.1℃。从密度计量筒中取出温度计或搅拌棒。

（5）把合适的密度计放入液体中，达到平衡位置时放开，让密度计自由地漂浮，要注意避免弄湿液面以上的干管。把密度计按到平衡点以下1mm或2mm，并让它回到平衡位置，观察弯月面形状，如果弯月面形状改变，应清洗密度计干管，重复此项操作直到弯月面形状保持不变。

（6）对于不透明黏稠液体，要等待密度计慢慢地沉入深体中。

（7）对透明低黏度液体，将密度计压入液体中约两个刻度，再放开。由于干管上多余的液体会影响读数，在密度计干管液面以上部分应尽量减少残留液。

（8）在放开时，要轻轻地转动一下密度计，使它能在离开量筒壁的地方静止下来自由漂浮。要有充分的时间让密度计静止，并让所有气泡升到表面，读数前要除去所有气泡。

（9）当使用塑料量筒时，要用湿布擦拭量筒外壁，以除去所有静电。

注：使用塑料量筒常形成静电荷，并可能妨碍密度计自由漂浮。

（10）当密度计离开量筒壁自由漂浮并静止时，按（11）或（12）读取密度计刻度值，读到最接近刻度间隔的1/5。

（11）测定透明液体，使眼睛稍低于液面的位置，慢慢地升到表面，先看到一个不正的椭圆，然后变成一条与密度计刻度相切的直线。密度计读数为液体下弯月面与密度计刻度相切的那一点。

（12）测定不透明液体，使眼睛稍高于液面的位置观察。密度计读数为液体上弯月面与密度计刻度相切的那一点。

注：1. 如使用SY-Ⅰ型或SY-Ⅱ型石油密度计，仍读取液体上弯月面与密度计干管相切处的刻度。

2. 使用金属密度计量筒测定完全不透明试样时，要确保试样液面装满到距离量筒顶端5mm以内，这样才能准确读取密度计读数。

（13）记录密度计读数后，立即小心地取出密度计，并用温度计垂直地搅拌试样。记录温度接近到0.1℃，如这个温度与开始试验温度相差大于0.5℃，应重新读取密度计和温度计读数，直到温度变化稳定在±0.5℃以内。如果不能得到稳定的温度，把密度计量筒及其内容物放在恒浴内，再从（3）重新操作。

（14）铅弹蜡封型密度计在高于 38℃下使用后，要垂直地晾干和冷却。

6. 分析结果计算

（1）对观察到的温度计读数作有关修正后，记录到接近 0.1℃

（2）由于密度计读数是按液体下弯月面检定的，对不透明液体，应按表 7-2 中给出的弯月面修正值对观察到的密度计读数作弯月面修正。

注：对特殊用途的密度计修正值可由试验来确定，将这支密度计浸入与被测试样表面张力相似的透明液体中试验，观察液体在密度计干管上爬升的最大高度。本方法规定的密度计弯月面修正值见表 7-2。

（3）对观察到密度计读数作有关修正后，记录到 0.1kg·m^{-3}（0.0001g·cm^{-3}）。

（4）按不同的试验油品，用 GB/T 1885 中的表 59A、表 59B 或表 59D 把修正后的密度计读数换算到 20℃下标准密度。

① 原油：表 59A。

② 石油产品：表 59B。

③ 润滑油：表 59D。

注：1. 密度由 kg·m^{-3} 换算到 g·cm^{-3} 或 g·mL^{-1} 应除以 10^3。

2. 20℃密度与15℃密度之间相互换算，可使用 GB/T 1885 中的表 E1 和表 E2。

7. 精密度

（1）重复性　在温度范围为 −2～24.5℃，同一操作者用同一仪器在恒定的操作条件下，对同一试样重复测定两次，结果之差如下：透明低黏度试样，不应超过 0.0005g·mL^{-1}；不透明试样，不应超过 0.0006g·mL^{-1}。

（2）再现性　温度范围为 −2～24.5℃，同一操作者用同一仪器在恒定的操作条件下，对同一试样重复测定两次，结果之差如下：透明低黏度试样，不应超过 0.0012g·mL^{-1}；不透明试样，不应超过 0.0015g·mL^{-1}。

8. 实训报告

取重复测定两次结果的算术平均值作为试样的密度。

四、任务思考

① 样品含水时，对密度的测定有何影响？

② 温度没恒定，测定的密度是否准确？

任务 2 测定油品运动黏度并计算动力黏度

一、使用标准

依据国家标准 GB/T 265—88《石油产品运动粘度测定法和动力粘度计算法》规定作为测定方法。

二、任务目的

① 掌握石油运动黏度的测定方法和操作技术。

② 掌握石油运动黏度测定结果的计算方法。

三、制订实施方案

1. 方法提要

本方法是在某一恒定的温度下，测定一定体积的液体在重力下流过一个标定好的玻璃毛细管黏度计的时间，黏度计的毛细管常数与流动时间的乘积，即为该温度下测定液体的运动黏度。在温度 t 时运动黏度用符号 v_t 表示。

该温度下运动黏度和同温度下液体的密度之积为该温度下液体的动力黏度。在温度 t 时的动力黏度用符号 η_t 表示。

2. 试剂与试样

（1）溶剂油。

（2）铬酸洗液。

（3）石油醚：60～90℃，化学纯。

（4）95％乙醇：化学纯。

（5）恒温浴液体。不同温度使用的恒温浴液体如表 7-4 所示。

表 7-4　在不同温度使用的恒温浴液体

测定的温度/℃	恒温浴液体
50～100	透明矿物油、丙三醇（甘油）或 25％硝酸铵水溶液（该溶液的表面会浮着一层透明的矿物油）
20～50	水
0～20	水与冰的混合物，或乙醇与干冰（固体二氧化碳）的混合物
0～−50	乙醇干冰的混合物；在无乙醇的情况下，可用无铅汽油代替

3. 仪器与设备

（1）黏度计　如图 7-1 所示玻璃毛细管黏度计，毛细管内径为 0.4mm、0.6mm、0.8mm、1.0mm、1.2mm、1.5mm、2.0mm、2.5mm、3.0mm、3.5mm、4.0mm、5.0mm 和 6.0mm。

每支黏度计必须进行检定并确定常数，测定试样的运动黏度时，应根据试验的温度选用适当的黏度计，务必使试样的流动时间不少于 200s，内径 0.4mm 的黏度计流动时间不少于 350s。

（2）恒温浴　带有透明壁或装有观察孔的恒温浴，其高度不小于 180mm，容积不小于 2L，并且附设着自动搅拌装置和一种能够准确地调节温度的电热装置。

（3）玻璃水银温度计　分格为 0.1℃。测定−30℃ 以下运动黏度时，可以使用同样分格值的玻璃合金温度计或其他玻璃液体温度计。

（4）秒表　分格为 0.1s。用于测定黏度的秒表、毛细管黏度计和温度计都必须定期检定。

4. 准备工作

（1）用滤纸过滤除去样品的机械杂质和水。

（2）在测定试样的黏度之前，必须将黏度计用溶剂油或石油醚洗涤，如果黏度计沾有污垢，就用铬酸洗液、水、蒸馏水或 95％乙醇依次洗涤，然后放入烘箱中烘干或用通过棉花滤过的热空气吹干。

（3）测定运动黏度时，在内径符合要求且清洁、干燥的毛细管黏度计内装入试样。在装试样之前，将橡皮管套在支管 7 上，并用手指堵住管身 6 的管口，同时倒置黏度计，然后将管身 1 插

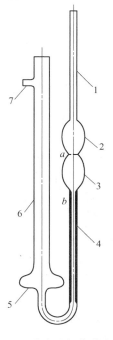

图 7-1　玻璃毛细管黏度计

1,6—管身；2,3,5—扩张部分；4—毛细管；7—支管；

a,b—标线

（恒温浴中的矿物油最好加有抗氧化添加剂，延缓氧化、延长使用时间）

入装着试样的容器中；这时利用橡皮球、水流泵或其他真空泵将液体吸到标线 b，同时注意不要使管身 1，扩张部分 2 和 3 中的液体发生气泡和裂隙。当液面达到标线 b 时，就从容器里提起黏度计，并迅速恢复其正常状态，同时将管身 1 的管端外壁所沾着的多余试样擦去，并从支管 7 取下橡皮管套在管身 1 上。

（4）将装有试样的黏度计浸入事先准备妥当的恒温浴中，并用夹子将黏度计固定在支架上，在固定位置时，必须把毛细管黏度计的扩张部分浸入一半。

温度计要利用另一只夹子来固定，务使水银球的位置接近毛细管中央点的水平面，并使温度计上要测温的刻度位于恒温浴的液面上 10mm 处。

使用全浸式温度计时，如果它的测温刻度露出恒温浴的液面，就依照式（7-1）计算温度计液柱露出部分的补正数 Δt，才能准确地量出液体的温度。

$$\Delta t = kh(t_1 - t_2) \tag{7-1}$$

式中　k——常数，水银温度计采用 $k = 0.00016$，酒精温度计采用 $k = 0.001$；

　　　h——露出在浴面上的水银柱或酒精柱高度，用温度计的度数表示；

　　　t_1——测定黏度时的规定温度，℃；

　　　t_2——接近温度计液柱露出部分的空气温度，℃（用另一支温度计测出），试验时取 t_1 减去 Δt 作为温度计上的温度读数。

5. 任务实施步骤

（1）将黏度计调整成为垂直状态，要利用铅垂线从两个相互垂直的方向去检查毛细管的垂直情况。将恒温浴调整到规定的温度，把装好试样的黏度计浸在恒温浴内，经恒温如表 7-5 规定的时间。试验的温度变化必须保持恒定到 $\pm 0.1℃$。

表 7-5　黏度计在恒温浴中的恒温时间

试验温度/℃	恒温时间/min
80,100	20
40,50	15
20	10
0~−50	15

（2）利用毛细管黏度计管身 1 口所套着的橡皮管将试样吸入扩张部分 3，使试样液面稍高于标线 a，并且注意不要让毛细管和扩张部分 3 的液体产生气泡或裂隙。

（3）此时观察试样在管身中的流动情况，液面正好到达标线 a 时，开动秒表液面正好流到标线 b 时，停止秒表。

试样的液面在扩张部分 3 中流动时，注意恒温浴中正在搅拌的液体要保持恒定温度，而且扩张部分中不应出现气泡。

（4）用秒表记录下来的流动时间，应重复测定至少四次，其中各次流动时间与其算术平均值的差数应符合如下的要求：在温度 100~15℃测定黏度时，这个差数不应超过算术平均值的 $\pm 0.5\%$ 在低于 15~30℃测定黏度时，这个差数不应超过算术平均值的 $\pm 1.5\%$，在低于−30℃测定黏度时，这个差数不应超过算术平均值的 $\pm 2.5\%$。

然后，取不少于三次的流动时间所得的算术平均值，作为试样的平均流动时间。

6. 分析结果计算

在温度 t 时，试样的运动黏度 v_t（$mm^2 \cdot s^{-1}$）按式（7-2）计算：

$$v_t = c\tau_t \tag{7-2}$$

式中 c——黏度计常数，$mm^2 \cdot s^{-2}$；

    τ_t——试样的平均流动时间，s。

在温度 t 时，试样的动力黏度 η_t（$mPa \cdot s$）按式(7-3) 计算：

$$\eta_t = \upsilon_t \rho_t \qquad\qquad (7\text{-}3)$$

式中 υ_t——在温度 t 时，试样的运动黏度，$mm^2 \cdot s^{-1}$；

    ρ_t——在温度 t 时，试样的密度，$g \cdot cm^{-3}$。

7．精密度

用下述规定来判断试验结果的可靠性（95％置信水平）。

（1）重复性 同一操作者，用同一试样重复测定的两个结果之差，不应超过表 7-6 数值。

表 7-6 试样分析结果重复性

测定黏度的温度/℃	重复性/%
100～15	算术平均值的 1.0
低于 15～30	算术平均值的 3.0
低于 30～60	算术平均值的 5.0

（2）再现性 由不同操作者，在两个实训室提出的两个结果之差，不应超过表 7-7 数值。

表 7-7 试样分析结果再现性

测定黏度的温度/℃	再现性/%
100～15	算术平均值的 2.2

8．实训报告

（1）黏度测定结果的数值，取四位有效数字。

（2）取重复测定两个结果的算术平均值，作为试样的运动黏度或动力黏度。

四、任务思考

① 油品含水和杂质对黏度有何影响？

② 测定黏度时黏度计为何要垂直？

任务3 测定油品闪点（闭口杯法）

一、使用标准

依据国家标准 GB/T 261—2008《闪点的测定 宾斯基-马丁闭口杯法》规定作为测定方法。

二、任务目的

① 掌握闭口闪点的测定方法和有关计算。

② 掌握闭口闪点测定器的使用性能和操作方法。

三、制订实施方案

1．方法提要

试样在连续搅拌下用很慢的、恒定的速率加热。在规定的温度间隔，同时中断搅拌的情况下，将一小火焰引入杯内。试验火焰引起试样上的蒸气闪火时的最低温度作为闪点。

2．仪器与设备

（1）闭口闪点测定器。

(2) 温度计。

(3) 防护屏。

3. 准备工作

(1) 用滤纸过滤除去样品的机械杂质和水。

(2) 油杯要用无铅汽油洗涤，再用空气吹干。

4. 任务实施步骤

(1) 观察气压计，记录试验期间仪器附近的环境大气压。

(2) 将试样倒入试验杯至加料线，盖上试验杯盖，然后放入加热室，确保试验杯就位或锁定装置连接好后插入温度计。点燃试验火源，并将火焰直径调节为 3～4mm；在整个试验期间，试样以 5～6℃·min^{-1} 的速率升温，且搅拌速率为 90～120r·min^{-1}。

(3) 当试样的预期闪点为不高于110℃时，从预期闪点以下（23±5）℃开始点火，试样每升高 1℃点火一次，点火时停止搅拌。用试验杯盖上的滑板操作旋钮或点火装置点火，要求火焰在 0.5s 内下降至试验杯的蒸气空间内，并在此位置停留 1s，然后迅速升高至原位置。

(4) 当试样的预期闪点高于110℃时，从预期闪点以下（23±5）℃开始点火，试样每升高 1℃点火一次，点火时停止搅拌。用试验杯盖上的滑板操作旋钮或点火装置点火，要求火焰在 0.5s 内下降至试验杯的蒸气空间内，并在此位置停留 1s，然后迅速升高至原位置。

(5) 记录火源引起试验杯内产生明显着火的温度，作为试样的观察闪点，但不要把在真实闪点到达之前，出现在试验火焰周围的淡蓝色光轮与真实闪点相混淆。

(6) 如果所记录的观察闪点温度与最初点火温度的差值少于 18℃或高于 28℃，则认为此结果无效。应更换试样重新进行试验，调整最初点火温度，直到获得有效的测定结果，即观察闪点与最初点火温度的差值应在 18～28℃范围之内。

5. 大气压力对闪点影响的修正

(1) 观察和记录大气压力，按式(7-4)计算在标准大气压力 101.3kPa（或 760mmHg）时闪点修正数 Δt（℃）：

$$\Delta t = 0.25(101.3 - p) \tag{7-4}$$

式中 p——实际大气压力，kPa。

(2) 结果表示 结果报告修正到标准大气压（101.3kPa）下的闪点，精确至 0.5℃。

6. 精密度

按下述规定判断试验结果的可靠性（95%的置信水平）。

(1) 重复性 在同一实训室，由同一操作者使用同一仪器，按照相同的方法，对同一试样连续测定的两个试验结果之差不能超过 $0.029X$，X 为两个连续实训的平均值。

(2) 再现性 在不同的实训室，由不同操作者使用不同的仪器，按照相同的方法，对同一试样测定的两个单一、独立的试验结果之差不能超过 $0.071X$，X 为两个连续实训的平均值。

四、任务思考

① 石油产品的闪点和哪些测定条件有关？

② 如何判断一个石油产品的闪点是否正常？

任务 4 测定车用汽油馏程

一、使用标准

依据国家标准 GB/T 6536—2010《石油产品蒸馏测定法》规定作为测定方法。

二、任务目的

① 掌握车用汽油蒸馏测定方法和操作技能。

② 掌握车用汽油蒸馏测定结果的修正与计算方法。

三、制订实施方案

1. 方法提要

100mL 试样在适合其性质的规定条件下进行蒸馏，系统地观察温度计读数和冷凝液的体积，并根据这些数据，再进行计算和报告结果。

2. 仪器与设备

（1）蒸馏烧瓶 125mL 蒸馏烧瓶。

（2）冷凝器和冷浴。

（3）金属罩或围屏。

（4）加热器。

（5）蒸馏烧瓶支架和支板。有三种孔径的支板，即 38mm。

（6）量筒：100mL 和 5mL。

（7）温度测量元件：对手工法，用低温蒸馏温度计或高温蒸馏温度计 0～300℃。

3. 准备工作

（1）取样 将试样收集在已预先冷却至 0～10℃ 的取样瓶中，并弃去第一次收集的试样。操作时，最好将取样瓶浸在冷却液中；若不能，则应将试样吸入已预先冷却的取样瓶中。然后，及时用塞子紧密塞住取样瓶，并将试样保存在冰浴或冰箱中。

（2）仪器的准备 选择蒸馏仪器，并确保蒸馏烧瓶、温度计、量筒和 100mL 试样冷却至 13～18℃，蒸馏烧瓶支板和金属罩不高于室温。

（3）冷浴的准备 采取措施，使冷浴温度维持在 0～1℃。冷浴介质的液面必须高于冷凝器最高点。

（4）擦拭冷凝管 用缠在拉线上的一块无绒软布擦拭冷凝管内的残存液。

（5）安装取样瓶温度计 用一个打孔良好的软木塞或聚硅氧烷橡胶塞，将温度计紧密装在取样瓶颈部，并保持试样温度为 13～18℃。

（6）装入试样 用量筒量取 100mL 试样，并尽可能地将试样全部倒入蒸馏烧瓶中。

（7）安装蒸馏温度计 用软木塞或聚硅氧烷橡胶塞，将温度计紧密装在蒸馏烧瓶颈部，水银球位于蒸馏烧瓶颈部中央，毛细管低端与蒸馏烧瓶支管内壁底部最高点齐平。

（8）安装至冷凝管 用软木塞或聚硅氧烷橡胶塞，将蒸馏烧瓶支管紧密安装在冷凝管上，蒸馏烧瓶要调整至垂直，蒸馏烧瓶支管深入冷凝管内 25～50mm 处。升高及调整蒸馏烧瓶支板，使其对准并接触蒸馏烧瓶底部。

（9）安装量筒 将取样的量筒不经干燥，放入冷凝管下端，使冷凝管下端位于量筒中心，并伸入量筒内至少 25mm，但不能低于 100mL 刻线。用一块吸水纸或脱脂棉将量筒盖严密，这块吸水纸大小应紧贴冷凝管。

（10）记录室温和大气压力。

4. 任务实施步骤

（1）加热 将装有试样的蒸馏烧瓶加热，并调节加热速度，保证开始加热到初馏点时间为 5～10min。

（2）控制蒸馏速度　观察和记录初馏点。如果没有使用接收器导向装置，则立即移动量筒，使冷凝管的尖端与量筒内壁接触，让馏出液沿量筒内壁流下。调整加热，使从初馏点到5％或10％回收体积的时间是60～100s。继续调整加热，使从5％或10％回收体积到蒸馏烧瓶中5mL残留物的冷凝平均速率是4～5mL·min⁻¹。

注：不符合上述条件，则要重新进行蒸馏。

（3）对汽油要求记录初馏点、终馏点和5％、10％、45％、50％、85％、90％回收体积分数的温度计读数。根据所用的仪器，记录所有的量筒中液体体积，要精确至0.5mL（手工）或0.1mL（自动），记录所有的温度计读数，要精确至0.5℃（手工）或0.1℃（自动）。

（4）加热的最后调整　当在蒸馏烧瓶中的残留液体约为5mL时，作加热的最后调整，使从蒸馏烧瓶中5mL液体残留物到终馏点的时间为小于等于5min。如果这个条件不能满足，则按修改的最后加热调整，重新进行试验。

（5）按要求观察和记录终馏点，并停止加热。

（6）继续观察记录　在冷凝管继续有液体滴入量筒时，每隔2min观察一次冷凝液的体积，直至两次连续观察的体积一致为止。精确地测量体积，并记录。根据所用的仪器，精确至0.5mL或0.1mL，报告为最大回收百分数。如果出现分解点而预先停止了蒸馏，则从100％减去最大回收百分数，报告此差值为残留量和损失，并省去步骤（7）。

（7）待蒸馏烧瓶已冷却后，将其内容物倒入5mL量筒中，并将蒸馏烧瓶悬垂在5mL量筒上，让蒸馏烧瓶排油，直至观察到5mL量筒中液体体积没有明显的增加为止。记录量筒中的液体体积，精确至0.1mL，作为残留百分数。

（8）计算损失体积分数　最大回收百分数和残留百分数之和是总回收百分数。从100％减去总回收百分数得出损失体积分数。

5. 分析结果计算

（1）对每一次试验，都应该计算和报告产品规格所需的，或在试验过程中对样品预先确定的各项数据。根据所用仪器要求，记录所有的百分数精确至0.5％或0.1％和温度计读数精确至0.5℃或0.1℃。报告大气压力精确至0.1kPa（1mmHg）。

（2）进行大气压力修正　一般情况下，温度计读数都有应该修正到101.3kPa（760mmHg）。报告应包括观察的大气压和说明是否已进行了大气压力修正。

当用修正到101.3kPa（760mmHg）标准大气压力的温度计读数来报告时，则观察到的温度计读数应该加上的修正值C（℃）或按式(7-5)或式(7-6)即悉尼（Sydney young）公式，进行计算：

$$C=0.0009(101.3-p_K)(273+t) \tag{7-5}$$

或

$$C=0.00012(760-p)(273+t) \tag{7-6}$$

式中　p_K——试验时大气压力，kPa；

p——试验时大气压力，mmHg；

t——观察到的温度计读数，℃。

（3）计算修正后的蒸发温度　按式(7-7)计算10％、50％和90％的蒸发温度：

$$T=T_L+(T_H-T_L)(R-R_L)/(R_H-R_L) \tag{7-7}$$

式中　T——蒸发温度，℃；

T_L——在R_L记录的温度计读数，℃；

T_H——在R_H记录的温度计读数，℃；

R——回收百分数，％，R＝观测值－损失值；

R_H——邻近并高于 R 的回收百分数，％；

R_L——邻近并低于 R 的回收百分数，％。

四、任务思考

① 为什么测定车用汽油馏程时，要用棉花塞住量筒口部？

② 测定车用汽油馏程对生产和应用有何意义？

任务 5 测定油品凝点

一、使用标准

依据国家标准 GB/T 510—83（91）《石油产品凝点测定法》规定作为测定方法。

二、任务目的

① 掌握凝点的测定方法和操作技术。

② 了解凝点对油品生产及使用的重要性。

三、制订实施方案

1. 方法提要

测定方法是将试样装在规定的试管中，并冷却到预期的温度时，将试管倾斜45°经过 1min，观察液面是否移动。

2. 试剂与试样

（1）冷却剂：试验温度在0℃以上用水和冰；在0～－20℃用盐和碎冰或雪；在－20℃以下用工业乙醇（溶剂汽油、直馏的低凝点汽油或直馏的低凝点煤油）和干冰（固体二氧化碳）。

注：缺乏干冰时，可以使用液态氮气或液态空气或其他适当的冷却剂，也可使用半导体制冷器（当用液态空气时应使它通入旋管金属冷却器并注意安全）。

（2）无水乙醇：化学纯。

3. 仪器与设备

（1）圆底试管：高度（160±10）mm，内径（20±1）mm，在距管底30mm的外壁处有一环形标线。

（2）圆底的玻璃套管：高度（130±10）mm，内径（40±2）mm。

（3）装冷却剂用的广口保温瓶或筒形容器：高度不小于160mm，内径不小于120mm，可以用陶瓷玻璃、木材，或带有绝缘层的铁片制成。

（4）水银温度计：供测定凝点高于－35℃的石油产品使用。

（5）液体温度计：供测定凝点低于－35℃的石油产品使用。

（6）任何形式的温度计：供测量冷却剂温度用。

（7）支架：有能固定套管、冷却剂容器和温度计的装置。

（8）水浴。

4. 任务准备工作

（1）用滤纸过滤除去样品的机械杂质和水。

（2）在干燥、清洁的试管中注入试样，使液面满到环形标线处。用软木塞将温度计固定在试管中央，使水银球距管底8～10mm。

（3）装有试样和温度计的试管，垂直地浸在（50±1）℃的水浴中，直至试样的温度达到（50±1）℃为止。

5. 任务实施步骤

（1）从水浴中取出装有试样和温度计的试管，擦干外壁，用软木塞将试管牢固地装在套管中，试管外壁与套管内壁要处处距离相等。

装好的仪器要垂直地固定在支架的夹子上，并放在室中静置，直至试管中的试样冷却到（35±5）℃为止。然后将这套仪器浸在装好冷却剂的容器中。冷却剂的温度要比试样的预期凝点低7～8℃为止。试管（外套管）浸入冷却剂的深度应不少于70mm。

冷却试样时，冷却剂的温度必须准确到±1℃。当试样温度冷却到预期的凝点时，将浸在冷却剂中的仪器倾斜呈45°，并将这样的倾斜状态保持1min，但仪器的试样部分仍要浸没在冷却剂内。

此后，从冷却剂中小心取出仪器，迅速地用工业乙醇擦拭套管外壁，垂直放置仪器并透过套管观察试管里面的液面是否有过移动的迹象。

注：测定低于0℃的凝点时，试验前应在套管底部注入无水乙醇1～2mL。

（2）当液面位置有移动时，从套管中取出试管，并将试管重新预热至试样达（50±1）℃，然后用比上次试验温度低4℃或其他更低的温度重新进行测定，直至某试验温度能使液面位置停止移动为止。

注：试验温度低于-20℃时，重新测定前应将装有试样和温度计的试管放在室温中，待试样温度升到-20℃，才将试管浸在水浴中加热。

（3）当液面的位置没有移动时，从套管中取出试管，并将试管重新预热至试样达（50±1）℃，然后用比上次试验温度高4℃或其他高的温度重新进行测定，直至某试验温度能使液面位置有了移动为止。

（4）找出凝点的温度范围（液面位置从移动到不移动或从不移动到移动的温度范围）之后，就采用比移动的温度低2℃，或采用比不移动的温度高2℃，重新进行试验。如此重复试验。直至确定某试验温度能使试样的液面停留不动而提高2℃又有使液面移动时，就取使液面不动的温度，作为试样的凝点。

（5）试样的凝点必须进行重复测定，第二次测定时的开始试验温度，要比第一次所测出的凝点高2℃。

6. 精密度

用以下数值来判断结果的可靠性（95％置信水平）。

（1）重复性　同一操作者重复测定两个结果之差不应超过2.0℃。

（2）再现性　由两个实训室提出的两个结果之差不应超过4.0℃。

7. 实训报告

取重复测定两个结果的算术平均值，作为试样的凝点。

四、任务思考

① 影响石油产品凝点的因素有哪些？

② 石油产品在低温时失去流动性的原因是什么？

任务6　测定油品的总硫含量（紫外荧光法）

一、使用标准

依据国家标准SH/T 0689—2000《轻质烃及发动机燃料和其他油品的总硫含量测定法（紫外荧光法）》规定作为测定方法。

二、任务目的

① 掌握紫外荧光法测定硫含量的方法。

② 了解油品中硫含量大小对环境的影响。

三、制订实施方案

1. 方法提要

将烃类试样直接注入裂解管或进样舟中，由进样器将试样送至高温燃烧管，在富氧条件中，硫被氧化成二氧化硫（SO_2）；试样燃烧生成的气体在除去水后被紫外线照射，二氧化硫吸收紫外线的能量转变为激发态的二氧化硫（SO_2^*），当激发态的二氧化硫返回到稳定态的二氧化硫时发射荧光，并由光电倍增管检测，由所得信号值计算出试样的硫含量。

警告：接触过量的紫外线有害健康，试验者必须避免直接照射的紫外线以及次级或散射的辐射线对身体各部位、尤其是眼睛的危害。

2. 试剂与试样

（1）试剂的纯度：试剂使用的试剂均为分析纯。如果使用其他纯度的试剂，应保证测定的精确度。

（2）惰性气体：氩气或氦气，纯度不小于 99.998%，水含量不大于 $5mg \cdot kg^{-1}$。

（3）氧气：纯度不小于 99.75%，水含量不大于 $5mg \cdot kg^{-1}$。

警告：氧气会剧烈加速燃烧。

（4）溶剂：甲苯、二甲苯、异辛烷或与待分析试样中组分相似的其他溶剂。须对配制标准溶液和稀释试样所用溶剂的硫含量进行空白校正。当所使用的溶剂相对未知试样检测不到硫存在时，无须对其进行空白校正。

警告：易燃。

（5）硫芴：相对分子质量 184.26，硫含量 17.399%（质量分数）。

（6）丁基硫醚：相对分子质量 146.29，硫含量 21.92%（质量分数）。

（7）硫茚（苯并噻吩）：相对分子质量 134.20，硫含量 23.90%（质量分数）。

注：需校正化学杂质。

（8）石英棉。

（9）硫标准溶液（母液），$1000\mu g \cdot mL^{-1}$：准确称取 0.5748g 硫芴（或 0.4652g 丁基硫醚，或 0.4184g 硫茚）放入 100mL 容量瓶中，再用所选溶剂稀释至刻线，该标准溶液可稀释至所需要的硫浓度。

注：标准溶液的配制量应以使用的次数和时间为基础，一般标准溶液有效期为 3 个月。

3. 仪器与设备

（1）燃烧炉：电加热，温度能达到 1100℃，此温度足以使试样受热裂解，并将其中的硫氧化成二氧化硫。

（2）燃烧管：石英制成，有两种类型。用于直接进样系统的可使试样直接进入高温氧化区。用于舟进样系统的入口端应能使进样舟进入。燃烧管必须有引入氧气和载气的支管，氧化区应足够大以确保试样的完全燃烧。

（3）流量控制：仪器必须配备有流量控制器，以确保氧气和载气的稳定供应。

（4）干燥管：仪器必须配备有除去水蒸气的设备，以除去进入检测器前反应产物中的水蒸气。可采用膜式干燥器，它是利用选择性毛细管作用除去水。

（5）紫外荧光（UV）检测器：定性定量检测器，能测量由紫外光源照射二氧化硫激发所发射的荧光。

（6）微量注射器：微量注射器能够准确地注入 $5 \sim 20 \mu L$ 的样品量，注射器针头长为 (50 ± 5) mm。

（7）进样系统：可使用两种进样系统中任一种。

① 直接进样系统：必须能使定量注射的试样在可控制、可重复的速度下进入进口载气流中，进口载气的作用是携带试样进入氧化区域。进样器能以约 $1 \mu L \cdot s^{-1}$ 的速度从微量注射器中注射出试样。

② 舟进样系统：进样舟、燃烧管均由石英制作。加长的燃烧管与氧化区入口连接，并由载气吹扫。燃烧管应能使进样舟退回到原位置，并在此位置有冷却外套，使进样舟停留冷却，等待进样。进样器的速度必须是可控制的和可重复的。

（8）循环制冷器（可选）：用于舟进样方法，是一种可调节的能输送恒定温度低至4℃的制冷物质的设备。

（9）记录仪（可选）。

（10）天平（可选）：感量为 ± 0.01 mg。

（11）容量瓶：100mL。

4. 仪器准备

（1）按照制造厂家提供的说明书安装仪器并进行检漏。

（2）根据进样方式，按表 7-8 所列条件调节仪器。

（3）按照制造厂的要求，调节仪器的灵敏度、基线稳定性，并进行仪器的空白校正。

表 7-8　典型的操作条件

项　　目	数　值
进样器进样速度（直接进样）/$\mu L \cdot s^{-1}$	1
舟进样器进样速度（舟进样）/mm $\cdot$ min^{-1}	140～160
炉温/℃	1100±25
裂解氧气流量/mL $\cdot$ min^{-1}	450～500
入口氧气流量/mL $\cdot$ min^{-1}	10～30
入口载气流量/mL $\cdot$ min^{-1}	130～160

5. 校准

（1）选择表 7-9 所推荐的曲线之一。用所选溶剂稀释硫标准溶液（母液）以配制一系列校准标准溶液，其浓度范围应能包括待测试样浓度，并且所含硫的类型和基体都要与待测试样相似。

（2）在分析前，用标准溶液冲洗注射器几次。如果液柱中存有气泡，要冲洗注射器并重新抽取标准溶液。

（3）从表 7-9 所选定的曲线确定标准溶液进样量，将定量的标准溶液注入燃烧管或样品舟，有两种可选择的进样方法。

注：在选定的操作范围之内，所有待测试样的进样量应相同或相近，以确定一致的燃烧条件。

表 7-9　硫标准溶液

项目	曲线 1	曲线 2	曲线 3
硫含量/ng·μL^{-1}	0.50 2.50 5.00	5.00 25.00 50.00 100.00	100.00 500.00 1000.00
进样量/μL	10～20	5～10	5

① 为了确定进样量，将注射器充至所需刻度，回拉，使最低液面落至 10％刻度，记录注射器中液体体积，进样后，再回拉注射器，使最低液面落至 10％刻度，记录注射器中液体体积，两次体积读数之差即为注射进样量。

注：可使用自动进样、注射设备来代替手动进样步骤。

② 按①所述方法用注射器抽取标准溶液，也可采用进样前后注射器称重的方法，确定进样量。该方法如果用感量±0.01mg 的精度天平，可得到比体积法更好的精确度。

（4）当微量注射器中合适的标准溶液量确定后，应立即将标准溶液迅速地、定量地注入仪器中，有两种进样技术可供选用。

① 直接进样技术：将注射器小心地插入燃烧管的入口处，并位于进样器上。允许有一定时间让针头内残留标准溶液先行挥发燃烧（针头空白），当基线重新稳定后，立即开始分析；当仪器恢复到稳定的基线后取出注射器。

② 舟进样技术：以缓慢的速度将标准溶液定量注入样品舟中的石英毛内，小心不要遗漏针头上最后一滴标准溶液，移去注射器开始分析。在进样舟进入炉中样品汽化前，仪器的基线应保持稳定。进样舟从炉中退回之前，仪器的基线将重新稳定。当进样舟完全退回到原位置，等待下次进样前应至少停留 1min 冷却。

注：1. 减慢舟进样速度或使舟在炉中短暂的停留，对确保样品的完全燃烧是必要的。

2. 进样舟所需的冷却程度和下次进样的开始时间，与被测样品的挥发度有关。在进样舟进入炉内前，需要使用循环制冷器以使样品的挥发降至最低。

（5）选用以下两种技术之一校准仪器。

① 使用（2）～（4）中所述方法之一，对每个校准标准溶液和空白溶液进行测量，并分别重复测量三次。在确定平均积分响应值之前，要从每一个标准溶液的测量值中减去平均空白响应值。建立以平均响应值为 Y 轴，校准标准溶液硫含量（μg）为 X 轴的曲线。此曲线应是线性的。每天须用校准标准溶液检查系统性能至少一次。

② 若系统具有校正功能，使用（2）～（4）中所述方法之一，对每个校准标准溶液和空白溶液重复测量三次，取三次结果的平均值校正仪器。如果需要空白校正而又无法进行，可按照制造厂的说明书，用每个校准标准溶液硫含量（ng）值与其相应的平均响应值建立曲线，此曲线应是线性的。每天须用校准标准溶液检查系统性能至少一次。

（6）如果使用了与表 7-9 不同的曲线来校正仪器，选择基于所用曲线并接近所测溶液浓度的试样进样量。

注：注射浓度为 100ng·μL^{-1} 的标准溶液 10μL，相当于建立了一个 1000ng 或 1.0μg 硫的校正点。

6. 任务实施步骤

（1）测定试样的硫浓度必须介于校正所用标准溶液的硫浓度范围之内，即大于低浓度的标准溶液，小于高浓度的标准溶液。如有必要，可对试样用重量法或体积法稀释。

① 质量稀释：记录试样的质量、试样加溶剂的总质量。

② 体积稀释：记录试样的质量、试剂加溶剂的总体积。

（2）测定试样溶液的响应值。

（3）检查燃烧管和流路中的其他部件，以确定试样是否完全燃烧。

① 直接进样系统：如果发现有积炭或烟灰，应减少试样进样量或降低进样速度，或同时采取这两种措施。

② 舟进样系统：如果发现样品舟上有积炭或烟灰，应延长进样舟在炉内的停留时间；如果在燃烧管的出口端发现积炭或烟灰，应降低进样舟的进样速度或减少试样进样量，或同时采取这两种措施。

③ 清除和再校正：按照制造厂的说明书，清除有积炭或烟灰的部件。在清除、调节后，重新安装仪器和检漏。在再次分析试样前，需重新校正仪器。

（4）每个样品重复测定三次，并计算平均响应值。

7. 分析结果计算

（1）使用标准工作曲线进行校正的仪器，试样中的硫含量 $X(\mathrm{mg \cdot kg^{-1}})$ 按式（7-8）或式（7-9）计算：

$$X = \frac{I-Y}{SMK_g} \tag{7-8}$$

或

$$X = \frac{I-Y}{SVK_v} \tag{7-9}$$

式中　I——试样溶液的平均响应值；

K_g——质量稀释系数，即试样质量/试样加溶剂的总质量，$\mathrm{g \cdot g^{-1}}$；

K_v——体积稀释系数，即试样质量/试样加溶剂的总体积，$\mathrm{g \cdot mL^{-1}}$；

M——所注射的试样溶液质量，直接测量或利用进样体积和密度计算，$V \times D$，g；

D——试样溶液的密度，$\mathrm{g \cdot mL^{-1}}$；

S——标准曲线斜率，响应值 $\cdot (\mu\mathrm{g \cdot s})^{-1}$；

V——所注射的试样溶液体积，直接测量或利用进样质量和密度计算，M/D，$\mu\mathrm{L}$；

Y——空白的平均响应值。

（2）配有校正功能的分析仪，而无空白校正时，试样中的硫含量 X（$\mathrm{mg \cdot kg^{-1}}$）按式（7-10）或式（7-11）计算：

$$X = \frac{1000G}{MK_g} \tag{7-10}$$

或 $\qquad\qquad\qquad X = \frac{1000G}{VD} \tag{7-11}$

式中　D——试样的密度，$\mathrm{mg \cdot \mu L^{-1}}$（不稀释进样），或试样溶液的浓度（体积稀释进样），$\mathrm{mg \cdot \mu L^{-1}}$；

K_g——质量稀释系数，即试样质量/试样加溶剂的总质量，$\mathrm{g \cdot g^{-1}}$；

M——所注射的试样溶液质量，直接测量或利用进样体积和密度计算，$V \times D$，mg；

V——所注射的试样溶液体积，直接测量或利用进样质量和密度计算，$M \times D$，$\mu\mathrm{L}$；

G——仪器显示的试样中硫的质量，$\mu\mathrm{g}$。

8. 精密度

（1）重复性　同一操作者，同一台仪器，在同样的操作条件下，对同一试样进行试验，所得的两个试验结果的差值，在正确操作下，20 次中只有一次超过式(7-12) 值：

$$r = 0.1867X^{0.63} \tag{7-12}$$

式中　X——两次试验结果的平均值。

（2）再现性　在不同的实训室，由不同的操作者，对同一试样进行的两次独立的试验结果的差值，在正确操作下，20 次中只有一次超过式(7-13) 值：

$$R = 0.2217X^{0.92} \tag{7-13}$$

式中　X——两次试验结果的平均值。

（3）上述精密度估算实例见表 7-10。

表 7-10　重复性（r）和再现性（R）　　　　　单位：$mg \cdot kg^{-1}$

硫含量	重复性(r)	再现性(R)
1	0.187	0.222
5	0.515	0.975
10	0.796	1.844
50	2.195	8.106
100	3.397	15.338
500	9.364	67.425
1000	14.492	127.575
5000	39.948	560.813

四、任务思考

① 轻质烃及发动机燃料和其他油品的总硫含量测定法需要注意什么？

② 为什么要测定轻质烃及发动机燃料和其他油品的总硫含量？

任务7　测定油品酸值

一、使用标准

依据国家标准 GB/T 264－83 (91)《石油产品酸值测定法》规定作为测定方法。

二、任务目的

① 掌握石油产品酸值的测定原理与试验方法。

② 掌握油水分离操作技术。

三、制订实施方案

1. 方法提要

本方法用沸腾 95% 乙醇抽出试样中的酸性成分，然后用氢氧化钾乙醇溶液进行滴定。

2. 试剂与试样

（1）氢氧化钾：分析纯，配成氢氧化钾乙醇标准滴定溶液[$c(KOH) = 0.05mol \cdot L^{-1}$]。

（2）95% 乙醇：分析纯。

（3）碱性蓝 6B。

3. 仪器与设备

（1）锥形烧瓶：250mL 或 300mL。

（2）球形回流冷凝管：长约 300mm。

（3）微量滴定管：2mL，分度为 0.02mL。

（4）电热板或水浴。

4. 任务实施步骤

（1）用清洁、干燥的锥形烧瓶称取试样 8～10g，称准至 0.2g。

（2）在另一只清洁无水的锥形烧瓶中，加入 95％乙醇 50mL，装上回流冷凝管。在不断摇动下，将 95％乙醇煮沸 5min，除去溶解于 95％乙醇内的二氧化碳。

在煮沸过的 95％乙醇中加入 0.5mL 碱性蓝 6B（或甲酚红）溶液，趁热用氢氧化钾乙醇标准滴定溶液中和，直至溶液由蓝色变成浅红色（或由黄色变成紫红色）为止。对未中和就已呈现浅红色（或紫红色）的乙醇，若要用它测定酸值较小的试样时，可考虑事先用 0.2％盐酸溶液若干滴，中和乙醇恰好至微酸性，然后再按上述步骤中和直至溶液由蓝色变成浅红色（或由黄色变成紫红色）为止。

（3）将中和过的 95％乙醇注入装有已称好试样的锥形烧瓶中，并装上回流冷凝管。在不断摇动下，将溶液煮沸 5min。

在煮沸过的混合液中，加入 0.5mL 的碱性蓝 6B（或甲酚红）溶液，趁热用氢氧化钾乙醇标准滴定溶液滴定，直至 95％乙醇层由蓝色变成浅红色（或由黄色变成紫红色）为止。

对于在滴定终点不能呈现浅红色（或紫红色）的试样，允许滴定达到混合液的原有颜色开始明显地改变时作为终点。

在每次滴定过程中，自锥形烧瓶停止加热到滴定达到终点所经过的时间不应超过 3min。

5. 分析结果计算

试样的酸值 X，用 mg KOH·g^{-1}的数值表示，按式（7-14）计算：

$$X = \frac{VT}{m} \tag{7-14}$$

$$T = 56.1c$$

式中　V——氢氧化钾乙醇标准滴定溶液的用量，mL；

m——试样的质量，g；

T——氢氧化钾乙醇标准滴定溶液的滴定度，mg KOH·mL^{-1}；

56.1——基本单元为 KOH 的摩尔质量，g·mol^{-1}；

c——氢氧化钾乙醇标准滴定溶液之物质的量浓度，mol·L^{-1}。

6. 精密度

用以下规定来判断结果的可靠性（95％置信水平）。

（1）重复性　同一操作者重复测定的两个结果之差不应超过表 7-11 数值。

表 7-11　分析结果重复性

范围/mg KOH·g^{-1}	重复性/mg KOH·g^{-1}
0.00～0.1	0.02
0.1～0.5	0.05
0.5～1.0	0.07
1.0～2.0	0.10

（2）再现性　由两个实训室提出的两个结果之差不应超过表 7-12 数值。

表 7-12　不同实训室分析结果重复性

范围/mg KOH · g^{-1}	重复性/mg KOH · g^{-1}
0.00～0.1	0.04
0.1～0.5	0.10
0.5～1.0	平均值的　15%
1.0～2.0	平均值的　15%

7. 实训报告

取重复测定两个结果的算术平均值，作为试样的酸值。

四、任务思考

① 为什么石油产品酸值的测定采用 95% 的乙醇而不用水作溶剂？

② 为什么测定酸值时加入的指示剂不能过多？

任务 8　测定油品水溶性酸及碱

一、使用标准

依据国家标准 GB/T 259－88《石油产品水溶性酸及碱测定法》规定作为测定方法。

二、任务目的

① 掌握水溶性酸、碱的测定原理及操作技能。

② 学会用酸碱指示剂判断终点。

三、制订实施方案

1. 方法提要

用蒸馏水或乙醇水溶液抽提试样中的水溶性酸或碱，然后，分别用甲基橙或酚酞指示剂检查。

2. 试剂与试料

（1）甲基橙：配成 0.02% 甲基橙水溶液。

（2）酚酞：配成 1% 酚酞乙醇溶液。

（3）95% 乙醇：分析纯。

（4）滤纸：工业滤纸。

（5）溶剂油：符合 SH 0004《橡胶工业用溶剂油》规定。

（6）蒸馏水：符合 GB/T 6682《分析实验室用水规格和试验方法》中三级水规定。

抽出液颜色的变化情况，或用酸度计测定抽提物的 pH，以判断有无水溶性酸或碱的存在。

3. 仪器与设备

（1）分液漏斗：250mL 或 500mL。

（2）试管：直径为 15～20mm，高度为 140～150mm，用无色玻璃制成。

（3）漏斗：普通玻璃漏斗。

（4）量筒：25mL、50mL 和 100mL。

（5）锥形烧瓶：100mL 和 250mL。

4. 任务准备

（1）将试样置入玻璃瓶中，不超过其容积的 3/4，摇动 5min。

（2）95%乙醇必须用甲基橙和酚酞指示剂，或酸度计检验呈中性后，方可使用。

5. 任务实施步骤

（1）当试验液体石油产品时，将 50mL 试样和 50mL 蒸馏水放入分液漏斗，轻轻地摇动 5min，不允许乳化。放出澄清后下部的水层，经滤纸过滤后，滤入锥形烧瓶中。

（2）向两个试管中分别放 1～2mL 抽提物，在第一支试管中，加入 2 滴甲基橙溶液，并将它与装有相同体积蒸馏水和甲基橙溶液的第三支试管相比较。如果抽提物呈玫瑰色，则表示所试石油产品里有水溶性酸存在。

在第二支盛有抽提物的试管中加入 3 滴酚酞溶液。如果溶液呈玫瑰色或红色时，则表示有水溶性碱存在。

当抽提物用甲基橙或酚酞为指示剂，没有呈现玫瑰色或红色时，则认为没有水溶性酸或碱。

四、任务思考

① 测定石油产品水溶性酸、碱的原理是怎样的？

② 石油产品水溶性酸、碱试验法中加入溶剂的作用是什么？

任务 9　测定油品水分

一、使用标准

依据国家标准 GB/T 260—77（88）《石油产品水分测定法》规定作为测定方法。

二、任务目的

① 掌握蒸馏法测定油品水分的操作技能。

② 掌握水分含量的计算和表示方法。

三、制订实施方案

1. 方法提要

一定量的试样与无水溶剂混合，进行蒸馏测定其水分含量并以百分数表示。

2. 试剂与材料

（1）溶剂：工业溶剂油或直馏汽油在 80℃以上的馏分，溶剂在使用前必须脱水和过滤。

（2）无釉瓷片、浮石或一端封闭的玻璃毛细管，在使用前必须经过烘干。

3. 仪器与设备

水分测定器：包括圆底玻璃烧瓶（容量为 500mL），接收器，直管式冷凝管（长度为 250～300mm）。

水分测定器的各部分连接处，可以用磨口塞或软木塞连接。接收器的刻度在 0.3mL 以下设有十等分的刻线；0.3～1.0mL 之间设有七等分的刻线；1.0～10mL 之间每分度为 0.2mL。

4. 任务实施步骤

（1）将装入量不超过瓶内容积 3/4 的试样摇动 5min，要混合均匀。

（2）向预先洗净并烘干的圆底烧瓶称入摇匀的试样 100g，称准至 0.1g。

用量筒取 100mL 溶剂，注入圆底烧瓶中。将圆底烧瓶中的混合物仔细摇匀后，投入一些无釉瓷片、浮石或毛细管。

（3）洗净并烘干的接收器要用它的支管紧密地安装在圆底烧瓶上，使支管的斜口进入圆底烧瓶 15～20mm。然后在接收器上连接直管式冷凝管。冷凝管的内壁要预先用棉花擦干。安装时，冷凝管与接收器的轴心线要互相重合，冷凝管下端的斜口切面要与接收器的支管管口相对。为了避免蒸气逸出，应在塞子缝隙涂上火棉胶。进入冷凝管的水温与室温相差较大时，应在冷凝管的上端用棉花塞住，以免空气中的水蒸气进入冷凝管凝结。

注：允许在冷凝管的上端，外接一个干燥管，以免空气中的水蒸气进入冷凝管凝结。

（4）用电炉、酒精灯或调成小火焰的煤气灯加热圆底烧瓶，并控制回流速度，使冷凝管的斜口每秒滴下 2～4 滴液体。

（5）蒸馏将近完毕时，如果冷凝管内壁沾有水滴，应使圆底烧瓶中的混合物在短时间内进行剧烈沸腾，利用冷凝的溶剂将水滴尽量洗入接收器中。

（6）接收器中收集的水体积不再增加，而且溶剂的上层完全透明时，应停止加热。回流的时间不应超过 1h。

停止加热后，如果冷凝管内壁仍沾有水滴，应从冷凝管上端倒入规定的溶剂，把水滴冲进接收器。如果溶剂冲洗依然无效，就用金属丝或细玻璃棒带有橡皮或塑料头的一端，把冷凝器内壁的水滴刮进接收器中。

（7）圆底烧瓶冷却后，将仪器拆卸，读出接收器中收集水的体积。

当接收器中的溶剂呈现浑浊，而且管底收集的水不超过 0.3mL 时，将接收器放入热水中浸 20～30min，使溶剂澄清，再将接收器冷却到室温，才读出管底收集水的体积。

5. 分析结果计算

试样的水分含量 $w(H_2O)$ ［％（质量分数）］按式（7-15）计算：

$$w(H_2O) = \frac{V}{m} \times 100 \tag{7-15}$$

式中　V——在接收器中收集水的体积，mL；

　　　m——试样的质量，g。

注：水在室温的密度可以视为 1g/mL，因此用水的毫升数作为水的克数。试样的质量为（100±1）g 时，在接收器中收集水的毫升数，可以作为试样的水分含量测定结果。

6. 精密度

在两次测定中，收集水的体积差数，不应超过接收器的一个刻度。

7. 实训报告

（1）取两次测定的两个结果的算术平均值，作为试样的水分。

（2）试样的水分少于 0.03％，认为是痕迹。在仪器拆卸后接收器中没有水存在，认为试样无水。

四、任务思考

① 石油产品水分测定法中加入溶剂的作用是什么？

② 石油产品水分测定时，烧瓶中加入无釉瓷片的作用是什么？

涂料分析实训

知识目标

① 掌握漆膜硬度的测定方法。
② 掌握涂料粘度的测定方法。
③ 掌握涂料细度的测定方法。
④ 掌握涂料不挥发物的测定方法。
⑤ 掌握涂料密度的测定方法。

技能目标

① 能熟练地进行漆膜硬度的测定。
② 能熟练地进行涂料黏度的测定。
③ 能熟练地进行涂料细度测定的操作。
④ 能熟练地进行不挥发物的测定和计算。
⑤ 能熟练地进行涂料密度的测定与计算。

任务引导

查阅标准

GB/T 6739—2006《色漆和清漆　铅笔法测定漆膜硬度》

GB/T 1723—1993《涂料粘度测定法》

GB 6753.1—2007《色漆、清漆和印刷油墨　研磨细度的测定》

GB/T 9272—2007《色漆和清漆　通过测量干涂层密度测定涂料的不挥发物体积分数》

GB 6750—2007《色漆和清漆　密度的测定　比重瓶法》

任务实施

涂料性能分析

任务1 铅笔法测定漆膜硬度

一、使用标准

依据国家标准 GB/T 6739—2006《色漆和清漆 铅笔法测定漆膜硬度》规定作为测定方法。

二、任务目的

① 掌握铅笔法测定漆膜硬度的方法。
② 掌握实训仪器的使用方法。

三、制订实施方案

1. 方法提要

铅笔硬度指用具有规定尺寸、形状和硬度铅笔芯的铅笔推过漆膜表面时，漆膜表面耐划痕和耐产生其他缺陷的性能。测定铅笔硬度时将受试产品或体系以均匀厚度施涂于表面结构一致的平板上。漆膜干燥/固化后，将样板放在水平位置，通过在漆膜上推动硬度逐渐增加的铅笔来测定漆膜的铅笔硬度。试验时，铅笔固定，这样铅笔能在750g的负载下以45°角向下压在漆膜表面上，逐渐增加铅笔的硬度直到漆膜表面出现各种缺陷。

缺陷的定义如下：
① 塑性变形，漆膜表面永久的压痕，但没有内聚破坏；
② 内聚破坏，漆膜表面存在可见的擦伤和刮破；
③ 以上情况的组合。

这些缺陷可能同时发生。

2. 仪器与设备

（1）试验仪器：本试验最好使用机械装置来完成，适用装置的示例见图8-1。

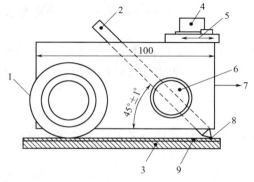 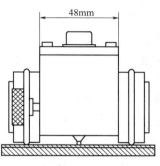

图 8-1 试验仪器示意图

1—橡胶O形圈；2—铅笔；3—底材；4—水平仪；5—小的、可拆卸的砝码；
6—夹子；7—仪器移动的方向；8—铅笔芯；9—漆膜

该装置是由一个两边各装有一个轮子的金属块组成的。在金属块的中间，有一个圆柱形的、以 45°±1° 角倾斜的孔。借助夹子、铅笔能固定在仪器上并始终保持在相同的位置。在仪器的顶部装有一个水平仪，用于确保试验进行时仪器的水平。仪器设计成试验时仪器处于水平位置，铅笔尖端施加在漆膜表面上的负载应为（750±10）g。

（2）一套具有下列硬度的木制绘图铅笔：

9B—8B—7B—6B—5B—4B—3B—2B—B—F—H—2H—3H—4H—5H—6H—7H—8H—9H
较软———较硬

（3）特殊的机械削铅笔，它只削去木头，留下完整的无损伤的圆柱形铅笔芯（见图 8-2）。

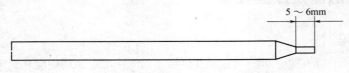

图 8-2　铅笔削好后的示意图

（4）砂纸，砂粒粒度为 400 号。

（5）软布或脱脂棉擦，试验结束后，用它和与涂层不起作用的溶剂来擦净样板。

3. 取样

按 GB/T 3186 的规定，取受试产品的代表性样品；

按 GB/T 20777 的规定，检查和制备试验样品。

4. 试板

（1）底材　选用 GB/T 9271 规定的底材，应尽可能选择与实际使用时相同类型的材料。底材应平整且没有变形。

（2）形状和尺寸　试板的形状和尺寸应确保试验期间试板能处于水平位置。

（3）处理和涂装　按 GB/T 9271 的规定处理每一块试板，然后用受试产品或体系按规定的方法进行涂装。

（4）干燥和状态调节　将每一块已涂装的试板在规定的条件下干燥并放置规定的时间。除非另外商定，试验前，试板应在温度为（23±2）℃和相对湿度为 50%±5% 的条件下至少调节 16h。

（5）涂层厚度　用 GB/T 13452.2 中规定的一种方法测定涂层的厚度。

5. 任务实施步骤

（1）在温度（23±2）℃和相对湿度为 50%±5% 的条件下进行试验。

（2）用特殊的机械削笔刀将每支铅笔的一端削去 5～6mm 的木头，小心操作，以留下原样的、未划伤的、光滑的圆柱形铅笔笔芯。

（3）垂直握住铅笔，与砂纸保持 90° 角在砂纸上前后移动铅笔，把铅笔芯尖端磨平。持续移动铅笔直至获得一个平整光滑的圆形横截面，且边缘没有碎屑和缺口。每次使用铅笔前都要重复这个操作。

（4）将涂漆样板放在水平的、稳固的表面上。

将铅笔插入试验仪器中并用夹子将其固定，使仪器保持水平，铅笔的尖端放在漆膜表面上。（见图 8-1）

（5）当铅笔的尖端刚接触到涂层后立即推动试板，以 0.5～1mm·s^{-1} 的速度朝离开操作者的方向推动至少 7mm 的距离。

（6）30s 后以裸视观察检查涂层表面，看是否会出现上述定义的缺陷。

用软布或脱脂棉擦和惰性溶剂一起擦拭涂层表面，或者用橡皮擦拭，当擦净涂层表面上铅笔芯的所有碎屑后，破坏更容易评定。要注意溶剂不能影响试验区域内涂层的硬度。

如果未出现划痕，在未进行过试验的区域重复试验，更换较高硬度的铅笔直到出现至少3mm 长的划痕为止。

如果出现已超过 3mm 的划痕，则降低铅笔的硬度重复试验，直到超过 3mm 的划痕不再出现为止。

（7）平行测定两次。如果两次测定的结果不一致，应重新试验。

6. 精密度

重复性　由同一实训室的两个不同操作者使用相同的铅笔和试板获得的两个结果只差大于上述给出的一个铅笔硬度单位，则认为结果是可疑的。

再现性　不同实训室的不同操作者使用相同的铅笔和试板或者是不同的铅笔盒相同的试板获得的两个结果（每个结果均为至少两次平行测定的结果）之差大于上述给出的一个铅笔硬度单位，则认为是可疑的。

四、试验报告

试验报告至少包括以下内容：

① 识别受试产品所需要的全部细节；

② 所用铅笔的型号和制造商；

③ 试验日期。

五、任务思考

① 如果遇到的涂层本身具有一定的润滑作用，该注意哪些事项？

② 如何保证两次或多次试验的重复性？

任务 2　测定涂料黏度

一、使用标准

依据国家标准 GB/T 1723—1993《涂料粘度测定法》规定作为测定方法。

二、任务目的

① 掌握涂-1、涂-4 黏度计及落球黏度计的使用方法。

② 了解各种流体黏度测量的方法异同。

三、制订实施方案

1. 方法提要

涂-1、涂-4 黏度计测定的黏度是条件黏度。即为一定量的试样，在一定的温度下从规定直径的孔所流出的时间，以秒（s）表示。用下列公式可将试样的流出时间秒（s）换算成运动黏度值厘斯（cst，$1cst = 1mm^2 \cdot s^{-1}$）：

$$涂\text{-}1 \text{ 黏度计}: t = 0.053u + 1.0 \tag{8-1}$$

$$涂\text{-}4 \text{ 黏度计}: t < 23s \text{ 时}, t = 0.154u + 11 \tag{8-2}$$

$$23s \leqslant t < 150s \text{ 时}, t = 0.223u + 6.0 \tag{8-3}$$

式中　t——流出时间，s；

　　　u——运动黏度，$mm^2 \cdot s^{-1}$。

涂-1 黏度计适用于测定流出时间不低于 20s 的涂料产品；涂-4 黏度计适用于测定流出时间在 150s 以下的涂料；落球黏度计适用于测定黏度较高的透明的涂料产品。

落球黏度计测定的黏度也是条件黏度。即为在一定的温度下，一定规格的钢球垂直下落通过盛有试样的玻璃管上、下两刻度线所需的时间，以秒（s）表示。

2. 仪器和设备

温度计（温度范围 0～50℃，分度为 0.1℃、0.5℃）；秒表（分度为 0.2s）；水平仪；永久磁铁；承受杯（50mL 量杯、150mL 搪瓷杯）；黏度计（涂-1 黏度计、涂-4 黏度计、落球黏度计）。

3. 任务实施步骤

（1）涂-1 黏度计法测定　测定前后均需纱布蘸溶剂将黏度计擦拭干净，并干燥或用冷风吹干。对光检查，黏度计漏嘴等应保持洁净。将试样搅拌均匀，必要时可用孔径为 246μm 金属筛过滤。将试样温度调整至（23±0.1）℃或（25±0.1）℃，黏度计置于水浴套内，插入塞棒。将试样倒入黏度计内，调节水平螺钉使液面与刻线刚好重合，盖上盖子并插入温度计，静置片刻以使试样中的气泡逸出，在黏度计漏嘴下放置一个 50mL 量杯，当试样温度达到（23±0.1）℃或（25±0.1）℃时，迅速提起塞棒，同时启动秒表。当杯内试样量达到 50mL 刻度线时，立即停止秒表。试样流入杯内 50mL 所需时间，即为试样的流出时间（s）。

重复测试两次，两次测定值之差不应大于平均值的 3%，取两次测定值的平均值为测定结果。

（2）涂-4 黏度计法测定　按规定清洁、干燥黏度计、试样；使用水平仪，调节水平螺钉，使黏度计处于水平位置，在黏度计漏嘴下放置 150mL 搪瓷杯。用手指堵住漏嘴，将（23±0.1）℃或（25±0.1）℃试样倒满黏度计中，用玻璃棒或玻璃板将气泡和多余试样刮入凹槽。迅速移开手指，同时启动秒表，待试样流束刚中断时立即停止秒表。秒表读数即为试样的流出时间（s）。

重复测试两次，两次测定值之差不应大于平均值的 3%，取两次测定值的平均值为测定结果。

（3）落球黏度计法　将透明试样倒入玻璃管中，使试样高于上端刻度线 40mm，放入钢球，塞好带铁钉的软木塞，将永久磁铁放置在带铁钉的软木塞上，将管子颠倒使铁钉吸住钢球，再翻转过来，固定在架上，并使用铅锤，调节使其垂直，再将永久磁铁拿走，使钢球自由下落，当钢球刚落到上刻度线时，立即启动秒表，至钢球落到下刻度线时停止秒表，记下钢球通过两刻度线的时间（s），即为试样的条件黏度。

重复测试两次，两次测定值之差不应大于平均值的 3%，取两次测定值的平均值为测试结果。

四、试验报告

试验报告至少应包括下列内容：

① 试样的型号及名称；
② 注明采用的国家标准及何种方法；
③ 试验温度；
④ 各测试值和试验结果及任何异常现象；
⑤ 试验日期。

五、任务思考

① 涂-1 黏度计和涂-4 黏度计测定方法的异同点是什么？

② 以上三种测定方法各针对于什么类型的涂料？和涂料黏度有什么关系？

任务3 测定涂料的细度

一、使用标准

依据国家标准 GB/T 6753.1—2007《色漆、清漆和印刷油墨 研磨细度的测定》规定作为测定方法。

二、任务目的

① 掌握色漆、清漆、印刷油墨及相关产品的细度测定方法。

② 掌握细度板的使用要点。

三、制订实施方案

1. 仪器与设备

（1）细度板 由长约175mm，宽65mm，厚13mm的淬火钢块制成。将钢块的上面磨平、磨光，在其上面开出一条或两条长约140mm、宽约12.5mm平行于钢块长边凹槽。每条槽的深度应沿钢块的长边均匀地递减。槽的一端有一合适的深度（例如25μm、50μm或100μm），另一端的深度为零。典型细度板的图形如图8-3所示。

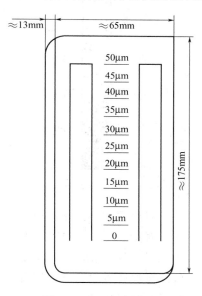

图 8-3 典型的细度板

（2）刮刀 由大约长90mm，宽40mm，厚6mm的单刃或双刃钢片制成。长边上的刀刃应是平直的且呈0.25μm半径的圆弧状。

2. 取样与制样

按 GB/T 3186—2006 规定，取受试品的代表性样品。

按 GB/T 20777—2006 的规定，检查和制备试验样品。

3. 任务实施步骤

（1）进行预测以确定最适宜的细度板规格和试样近似的研磨细度。此近似测定的结果不包含在试验结果中。

（2）将彻底洗净并干燥的细度板放在平坦、水平、不会滑动的平面上。

（3）将足够量的样品倒入沟槽的深端，并使样品略有溢出，注意在倾倒样品时勿使样品夹带空气。

（4）用两手的大拇指和食指捏住刮刀，将刮刀的刀口放在细度板凹槽最深一端，与细度板表面相接触，并使刮刀的长边平行于细度板的宽边，而且要将刮刀垂直压于细度板的表面，使刮刀和凹槽的长边呈直角。在1～2s内使刮刀以均匀的速度刮过细度板的整个表面到凹槽深度为零的一端。

（5）在刮完试样后尽可能快的时间内从侧面观察细度板，观察时，视线与凹槽的长边呈直角，且和细度板表面的角度为不大于30°、不小于20°，同时要求在易于看出凹槽中样品状况的光线下进行观察。

（6）观察试样首先出现密集微粒点之处，特别是横跨凹槽 3mm 宽的条带内包含有 5～10 个颗粒（见图 8-4、图 8-5）的位置。在密集微粒点出现之处的上面可能出现的分散的点可以不予理会。确定此条带上限的位置，读数精确程度分别为：

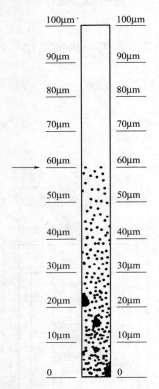

图 8-4　细度板上的典型读数

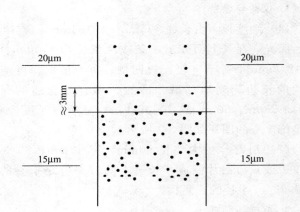

图 8-5　读数为 18μm 细度板放大图

——对量程 100μm 的细度板为 5μm；
——对量程 50μm 的细度板为 2μm；
——对量程 25μm 的细度板为 1μm。

（7）每次读数之后立即用合适的溶剂仔细地清洗细度板刮刀。

4. 分析结果计算

计算三次测定的平均值并以与初始读数相同的精度记录其结果。

5. 精密度

（1）重复性（r）　同一操作者在同一实训室，在短时间间隔内使用同一设备，用本标准试验方法所获得的相同实训材料的两个单独试验结果之绝对差低于细度板量程 10% 时，则认为其置信度为 95%。

（2）再现性（R）　不同操作者在不同实训室，用本标准试验方法对同,材料得到的两个单独试验结果之绝对差低于细度板量程 20% 时，则认为其置信度为 95%。

四、实训报告

实训报告至少应包括下列内容：
① 识别受试产品所需要的全部细节；
② 注明本标准编号；

③ 指明使用的细度板；

④ 任何稀释的细节；

⑤ 试验日期。

五、任务思考

① 在倾倒样品时需要注意哪些事项？

② 各刻度板的量程对样品细度有什么要求？

任务 4　测定涂料的不挥发物体积分数

一、使用标准

依据国家标准 GB/T 9272—2007《色漆和清漆　通过测量干涂层密度测定涂料的不挥发物体积分数》规定作为测定方法。

二、目的任务

① 了解涂料中不挥发物的种类。

② 掌握涂料不挥发物的测定方法。

三、制订方案实施

1. 方法提要

将受漆器（圆片或板片）在空气及水（或其他已知密度的适宜液体）中称重，用受试产品涂覆，干燥后再在空气及相同液体中称重。根据这些测定值，就能计算出干涂层的质量、体积和密度。通过测定液体涂料密度（GB/T 6750—2007）、不挥发物的质量以及干涂层的密度，就可以计算不挥发物的体积。

2. 仪器与设备

普通实训室仪器和下列仪器设备和材料。

（1）分析天平：精确到 0.1mg。

（2）受漆器：受漆器（圆片或板片）的选择取决于待测涂料的类型。圆片最好应用于低黏度的色漆以及稀释到喷涂黏度的色漆。板片可以应用于触变性涂料或其他能用刮漆刀刮涂的涂料或使用浸图法施工的色漆。

圆片：直径约为 60mm，厚度约为 0.7mm，距边缘 2~3mm 处有一小孔。

板片：尺寸是 (75 ± 5)mm$\times(120\pm5)$mm，在板片纵轴上距短边 2~3mm 处有一小孔。

吊钩：用于在称量过程中将受漆器吊挂在天平上。由于表面张力的影响，金属丝直径不应超过 0.3mm。

（3）烧杯：大小应能浸没受漆器且上面至少留有 10mm 的间隙，并且能放进天平箱内。

（4）浸渍液：具有合适密度和类型的液体且对于涂层是惰性的。

（5）干燥器：使用像硅胶类的干燥物质。

（6）空气干燥箱：能保持规定或商定的温度至 ±2℃（对于最高为 150℃的温度）或 ±3.5℃（对于—150℃以上和最高温度为 200℃的温度）范围内。空气干燥箱应装有强制通风设备。

（7）带调压器的小电动机：电动机转速为 200~4000r·min^{-1}，小电动机轴上最好装上一个钻夹头。

(8) 金属 Y 形件/Y 形件上带有可以挂圆片的两个小钩。

(9) 容器：圆形金属容器或其他容器用来收集甩出的物质。

3. 取样

按照 GB/T 3186—2006 中的规定取受试产品的代表性产品。

按照 GB/T 20777—2006 中的规定对试样进行检查和制备。

4. 任务实施步骤

进行一式两份样品的平行测定。

样品可以按规定采用浸涂、刷涂或用刮涂器施涂于圆片或板片上。

（1）未涂漆的受漆器体积的测定

① 将受漆器和吊钩在空气干燥箱中干燥，如需要，如推荐的温度下烘干 10min，放入干燥器中冷却，称量受漆器在空气中的质量，记录这个质量为 m_1。

② 向烧杯中加入足量的浸渍液，必须保证液面高出悬挂着的受漆器顶端至少 10mm。在烧杯侧面标出该液面，并在整个测定过程中都要保持这个液面。液体温度最好应是（23±1）℃。将受漆器悬挂在液体中，再次称重，记录这个质量为 m_2。

③ 记录液体的温度，并测定在该温度下液体的密度，记录密度为 ρ_1。

（2）涂膜　将需要的近似数量的涂料施涂到圆片或板片上达到规定的膜厚。

① 圆片　把圆片系在一根结实的金属丝上，将其全部浸入样品中。然后把圆片匀速地提出来、滴干并除去圆片底部形成的任何厚边。这可以用玻璃棒沿着厚边刮拉同时旋转玻璃棒而除去。假若膜的表面有空气泡形成，用针尖将其弄破。立即称量圆片的质量并记录这个质量为 m_3。

② 板片　通过浸涂法将样品施涂于板片上，或用刮漆刀或线棒涂布器把样品施涂于板片上。立即称量涂漆板片的质量并记录这个质量为 m_3。

（3）干燥　用受漆器浸漆时所用的金属丝或使用其他合适的装置把涂过漆的受漆器悬挂起来。此时不要使用吊钩。让漆膜在规定条件下干燥。

（4）干涂层体积的测定

① 干燥后，把已涂漆的受漆器从干燥时用于悬挂的装置上摘下来，将它连同吊钩一起放入干燥器中冷却，然后称量在空气中的质量。记录这个质量为 m_4。

② 将已涂漆受漆器放入未涂漆受漆器浸渍时所用的同一液体中进行称量。务必保证浸渍液体的温度与未涂漆受漆器在该溶液中称重时的温度完全相同。假如由于漆膜吸收液体而使质量变化很快，就应采用另一种不被漆膜吸收的液体来代替，并重新测定。记录这个质量为 m_5。

（5）液体涂料密度测定　测定液体涂料的密度，测定时温度要与测定浸渍液密度时的温度相同。记录密度为 ρ_2。

5. 分析结果计算

用下列公式计算干涂层的密度 ρ_0、不挥发物的质量分数 NV_m 以及不挥发物的体积分数 NV_V：

$$\rho_0 = \frac{(m_4 - m_1) \times \rho_1}{(m_2 + m_4 - m_1 - m_5)} \tag{8-4}$$

$$NV_m = 100 \times \frac{(m_4 - m_1)}{(m_3 - m_1)} \tag{8-5}$$

$$NV_V = \frac{NV_m\rho_2}{\rho_0} \tag{8-6}$$

6. 精密度

（1）重复性　同一操作者采用相同的仪器设备在相同的操作条件下在短的时间间隔内，对同一试验涂料所得到的两个结果之间的差值，在置信水平为 95％时应不超过 0.48 +0.0086NV_m。

（2）再现性　不同操作者在不同的实训室对同一试验涂料所得到的两结果之间的差值，在置信水平为 95％时应不超过 1.06+0.0096NV_m。

四、实训报告

实训报告至少应包括下列内容：

① 识别受试产品所必要的全部细节；

② 使用的受漆器的类型；

③ 浸没受漆器的液体；

④ 施涂涂层的厚度；

⑤ 使用的试验温度及干燥条件；

⑥ 试验结果；

⑦ 试验日期。

五、任务思考

① 温度对涂料不挥发度测定有何影响？

② 不同的涂料其不挥发度测定方法有何异同点？

任务 5　测定涂料的密度

一、使用标准

依据国家标准 GB 6750—2007《色漆和清漆　密度的测定　比重瓶法》规定作为测定方法。

二、任务目的

① 掌握色漆、清漆密度的测定方法。

② 掌握比重瓶的使用方法。

三、制订实施方案

1. 仪器与设备

（1）容量为 20～100mL 的适宜玻璃比重瓶。

（2）温度计，分度为 0.1℃，精确到 0.2℃。

（3）水浴或恒温室，当要求精确度高时，能够保持在试验温度的±0.5℃的范围内。对于生产控制，能保持在试验温度的±2℃的范围内。

（4）分析天平，要求高精确度时可精至 0.2mg。

2. 任务实施步骤

（1）比重瓶的校准　用铬酸溶液、蒸馏水和蒸发后不留下残余物的溶剂依次清洗玻璃比重瓶，并使其充分干燥。用蒸发后不留下残余物的溶剂清洗金属比重瓶，且将它干燥。

将比重瓶放置到室温，并将它称重。假若要求很高的精确度，则应连续清洗、干燥和称量比重瓶，直至两次相继的称量间之差不超过 0.5mg。在低于试验温度〔（23±2）℃，如精确度要求更高，则为（23±0.5）℃〕不超过 1℃ 的温度下，在比重瓶中注满蒸馏水。

塞住或盖上比重瓶，使留有溢流孔开口，严格注意防止在比重瓶中产生气泡。将比重瓶放置在恒温水浴中或放在恒温室中，直至瓶的温度和瓶中所含物的温度恒定为止。用有吸收性的材料（如棉纸）擦去溢出物质，并用吸收性材料彻底擦干比重瓶的外部。不再擦去继后任何溢出物，立即称量该注满蒸馏水的比重瓶，精确到其质量的 0.001%。

（2）比重瓶容积的计算 按式（8-7）计算比重瓶的容积 V（以 mL 表示）：

$$V = \frac{m_1 - m_0}{0.9975} \tag{8-7}$$

式中 m_0——空比重瓶的质量，g；

m_1——比重瓶及水的质量，g；

0.9975——水在 23℃ 的密度，$g \cdot mL^{-1}$。

（3）产品密度的测定 用产品代替蒸馏水，重复上述操作步骤，用沾有适合溶剂的吸收材料擦掉比重瓶外部的色残余物，并用干净的吸收材料拭擦，使之完全干燥。立即称量该注满样品的比重瓶，精确到其质量的 0.001%。

3. 密度的计算

按式（8-8）计算产品在试验温度下的密度 ρ_t（以 $g \cdot mL^{-1}$ 表示）：

$$\rho_t = \frac{m_2 - m_0}{V} \tag{8-8}$$

式中 m_0——空比重瓶的质量，g；

m_2——比重瓶和产品的质量，g；

V——在试验温度下测得的比重瓶的体积，mL；

t——试验温度（23℃ 或其他商定的温度）。

为了精确的测定，最好用玻璃比重瓶；对于为控制生产而需要的密度测定，通常使用金属比重瓶。

平行测定两次，计算算术平均值。

4. 精密度

（1）重复性 由同一个操作人员，用同样的设备，在相同的操作条件下，对于相同的试验材料，在短时间间隔内得到的相继的结果之差，应不超过 $0.0006 g \cdot mL^{-1}$，其置信水平为 95%。

（2）再现性 在不同的试验室中，对于相同的试验材料，由不同的操作人员所得到的单一的及独立的结果之差应不超过 $0.0012 g \cdot mL^{-1}$，其置信水平为 95%。

注：某些液体色漆产品，特别是那些具有结构黏度或触变性的液体色漆产品，可能达不到上述的精密度。

四、试验报告

试验报告应包括下述内容：

① 试验产品的型号和名称；

② 所用比重瓶的详图；

③ 试验温度以及若偏差不是±0.5℃时，注明允许偏差；

④ 以 $g \cdot mL^{-1}$ 表示的试验结果；

⑤ 试验日期。

五、任务思考

① 涂料密度大小与什么有关？其测定方法重复性与什么有关？

② 比重瓶使用过程要注意哪些事项？如何保证比重瓶不会进入空气？

气体分析实训

知识目标

① 理解不同状态气体采样方法。
② 理解气体体积的测定的基本原理。
③ 理解气体吸收法的测量原理。
④ 理解气体燃烧法的测量原理。
⑤ 熟悉奥氏煤气全分析器的基本结构。
⑥ 熟悉气相色谱法分析气体组成的仪器设备。
⑦ 理解气相色谱法分析气体含量的基本原理。

技能目标

① 能正确采取气体样品。
② 学会用量气管准确测定气体体积的操作程序。
③ 会组装奥氏煤气全分析器，并检查气密性。
④ 熟练掌握气体吸收法和燃烧法测气体含量操作。
⑤ 能通过实训数据计算可燃性气体组分的含量。
⑥ 能使用气相色谱法测定半水煤气各组分的含量。

任务引导

查阅标准和奥氏煤气全分析器的基本结构
GB/T 1876—1995《磷矿石和磷精矿中二氧化碳含量的测定　气量法》
GB/T 3864—2008《工业氮》
GB/T 8984—2008《气体中一氧化碳、二氧化碳和碳氢化合物的测定　气相色谱法》

任务实施

煤气含量的分析

任务 1 用奥式气体分析器测定煤气组分

一、使用标准

依据国家标准 GB/T 1876—1995《磷矿石和磷精矿中二氧化碳含量的测定 气量法》、GB/T 3864—2008《工业氮》。

二、任务目的

学会用奥氏煤气全分析器测定气体含量的基本原理和操作方法。

三、任务实施方案

1. 方法提要

在煤气生产中，为了正常、安全生产，必须对气体进行分析，了解其组成。煤气主要组分分析测定的内容包括：酸性气体的总含量（以 CO_2 表示）、不饱和烃气体的总含量（以 C_nH_m 表示）、氧气（O_2）含量、一氧化碳（CO）含量、氢气（H_2）含量、烷烃气体的总含量（以 CH_4 表示）、其他惰性气体的总含量（以 N_2 表示），共 7 项内容。

主要组分分析是用直接吸收法首先测定二氧化碳（CO_2）、不饱和烃（以 C_nH_m 表示）、氧（O_2）、一氧化碳（CO）的含量，然后用爆炸燃烧法（加氧爆炸燃烧剩余的可燃气体），根据反应结果计算甲烷及氢的含量，而惰性气体的含量则用差减法求得。具体的化学反应如下。

① 用氢氧化钾吸收二氧化碳及酸性气体。

$$CO_2 + 2KOH \longrightarrow K_2CO_3 + H_2O$$

硫化氢、二氧化硫等酸性气体也和氢氧化钾反应，干扰吸收，应事先除去。氢氧化钠的浓溶液极易产生泡沫，而且吸收二氧化碳后生成的碳酸钠又难溶解于氢氧化钠的浓溶液中，致发生仪器管道的堵塞事故，因此通常使用氢氧化钾。

② 用焦性没食子酸（学名邻苯三酚或 1,2,3-三羟基苯）的碱性溶液吸收氧。反应分两步进行：首先是焦性没食子酸和碱发生中和反应，生成焦性没食子酸钾；然后是焦性没食子酸钾和氧作用，被氧化为六氧基联苯钾。

$$C_6H_3(OH)_3 + 3KOH \longrightarrow C_6H_3(OK)_3 + 3H_2O$$

$$2C_6H_3(OK)_3 + \frac{1}{2}O_2 \longrightarrow C_{12}H_4(OK)_6 + H_2O$$

③ 用发烟硫酸吸收不饱和烃（C_nH_m），如 C_2H_4、C_6H_6。

$$C_2H_4 + H_2SO_4 \cdot SO_3 \longrightarrow C_2H_6S_2O_7（乙烯磺酸）$$

$$C_6H_6 + H_2SO_4 \cdot SO_3 \longrightarrow C_6H_6SO_3（苯磺酸）+ H_2SO_4$$

④ 用氨性氯化亚铜溶液吸收一氧化碳。

$$Cu_2Cl_2 + 2CO \longrightarrow Cu_2Cl_2 \cdot 2CO$$

$$Cu_2Cl_2 \cdot 2CO + 4NH_3 + 2H_2O \longrightarrow 2NH_4Cl + Cu_2(COONH_4)_2$$

⑤ 甲烷和氢加氧发生爆炸燃烧反应。

$$CH_4 + 2O_2 \longrightarrow CO_2 + 2H_2O$$
$$2H_2 + O_2 \longrightarrow 2H_2O$$

加氧量必须调节，使可爆混合气浓度略高于爆燃下限，不可接近化学计量的需氧量，以免爆燃过分剧烈。具体须按照表 9-1 中的规定操作。

表 9-1　不同气样体积与加氧量、爆炸次数的技术要求

气体分类	吸收后剩余气样倍数 1/R	计算倍数 R	加入氧气量 /mL	爆炸次数	各次气体量/mL
城市煤气、混合煤气	1/2	2	60~70	分 4 次	约 10、20、30、40
焦炉气、纯炭化炉气、油制气	1/3	3	65~75	分 4 次	约 10、20、30、40
水煤气	1/2	2	40~45	分 3 次	约 10、30、>50
发生炉气	全部气体	1	15~25	只 1 次	全部
沼气	1/3	3	70~80	分 4 次	约 10、20、30、40

注：沼气的一般可燃组分含量为甲烷 45%~65%、氢小于 10%。若甲烷、氢的含量超过上述范围，则爆燃取样体积受爆炸次数、倍数由分析人员自己酌情调整。

2. 试剂与试样

(1) 氢氧化钾溶液：30%氢氧化钾溶液。取 30g 化学纯的氢氧化钾溶于 70mL 水中。

(2) 焦性没食子酸的碱性溶液：取 10g 焦性没食子酸，溶于 100mL 30%氢氧化钾溶液中。焦性没食子酸的碱性吸收液在灌入吸收管后，通大气的液面上应加液体石蜡油，使其与空气隔绝。

(3) 发烟硫酸溶液：三氧化硫含量为 20%~30%。发烟硫酸液灌入吸收管后，通大气的透气口上应套橡皮袋，以防三氧化硫外逸。

(4) 氨性氯化亚铜溶液：取 27g 氯化亚铜和 30g 氯化铵，加入 100mL 蒸馏水中，搅拌成浑浊液，灌入吸收管内并加入紫铜丝。其后加入浓氨水（分析纯，密度 ρ 为 0.88~0.99g·mL^{-1}）至吸收液澄清，通大气的液面上应加液体石蜡油，使其与空气隔绝。

(5) 稀硫酸溶液：浓度为 10%在 100mL 水中加入 5.5~6.0mL 浓硫酸（密度 ρ 为 1.84g·mL^{-1}），滴入 1~2 滴甲基橙指示剂显红色。

(6) 封闭液：量气管的封闭液，不得吸收被测定的气体。为了进一步阻止气体溶解，在使用之前必须用待测气体饱和。一般可以使用 10%硫酸作为量气管的封闭液。爆炸管的封闭液，则用二氧化碳饱和的水即可。

(7) 吸收液调换：根据所分析的燃气中各主组分的含量高低，及各吸收液的吸收效率，决定使用次数，部分吸收液也会因长时间放置而失效。

3. 仪器与设备

(1) 奥氏煤气全分析器。

(2) 常见的分析实训室设备。

4. 任务实施步骤

(1) 准备工作　检查整套分析仪器（见图 9-1）的严密性。具体方法是把进样直通活塞、吸收管活塞关闭，将中心三通活塞处的量气管和吸收瓶梳形管连通，使量气管存有一定量的气体，然后将水准瓶放在仪器上方，5min 后气体不再减少，即说明仪器不漏气。各吸收管内吸收液都在活塞面以下，不得超过活塞。

(2) 取样　取样可采用取样瓶的排水集气法或橡皮袋（塑料袋）灌气法。取样瓶法可用于在微负压或正压气流的管道上取样，而橡皮袋（塑料袋）法只能在正压气流的管道上取

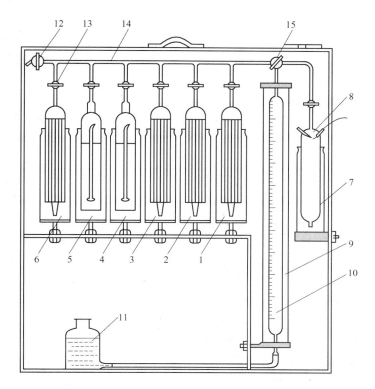

图 9-1 奥氏煤气全分析器

1～3,6—接触式吸收管；4,5—鼓泡式吸收管；7—爆炸管；

8—铂丝极；9—水冷夹套管；10—量气管；11—封气水准瓶；

12—进样直通活塞；13—直通活塞；14—梳形管；15—中心三通活塞

样。取样瓶内所盛的应是经过过滤的硫酸钠（或氯化钠）饱和液，且被被测气体所饱和。不论使用取样瓶还是橡皮袋，取燃气前都须经样气置换 3～4 次，并须注意取样时不要带入外界空气。取样瓶或橡皮袋存放燃气的时间不宜超过 2h。

（3）进样　先将量气管中的气体排出，使用前将量气管的液面升到零点，关闭进样直通活塞。取样瓶或取样袋的橡皮管与奥氏仪接通，而后打开取样瓶橡皮管夹子，打开奥氏仪进样直通活塞，使样品气流进量气管中 20～30mL，而后旋转中心三通活塞，将水准瓶升高，使量气管中的试样放空，直到量气管液面升到零点，如此至少 3 次。取足试样 100mL（包括梳形管所占容积），压力平衡后（使压力与大气压相同）关闭进样直通活塞。

（4）气体组成分析　煤气主要组分全分析的步骤按下列顺序进行：第一为二氧化碳，第二为不饱和烃，第三为氧，第四为一氧化碳。此顺序中不饱和烃和氧可前后互换，但二氧化碳必须先吸收，一氧化碳必须最后吸收分析。

① 二氧化碳分析　打开盛 30%氢氧化钾溶液的吸收管旋塞，与量气管接通，升高水准瓶，使量气管内的气体压入吸收管，而量气管液面上升至零点时，降低水准瓶，使气体吸回量气管中，然后重新把气体送入吸收管。如此来回吸收 7～8 次。在最后一次把气体全部吸回后（即吸收管内液面停在未吸收时的位置），关闭旋塞，使量气管内压力与大气压相同时读取读数。然后重复上述操作，再读取读数，复核吸收读数不变时即可，缩减的体积即为二氧化碳的体积。

② 不饱和烃分析　打开盛有发烟硫酸的吸收管的旋塞，使上述剩余下来的气体流入吸

气／体／分／析／实／训

收管中，用升降水准瓶的方法，使分析气体至少来回 18 次与吸收管中的发烟硫酸作用，最后降低水准瓶使气体全部收回，即吸收管中的液面停留在未吸收的位置，关闭旋塞。打开含有 30%氢氧化钾吸收管的旋塞（除去三氧化硫），用升降水准瓶的方法，使气体与 30%氢氧化钾反复接触 4～5 次，如还有酸雾，继续吸收直至读数不变。最后将全部气体吸回后（即吸收管的液面停在未吸收时的位置），关闭旋塞，校正压力，使它与大气压力相同，读取读数。而后重复上述吸收操作，直到与前次吸收读数相同为止，减少的体积即为不饱和烃的体积。

③ 氧的分析　用盛有焦性没食子酸的碱性溶液的吸收管进行分析，来回至少 8 次，操作步骤与上述二氧化碳分析相同。

④ 一氧化碳分析　用氨性氯化亚铜吸收液进行吸收。用一只旧的氨性氯化亚铜吸收管吸收剩余气体至少 8 次后，使氨性氯化亚铜的液面保持在原来的位置，关闭旋塞。

打开一只新的氨性氯化亚铜吸收管旋塞进行吸收操作，至少 15 次，并使氨性氯化亚铜的液面保持在原来的位置上，关闭旋塞。

打开 10%硫酸的吸收管旋塞吸收气体中的氨，来回至少吸收 4 次后，使 10%硫酸吸收管中液面保持在原来的位置上，关闭旋塞。经过 3 个操作步骤后，读取读数，而后再重复第二、第三步操作直至两次的读数不变，减少的体积即为一氧化碳的体积。

⑤ 甲烷和氢的分析　取一定量的气体于量气管中，多余的气样存放于 10%硫酸吸收管中。在中心三通活塞处加氧气，旋转中心三通活塞，混合后记下量气管读数（为爆炸前体积 V_5），而后进行爆炸燃烧，爆炸次数根据表 9-1 确定。例如分析城市燃气时，打开中心三通活塞与爆炸管连通，再打开爆炸管旋塞，使约 10mL 的混合气进入爆炸管，关闭爆炸管旋塞，上面中心三通活塞按顺时针转 45°，用高频火花器点火进行爆炸燃烧，第一次爆炸后，打开爆炸管旋塞，再放入量气管余下的气体约 20mL，混入已爆炸的气体中，关闭爆炸管旋塞，点火使之再爆炸燃烧。在同样操作下须按规定分 4 次操作，全部爆炸后将爆炸管内的升温气体压入量气管内来回冷却，上升液面到爆炸管的旋塞处，下降爆炸管内液面高度恰为铂丝下 1cm（这样即称冷却二次）。如此从爆炸管至量气管来回冷却应严格规定为 5.5 次。冷却后使全部气体流入量气管中，关闭爆炸管旋塞，旋转量气管上中心三通活塞，记下量气管读数（即为爆炸后体积 V_6）。再将此爆炸后的气体用 30%氢氧化钾吸收液吸收，除去二氧化碳后再读取量气管中剩余气体的体积，即为碱液吸收后的读数（V_7）。

四、分析结果计算

（1）二氧化碳含量的计算　设煤气试样的取样体积为 V_0，必须取准 100mL（含梳形管的容积），则煤气中二氧化碳的体积分数 $\varphi(CO_2)$ 为：

$$\varphi(CO_2) = \frac{V_0 - V_1}{V_0} \times 100 = \frac{100 - V_1}{100} \times 100 \qquad (9-1)$$

式中　$\varphi(CO_2)$——煤气中二氧化碳的体积分数，%；

V_1——100mL 样气经碱液吸收管吸尽二氧化碳后的体积读数，mL。

（2）不饱和烃含量的计算

$$\varphi(C_nH_m) = \frac{V_1 - V_2}{V_0} \times 100 = \frac{V_1 - V_2}{100} \times 100 \qquad (9-2)$$

式中　$\varphi(C_nH_m)$——煤气中不饱和烃的体积分数，%；

V_2——剩余样气经发烟硫酸吸收管吸尽不饱和烃，再用 30%氢氧化钾吸收三氧化硫后的体积读数，mL。

（3）氧含量的计算

$$\varphi(O_2)=\frac{V_2-V_3}{V_0}\times100=\frac{V_2-V_3}{100}\times100 \tag{9-3}$$

式中 $\varphi(O_2)$——煤气中氧的体积分数，%；

V_3——剩余样气经焦性没食子酸碱液吸尽氧后的体积读数，mL。

（4）一氧化碳含量的计算

$$\varphi(CO)=\frac{V_3-V_4}{V_0}\times100=\frac{V_3-V_4}{100}\times100 \tag{9-4}$$

式中 $\varphi(CO)$——煤气中一氧化碳的体积分数，%；

V_4——剩余样气经氨性氯化亚铜吸尽一氧化碳及10%硫酸吸尽氨后的体积读数，mL。

（5）甲烷和氢含量的计算 设参加爆炸的燃气中甲烷体积为 x（mL），$x=V_6-V_7$（mL），故

$$\varphi(CH_4)=\frac{R(V_6-V_7)}{V_0}\times100=\frac{R(V_6-V_7)}{100}\times100 \tag{9-5}$$

式中 $\varphi(CH_4)$——煤气中甲烷的体积分数，%；

V_7——爆炸冷却后的气体经碱液吸尽二氧化碳后的体积读数，mL；

R——计算倍数。

设爆炸前后的气体缩减为 C，即爆炸前（含加入氧）气体读数 V_5 与爆炸后经冷却的体积读数 V_6 之差数（mL），则 $C=V_5-V_6$（mL），故

$$\varphi(H_2)=\frac{2R(C-2x)}{3V_0}\times100=\frac{2R(C-2x)}{300}\times100 \tag{9-6}$$

式中 $\varphi(H_2)$——煤气中氢的体积分数，%。

（6）惰性气体（以 N_2 计）含量的计算

$$\varphi(N_2)=100-\varphi(CO_2)-\varphi(C_nH_m)-\varphi(O_2)-\varphi(CO)-\varphi(CH_4)-\varphi(H_2) \tag{9-7}$$

式中 $\varphi(N_2)$——煤气中惰性气体（以 N_2 计）的体积分数，%。

五、讨论及注意事项

① 必须严格遵守分析程序，各种气体的吸收顺序不得更改。

② 读取体积时，必须保持两液面在同一水平面上。

③ 在进行吸收操作时，应始终观察上升液面，以免吸收液、封闭液冲到梳形管中。水准瓶应匀速上下移动，不得过快。

④ 仪器各部件均为玻璃制品，转动活塞时不得用力过猛。

⑤ 如果在工作中吸收液进入活塞或梳形管中，则可用封闭液清洗，如封闭液变色，则应更换。新换的封闭液，应用分析气体饱和。

⑥ 如仪器短期不使用，应经常转动碱性吸收瓶的活塞，以免黏住。如长期不使用，应清洗干净，干燥保存。

任务2 气相色谱法测半水煤气组分

一、使用标准

依据国家标准 GB/T 8984—2008《气体中一氧化碳、二氧化碳和碳氢化合物的测定

气相色谱法》。

二、任务目的

① 能理解气相色谱法分析气体含量的基本原理。

② 能使用气相色谱法测定半水煤气各组分的含量。

三、制订实施方案

1. 方法提要

半水煤气是合成氨的原料气，它的主要成分为 H_2、CO_2、CO、N_2、CH_4 等，常温下 CO_2 在分子筛柱上不出峰，所以，用一根色谱柱难以对半水煤气进行全分析。本实训以氢气为载气，利用 GDX-104 和 13X 分子筛双柱串联热导池检测器，一根色谱柱用于测定 CO_2、CO、O_2、N_2、CH_4；另一根色谱柱用于测定 H_2。一次进样，用外标法测得 CO_2、CO、O_2、N_2、CH_4 等的含量，H_2 的含量用差减法计算。本法对半水煤气中主要成分进行分析的特点是快速、准确、操作简单、易于实现自动化，现已广泛应用于合成氨生产的中间控制分析。

2. 仪器与设备

简易热导池色谱仪一台，色谱柱和热导池部分气路如图 9-2 所示，采用六通阀进样，六通阀气路如图 9-3 所示。

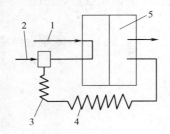

图 9-2　色谱柱和热导池部分气路图
1—载气；2—气样；3—GDX-104 色谱柱；
4—13X 分子筛色谱柱；5—热导池

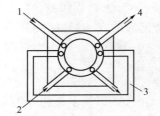

图 9-3　六通阀气路图
1—载气；2—气样；3—定量管；4—进柱

注：此仪器为简易型专用色谱仪，分析中若采用其他型号的气相色谱仪，则参考该仪器说明书进行操作。

3. 色谱柱的制备

筛选 40～60 目 13X 分子筛 10g，于 550～600℃高温炉中灼烧 2h。筛选 60～80 目 GDX-104（高分子多孔小球）5g 于 80℃氢气流中活化 2h（可直接装入色谱柱中在恒温下活化）备用。

取内径为 4mm、长分别为 2m 和 1m 的不锈钢色谱柱各 1 支。用 5%～10%热氢氧化钠溶液浸泡，洗去油污，用清水洗净烘干。将处理好的固定相装入色谱柱中，1m 柱装 GDX-104，2m 柱装 13X 分子筛。

将制备好的色谱柱按流程图安装在指定位置。注意各管接头要密封好。

4. 任务实施步骤

（1）仪器启动

① 检查气密性　慢慢打开钢瓶总阀、减压阀及针形阀。将柱前载气压力调到 0.15MPa（表压），放空口应有气体流出（通室外）。用皂液检查接头是否漏气，如果漏气要及时处理好。

② 调节载气流速　用针形阀调节载气流速为 60mL·min^{-1}。

③ 恒温　检查电气单元接线正常后，开动恒温控制器电源开关，将定温旋钮放在适当

位置，让色谱柱和热导池都恒温在 50℃。

④ 加桥流　打开热导检测器电气单元总开关，用"电流调节"旋钮将桥流加到 150mA，同时启动记录仪，记录仪的指针应指在零点附近某一位置。

⑤ 调零　按仪器使用说明书的规定，用热导池电气单元上的"调零"和"池平衡"旋钮将电桥调平衡，用"记录调零"的旋钮将记录器的指针调至量程中间位置，待基线稳定后即可进行分析测定。

（2）测定手续

① 进样　将装有气体试样的球胆（使用球胆取样应在取样后立即分析，以免试样发生变化，造成误差）经过滤管，进入六通阀气样进口，六通阀旋钮旋到头为取样位置，这时，气体试样进入定量管（可用 1mL 定量管），然后将六通阀右旋 60℃，到头为进样位置，气样即随载气进入色谱柱，观察记录仪上出现的色谱峰。

② 定性　半水煤气在本实训条件下的色谱图如图 9-4 所示，可利用秒表记录下各组分的保留时间，然后用纯气一一对照。

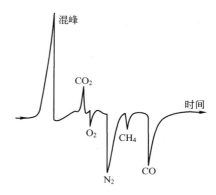

图 9-4　半水煤气色谱图

③ 定量　在上述桥流、温度、载气流速等操作条件恒定的情况下，取未知试样和标准试样，分别进样 1mL，记录其色谱图。注意在各组分出峰前，应根据其大致的含量和记录仪的量程把衰减旋钮放在适当的位置（挡）。

由得到的色谱图测量各组分的峰面积。同时做重复实训取其平均结果。

④ 停机　仪器使用完毕，依次关闭记录仪、热导电气单元、恒温控制器、电源开关，然后再停载气。

四、分析结果计算

（1）采用峰高乘半峰宽的方法计算峰面积。

（2）各组分的校正系数 K_i 的求法　半水煤气标样，用化学分析法作全分析，测出其中各组分的体积分数（φ_{i_b}）之后，除以相应的峰面积（A_{i_b}）求出各组分的 K_i 值。

$$K_i = \frac{\varphi_{i_b}}{A_{i_b}} \qquad (9-8)$$

（3）未知试样中出峰组分的体积分数　按下式计算：

$$\varphi_{样} = K_i A_i \times 100\% \qquad (9-9)$$

式中　$\varphi_{样}$——试样中组分的体积分数；

　　　K_i——校正系数；

　　　A_i——试样中组分的峰面积。

H_2 的含量用差减法求出：

$$\varphi(H_2) = 1 - \varphi(CO_2) - \varphi(N_2) - \varphi(O_2) - \varphi(CO) - \varphi(CH_4) \qquad (9-10)$$

五、讨论及注意事项

① 如果利用双气路国产 SP2302 型或 SP2305 型成套仪器进行半水煤气分析，可在一柱中装 GDX-104，另一柱中装 13X 分子筛，分别测定 CO_2 及其他组分，这种方法由于需要两

次进样，误差较大。

② 各种型号仪器的实际电路和调节旋钮名称不完全相同，具体操作步骤应看有关仪器说明书。

③ 如果热导池电气单元输出信号线路上装有"反向开关"，可将基线调至记录仪的一端，待 CO_2 出峰完毕后，改变输出信号方向，这样可以利用记录仪的全量程，提高测量精度。

综合实训

知识目标

① 掌握废水分析方法和原理。
② 掌握天然水中金属离子的测定。
③ 掌握碳钢及低合金钢的系统分析。
④ 掌握工业原料或废渣的系统分析。
⑤ 掌握玻璃原料化学分析。

技能目标

① 能用已学的方法对废水中的 COD 和 BOD 进行分析。
② 能采用原子吸收光谱法对天然水中的金属离子的连续测定。
③ 能对碳钢及低合金钢进行系统分析。
④ 能对玻璃原料成分进行化学分析。
⑤ 能进行工业原料或废渣的系统分析试验设计。

任务引导

查阅标准
GB/T 7489—1987《水质　溶解氧的测定　碘量法》
GB/T 11914—1989《水质　化学需氧量的测定　重铬酸钾法》
HJ 505—2009《水质　五日生化需氧量（BOD_5）的测定　稀释与接种法》
GB 3838—2002《地表水环境质量标准》
GB 8978—1996《污染综合排放标准》

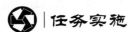

任务实施

综合实训1 废水试样分析

一、使用标准

依据国家标准 GB/T 7489—1987《水质 溶解氧的测定 碘量法》、GB/T 11914—1989《水质 化学需氧量的测定 重铬酸钾法》、HJ 505—2009《水质 五日生化需氧量（BOD_5）的测定 稀释与接种法》、GB 3838—2002《地表水环境质量标准》进行废水溶解氧和化学需氧量的测定。

二、任务目的

① 能采用碘量法正确地进行溶解氧的测定。
② 能采用重铬酸钾法或高锰酸钾法进行化学需氧量的测定。
③ 能采用五天培植法进行生化需氧量。

三、制订实施方案

1. 方法提要

废水通常是指被污染了的水。废水试样的分析项目很多，一般可用湿度、颜色、浊度、pH、不溶物、矿化度、电导率等描述废水的一般性质；此外，还有金属元素、有机污染物和非金属无机物等测定项目。本实训主要结合化学分析方法进行有机物污染综合指标的测定。

评价废水试样中有机物污染情况的综合指标有：溶解氧（DO）、化学需氧量（COD）、生化需氧量（BOD）、总有机碳（TOC）和总需氧量（TOD）等。

2. 任务实施步骤

（1）溶解氧的测定　溶解在水中的分子态氧称为溶解氧，测定水中的溶解氧常采用碘量法。水样采集到溶解氧瓶中，应立即加入固定剂（高锰酸钾和碱性碘化钾）保存于冷暗处。水中溶解氧可将低价锰氧化为高价锰，生成四价锰的氢氧化物棕色沉淀。测定时加酸，使氢氧化物沉淀溶解并与碘离子反应释放出游离碘，再以淀粉作为指示剂，用硫代硫酸钠标准溶液滴定至蓝色消失，根据消耗硫代硫酸钠的体积计算溶解氧的含量。

在水中常含有各种氧化性或还原性物质，它们会干扰碘量法的测定，因此往往须采用修正的碘量法进行测定。例如，水样中含有亚硝酸盐时，会干扰，这时可采用叠氮化钠修正法，即在水样采集后，加入叠氮化钠，使水亚硝酸盐分解而消除干扰。如果水中含有 Fe^{3+}，则在水样采集后用吸管插入 1mL 40％氟化钾溶液、1mL 硫酸锰溶液和 2mL 碱性碘化钾-叠氮化钠溶液液面下，盖好瓶盖，摇匀，再采用碘量法测定。

（2）化学需氧量的测定　水中化学需氧量（简称 COD）的大小是水质污染程度的主要指标之一。由于废水中还原性物质常常是各种有机物，人们常将 COD 作为水质是否受到有机物污染的重要指标。COD 是指在特定条件下，用一种强氧化剂定量地氧化水中可还原性物质（有机物和无机物）时所消耗氧化剂的数量，以每升多少毫克氧表示（$mg\ O_2 \cdot L^{-1}$）。不同条件下得出的 COD 值不同。因此必须严格控制反应条件。

清洁地面水中有机物的含量较低，COD 小于 $4mg \cdot L^{-1}$；轻度污染的水源 COD 可达 $4\sim10mg \cdot L^{-1}$；若水中 COD 大于 $10mg \cdot L^{-1}$，认为水质受到严重的污染。清洁海水的 COD 小于 $0.5mg \cdot L^{-1}$。

COD 的测定目前多采用 $KMnO_4$ 和 $K_2Cr_2O_7$ 两种方法。对于工业废水。我国规定用重铬酸钾法测定，测得的值称为 COD。对于地表水、饮用水和生活污水，则可以高锰酸钾法进行测定。

对于废水，化学需氧量反映了水中还原性物质（有机物、亚硝酸盐、亚铁盐、硫化物等）污染的程度，常用重铬酸钾法进行测定。

主要步骤如下：取适量混合均匀的水样置于配有回流冷凝管的磨口瓶中，准确加入一定量的重铬酸钾标准溶液及硫酸-硫酸银溶液，加热回流 2h 冷却后，用水冲洗冷凝管壁，取下锥形瓶。冷却至室温后加入试亚铁灵指示剂，用硫酸亚铁铵标准溶液滴定，颜色由黄色经蓝绿色至红褐色为终点。

测定水样的同时，按同样操作步骤做空白试验，根据水样和空白试样消耗的硫酸亚铁铵标准溶液的差值，计算水样的需氧量。

（3）生化需氧量的测定　生化需氧量是指在规定条件下，微生物分解存在于水中的有机物所发生的生物化学过程中所消耗的溶解氧的量。此生物氧化全过程进行的时间很长，目前国内外普通规定于（20 ± 1）℃培养微生物 5d。分别测定试样培养前后的溶解氧，两者差值称为五日生化需氧量（BOD_5），以氧的质量浓度（$mg \cdot L^{-1}$）表示。测定生化需氧量的水样的采取，与测定溶解氧的水样的采取要求相同，但不加固定剂，故应尽快测定不得超过 24h，并应在 0～4℃下保存。

对大多数工业废水，因含较多的有机物，需要稀释后再进行培养，以保证有充足的溶解氧。稀释所用的水通常需要通入空气进行曝气，使其中的溶解气接近饱和。为保证微生物生长的需要。稀释水中还应加入一定量的无机营养块和缓冲物质（如碳酸盐、钙、镁和铁盐等）。对于不含少量微生物的工业废水，在测定生化需氧量时应进行接种，引入能分解废水中有机物的微生物。

3. 参考标准

（1）GB/T 7489—1987《水质　溶解氧的测定　碘量法》。

（2）GB/T 11914—1989《水质　化学需氧量的测定　重铬酸钾法》。

（3）HJ 505—2009《水质　五日生化需氧量（BOD_5）的测定　稀释与接种法》。

（4）GB 3838—2002《地表水环境质量标准》。

依据地表水水域环境功能和保护目标，按功能高低依次划分为五类（表 10-1）：

Ⅰ类，主要适用于源头水、国家自然保护区；

Ⅱ类，主要适用于集中式生活饮用水地表水源地一级保护区、珍稀水生生物栖息地、鱼虾类产卵场，仔稚幼鱼的索饵场等；

Ⅲ类，主要适用于集中式生活饮用水地表水源地二级保护区、鱼虾类越冬场、洄游通道、水产养殖区等渔业水域及游泳区；

Ⅳ类，主要适用于一般工业用水区及人体非直接接触的娱乐用水区；

Ⅴ类，主要适用于农业用水区及一般景观要求水域。

表 10-1　地表水分类

项目		Ⅰ类	Ⅱ类	Ⅲ类	Ⅳ类	Ⅴ类
溶解氧/$mg \cdot L^{-1}$	≥	7.5	6	5	3	2
化学需氧量（COD）/$mg \cdot L^{-1}$	≤	15	15	20	30	40
五日生化需氧量（BOD_5）/$mg \cdot L^{-1}$	≤	3	3	4	6	10

（5）GB 8978—1996《污染综合排放标准》　污染综合排放标准见表 10-2。

表 10-2　污染综合排放标准

项目		范围	Ⅰ类	Ⅱ类	Ⅲ类
溶解氧/mg·L^{-1}	≥	无要求			
化学需氧量 （COD）/mg·L^{-1}	≤	甜菜制糖、焦化、合成脂肪酸、湿法纤维板、染料、洗毛、有机磷农药工业	100	200	1000
		味精、酒精、医药原料药、生物制药、苎麻脱胶、皮革、化纤浆粕工业	100	300	1000
		石油化工工业（包括石油炼制）	100	150	500
		城镇二级污水处理厂	60	120	—
		其他排放单位	100	150	500
五日生化需氧量 （BOD$_5$）/mg·L^{-1}	≤	甘蔗制糖、苎麻脱胶、湿法纤维板工业	30	100	600
		甜菜制糖、酒精、味精、皮革、化纤浆粕工业	30	150	600
		城镇二级污水处理厂	20	30	—
		其他排放单位	30	60	300

综合实训 2　天然水中 K、Na、Ca、Mg、Fe、Mn 的连续测定——原子吸收光谱法

一、任务目的

能采用原子吸收光谱法对天然水中 K、Na、Ca、Mg、Fe、Mn 的连续测定。

二、制订实施方案

1. 方法提要

水样中金属被原子化后，此基态原子吸收来自同种金属元素空心阴极灯发出的共振线（如铜，324nm；铅，283.3nm 等）吸收共振线的量与样品中该元素含量成正比。在其他条件不变的情况下根据测量被吸收后的谱线强度，与标准系列比较进行定量。

2. 试剂与试样

（1）铁标准贮备溶液：称取 1.4297g 氧化铁（优级纯，Fe_2O_3），加入 10mL 硝酸溶液（1+1），小火加热并滴加浓盐酸助溶，至完全溶解后加纯水定容至 1000mL，此溶液含铁为 1.00mg·mL^{-1}。

（2）锰标准贮备溶液：称取 1.2912g 氧化锰（优级纯，MnO），加硝酸溶液（1+1）溶解后并用纯水定容至 1000mL，此溶液含锰为 1.00mg·mL^{-1}。

（3）钾标准贮备溶液：称取 1.9067g 在 100℃ 烘至恒重的基准氯化钾，溶于少量纯水中，加入硝酸溶液（1+1）10mL，再用纯水定容至 1000mL，此溶液含钾为 1mg·mL^{-1}。

（4）钠标准贮备溶液：称取 25.421g 在 140℃ 烘至恒重的基准氯化钠，溶于少量纯水中，加入硝酸溶液（1+1）10mL，再用纯水定容至 1000mL，此溶液含钠为 10mg·mL^{-1}。

（5）钾、钠混合标准溶液：取钾、钠标准贮备溶液，用纯水稀释至含钾、钠为 0.05mg·mL^{-1}。

（6）钙标准贮备溶液：称取在 105℃ 烘干的碳酸钙（优级纯）1.2485g 于 100mL 烧杯中，加入 20mL 水，然后慢慢加入盐酸（1+2）使其溶解，待溶完后，再加盐酸（1+2）5mL，煮沸赶去二氧化碳，转移至 1000mL 容量瓶，加水至刻度，摇匀，此溶液含钙为 0.50mg·mL^{-1}。

（7）镁标准贮备溶液：称氯化镁 1.9590g 溶于水中，转移至 1000mL 容量瓶。稀至刻度，摇匀。（用 EDTA 容量法标定）调整至含镁为 0.05mg·mL^{-1}。

（8）硝酸（优级纯）：1+1。

（9）盐酸（优级纯）：1＋2。

（10）氯化镧溶液：称取 80.2g 氯化镧（$LaCl_3 \cdot 7H_2O$）（优级纯）溶于水后，转移至 1000mL 容量瓶中，加水至刻度。此溶液含镧为 30mg·mL^{-1}。

（11）标准溶液：钾、钠、钙、镁、铁、锰标准溶液的配制见表 10-3。

表 10-3 标准溶液配制

元素	标准贮备溶液浓度/mg·mL^{-1}	吸取标准贮备液量/mL	稀释体积（容量瓶）/mL	使用标准溶液浓度/mg·mL^{-1}	稀释溶液
K	1.0	5	100	0.05	纯水
Na	10.0	0.5	100	0.05	纯水
Ca	0.50	10	100	0.05	纯水
Mg	0.50	10	100	0.05	纯水
Fe	1.0	50	100	0.5	每升纯水中含 1.5mL 浓硝酸
Mn	1.0	50	100	0.5	

3. 任务实施步骤

（1）仪器操作

① 安装待测元素空心阴极灯，对准灯的位置，固定分析线波长及狭缝。

② 开启仪器电源及固定空心阴极灯电流，预热仪器 10～20min，使光源稳定。

③ 调节燃烧器位置，开启空气阀门。按仪器说明书规定调节至各元素最高灵敏度的适当流量。

④ 开启乙炔气源阀，调节指定的流量值，并点燃火焰。

⑤ 将纯水喷入火焰中校正每分钟进样量为 3～5mL，并将仪器调零。

⑥ 将各金属标准溶液喷入火焰，调节仪器的燃烧器位置、火焰高度等各种条件，直至获得最佳状态。

⑦ 完成以上调节，即可进行样品测定。测量完毕，先关闭乙炔气阀熄火。

表 10-4 不同浓度系列标准稀释液的配制方法

元素	使用液浓度/mg·mL^{-1}	吸取使用液的体积/mL	稀释体积（容量瓶）/mL	标准系列浓度/μg·mL^{-1}	稀释溶液
K	0.05	1 5 10 20 30 40	1000	0.05 0.25 0.5 1.0 1.5 2.0	纯水
Na	0.05	0.1 1 2 4 6 8	1000	0.005 0.05 0.10 0.20 0.30 0.40	纯水
Ca	0.05	0.5 1.0 2.0 4.0 6.0 8.0	50	0.5 1.0 2.0 4.0 6.0 8.0	加 3mL 氯化镧溶液,用纯水定容

元素	使用液浓度/mg·mL^{-1}	吸取使用液的体积/mL	稀释体积(容量瓶)/mL	标准系列浓度/μg·mL^{-1}	稀释溶液
Mg	0.05	0.5 1.0 3.0 5.0 7.0 10.0	50	0.5 1.0 3.0 5.0 7.0 10.0	加 3mL 氯化镧溶液,用纯水定容
Fe	0.5	1 2 4 6 8 10	1000	0.5 1.0 2.0 3.0 4.0 5.0	用每升含 1.5mL 浓硝酸的纯水定容
Mn	0.5	0.01 1 2 4 8 12	1000	0.1 0.5 1.0 2.0 4.0 6.0	用每升含 1.5mL 浓硝酸的纯水定容

（2）水样测定

① 钾、钠、钙、镁、铁、锰各种标准溶液的稀释方法见表10-4，测定操作参数见表10-5。

② 将标准溶液和空白溶液依次间隔喷入火焰，测定吸光度，绘制曲线。

③ 将样品喷入火焰，测定吸光度，在标准曲线上查出各待测金属元素的浓度。

表 10-5　测定操作参数

元素	波长/nm	光源	火焰	标准系列浓度范围/μg·mL^{-1}
K	766.5	紫外		0.05～2.0
Na	589.0	紫外		0.005～0.40
Ca	422.7	紫外		0.5～8.0
Mg	285.2	紫外	空气-乙炔	0.5～10.0
Fe	248.3	紫外		0.5～5.0
Mg	279.5	紫外		0.1～6.0

4. 注意事项

（1）在火焰原子吸收分光光度法测定水中钙时，铍、铝、硅、钛、钒、锆的氧化物、磷酸盐、硫化物干扰测定，降低分析灵敏度，可以加入释放剂来消除干扰。本法选用氯化镧溶液为释放剂，以消除上述元素的干扰，共振线 422.7nm，最佳浓度范围为 0.00～20.00mg·L^{-1}，检出限为 0.003mg·L^{-1}，火焰为氧化性火焰。

（2）钾、钠共振灵敏线分别为 766.5nm、589.0nm，高含量钾、钠的测定可用次灵敏线 404.5nm、330.2nm，两者均可用空气-乙炔火焰进行测定。

（3）在一般情况下共存元素干扰较小。但当大量钠存在时，钾的电离受到抑制，从而使钾的吸收强度增大，铁稍有干扰，磷酸盐产生较大的负干扰，添加一定量镧盐后可以消除。当测定钠时，盐酸和氯离子通常使钠的吸收强度降低。

三、分析结果计算

水样中待测金属元素的浓度按式（10-1）计算：

$$c_{金属} = c_1 \times \frac{V_1}{V} \tag{10-1}$$

式中　$c_{金属}$——水样中待测金属元素的浓度，$mg \cdot L^{-1}$；

　　　c_1——从标准曲线上查得待测金属元素的浓度，$mg \cdot L^{-1}$；

　　　V_1——标准系列用水稀释后的体积，mL；

　　　V——原水样体积，mL。

四、任务思考

① 做实训前所使用的玻璃器皿应如何处理？

② 在使用原子吸收分光光度计时，应注意哪些事项？

综合实训 3　碳钢及低合金钢的系统分析

一、任务目的

能正确地运用分光光度法进行碳钢及低合金钢中磷、锰、铬、钼、钒、镍、钛元素的系统分析。

二、制订实施方案

（一）试样溶液的配制

称取试样 0.5g 置于 100mL 锥形瓶中，加高氯酸（$1.67g \cdot mL^{-1}$）10mL、硝酸（1+1）2mL，加热溶解并蒸发至高氯酸白烟冒出瓶口，冷却，用少量水将盐类溶解，移入 100mL 容量瓶中，以水稀释至刻度，摇匀后备用。

（二）任务实施步骤

1. 磷的测定

（1）方法提要　在酸性介质中，正磷酸与钼酸形成黄色的磷钼杂多酸（磷钼黄），在氟化物存在下，以氯化亚锡将磷钼黄还原成磷钼蓝，在 600nm 处测定吸光度，从工作曲线上查出磷量。

（2）试剂与试样

① 硝酸（1+2）。

② 钼酸铵-酒石酸钾钠-尿素溶液：将钼酸铵溶液（$180g \cdot L^{-1}$）与酒石酸钾钠溶液（$180g \cdot L^{-1}$）各 50mL，混匀后加入尿素 2g。

③ 氟化钠-氯化亚锡溶液：称取氟化钠 12g、氯化亚锡 1g 溶于 500mL 水中，贮于塑料瓶中（用时配制）。

（3）测定方法　吸取试样溶液 10mL，置于 150mL 干燥的锥形瓶中，加硝酸（1+2）5mL，加热煮沸，迅速加入钼酸铵-酒石酸钾钠-尿素溶液 5mL、氟化钠-氯化亚锡溶液 20mL，流水冷却，移入 100mL 容量瓶中，以水稀释至刻度，摇匀。在波长 600nm 处用 2cm 比色皿，以水为空白测定吸光度，从标准曲线上查得磷的含量。

工作曲线的绘制：称取含磷量不同的标准钢样 0.5g 六份，按试样溶液的制备及分析方法操作，测定吸光度并绘制工作曲线。

（4）注意事项

① 测定磷时所用的锥形瓶必须专用，不应该接触磷酸。

② 钼酸铵-酒石酸钾钠-尿素溶液及氟化钠-氯化亚锡溶液必须一次迅速加入，否则再现性差，易产生分析误差。

③ 显色反应应在 3min 内比色完毕，若放置时间久，色泽会减退。

2. 锰的测定

（1）方法提要　在硝酸银的存在下，用过硫酸铵将锰氧化成紫红色高锰酸，借此进行锰的光度测定。

（2）试剂与试样

① 混合酸：称取硝酸银 2g，溶于 800mL 水中，加硝酸（$\rho=1.425\text{g}\cdot\text{mL}^{-1}$）100mL、磷酸（$\rho=1.70\text{g}\cdot\text{mL}^{-1}$）50mL、硫酸（$\rho=1.84\text{g}\cdot\text{mL}^{-1}$）50mL，混匀。

② 过硫酸铵溶液（$300\text{g}\cdot\text{L}^{-1}$）（用时配制）。

（3）测定方法　吸取试样溶液 5mL，置于 100mL 锥形瓶中，加混合酸 5mL、过硫酸铵溶液 5mL，加热，待红色高锰酸钾出现后，继续煮沸 10s，冷却，移入 50mL 容量瓶中，以水稀释至刻度，摇匀。在波长 530nm 处用 3cm 比色皿，以水为空白，测定吸光度，从工作曲线上查得锰的含量。

工作曲线的绘制：称取含锰量不同的标准钢样 0.5g 六份，按试样溶液的制备及分析手续操作，测定吸光度并绘制标准曲线。

（4）注意事项

① 红色高锰酸钾生成后，应避免长时间煮沸，以防其分解而使分析结果偏低。过硫酸铵的存在能使高锰酸钾色泽更稳定。

② 铬与钴对测定有干扰，每 1% 的铬相当于 0.01% 的锰，可在计算时减去。

3. 铬的测定

（1）方法提要　在高氯酸冒烟的条件下，将铬氧化至高价。在酸性溶液中高价铬与二苯卡巴肼反应生成紫红色配合物。借此进行铬的光度测定。

（2）试剂与试样

① 磷酸（1+19）。

② 二苯卡巴肼溶液（$5\text{g}\cdot\text{L}^{-1}$）：称取苯二甲酸酐 4g，溶于 100mL 热的乙醇中，加入二苯卡巴肼 0.5g，搅拌溶解，贮存于棕色瓶中，此溶液使用期不得超过 2~3 周。

③ 铬标准溶液：称取经 170~180℃ 干燥的重铬酸钾 0.2828g 溶于水后，置于 1000mL 容量瓶中，以水稀释至刻度，摇匀。此溶液含铬为 $0.1\text{mg}\cdot\text{mL}^{-1}$。

（3）测定方法　吸取试样溶液 2mL，置于 100mL 容量瓶中〔瓶内预先置磷酸（1+9）约 90mL〕，加二苯卡巴肼溶液 5mL，以磷酸（1+19）稀释至刻度，摇匀。在波长 530nm 处，用 1cm 比色皿，以水为空白，测定吸光度，从工作曲线上查得铬的含量。

工作曲线的绘制：称取含铬量不同的标准钢样 0.5g 六份，按试样溶液的制备和分析手续操作，测定吸光度并绘制工作曲线。或称取不含铬的钢样 0.5g 六份，置于六只锥形瓶中，按试样溶液的制备方法溶解后，分别加入含铬为 $0.1\text{mg}\cdot\text{mL}^{-1}$ 的标准溶液 0mL、4mL、8mL、12mL、16mL、20mL（相当于含铬 0%、0.08%、0.16%、0.24%、0.32%、0.40%）移入 100mL 容量瓶中，以水稀释至刻度，摇匀，然后按上述分析方法吸取此溶液显色，测定吸光度并绘制工作曲线。

（4）注意事项

① 三价铁离子对测定有干扰，可加磷酸掩蔽。以磷酸掩蔽铁时，一般的显色液中铁量与铬量之比不应超过10000∶1，同时磷酸用量须控制一致，否则结果不稳。

② 二苯卡巴肼溶于乙醇中，应为无色，若呈棕黄色或红棕色，系试剂不纯或乙醇中含有氧化性物质之故。此种溶液不宜使用，否则结果将偏低。

4. 钼的测定

（1）方法提要　在有还原剂存在的酸性溶液中，钼与硫氰酸盐形成橙红色配合物，借此进行钼的比色测定。

（2）试剂与试样

① 硫酸-硫酸钛溶液：取硫酸钛溶液（$150g \cdot L^{-1}$）20mL，边搅拌边加入（1＋1）硫酸320mL中，以水稀释至1000mL，摇匀。

② 硫氰酸钠溶液（$100g \cdot L^{-1}$）。

③ 氯化亚锡溶液（$100g \cdot L^{-1}$）：称取10g氯化亚锡溶于盐酸（$\rho = 1.19g \cdot mL^{-1}$）5mL中，以水稀释至100mL，摇匀。

④ 混合显色溶液：将上述硫酸-硫酸钛溶液、硫氰酸溶液、氯化亚锡溶液和水等体积混合（在使用前配制）。

⑤ 钼标准溶液：称取钼酸钠（$Na_2MoO_4 \cdot 2H_2O$）1.2610g溶于水中，加入硫酸（1＋1）5mL，移入1000mL容量瓶中，以水稀释至刻度，摇匀，此溶液含钼为$0.5mg \cdot mL^{-1}$。

（3）测定方法　吸取试样溶液10mL，置于100mL干燥的锥形瓶中，加入混合溶液40mL，于沸水浴中加热20s，流水冷却至室温，在波长470nm处用2cm比色皿，以水为空白测定吸光度，从工作曲线上查得钼的含量。

工作曲线的绘制：称取含钼量不同的标准钢样0.5g六份，按试样溶液的制备和分析方法操作，测定吸光度，并绘制工作曲线。或称取不含钼的钢样0.5g六份，置于六只100mL锥形瓶中，按试样溶液的制备方法溶解后，分别加入含钼为$0.5mg \cdot mL^{-1}$的标准溶液0mL、1mL、3mL、5mL、7mL、9mL（相当于含钼0％、0.1％、0.5％、0.7％、0.9％）移入100mL容量瓶中，以水稀释至刻度，摇匀，然后按上述分析方法吸取此溶液显色，测定吸光度并绘制工作曲线。

（4）注意事项

① 试样溶液移入锥形瓶时勿沾在瓶壁上，否则在加入显色溶液时，硫氰酸钠与未被还原的三价铁接触，使分析结果偏高。

② 钼的显色溶液混合后加入，不但加快了分析速度，而且显色溶液的稳定性较好。

③ 钒对测定有干扰，每1％的钒相当于0.01％的钼，可在计算时减去。

5. 钒的测定

（1）方法提要　在pH 0.2～1.0并有过氧化氢存在下，五价钒与PAR生成红色配合物，以此进行钒的光度测定，铁等元素的干扰可用EDTA掩蔽。

（2）试剂与试样

① 过氧化氢溶液（1＋10）：取30％过氧化氢溶液1mL与10mL水混匀，当日配制。

② EDTA溶液（$0.05mol \cdot L^{-1}$）：称取乙二胺四乙酸二钠1.8g，溶于水中并稀释至100mL。

③ PAR溶液：称取4-（2-吡啶偶氮）间苯二酚0.1g，置于50mL烧杯中，加乙醇

10mL、0.1mol·L⁻¹氢氧化钠溶液 5mL，待溶解后移入 100mL 容量瓶中，以水稀释至刻度，摇匀。

④ 氢氧化钠溶液（0.1mol·L⁻¹）：称取氢氧化钠 0.4g 溶于水中，并稀释至 100mL，摇匀。

⑤ 钒标准溶液：称取偏钒酸铵（NH_4VO_3）0.2297g 溶于约 100mL 热水中，冷却后，移入 1000mL 容量瓶中，以水稀释至刻度，摇匀。此溶液含钒为 0.1mg·mL⁻¹。

（3）测定方法　吸取试样溶液 2mL 两份，分别置于 50mL 容量瓶中，按下述方法分别处理。

显色溶液：加 EDTA 溶液 5mL、PAR 溶液 1mL，于水浴中加热 2min，流水冷却，以水稀释至刻度，摇匀，在波长 530nm 处，用 3cm 比色皿，以空白溶液作比较，测定吸光度。从工作曲线上查得钒的含量。

工作曲线的绘制：称取含钒量不同的标准钢样 0.5g 六份，按试样溶液的制备和分析方法测定吸光度并绘制工作曲线。或称取不含钒的钢样 0.5g 一份，按试样溶液的制备方法溶解后，以水稀释至 1000mL，摇匀；吸取此溶液 2mL 六份，置于六只 50mL 容量瓶中，分别加入钒标准溶液，按上述分析方法操作，以未加标准溶液者为空白溶液，测定吸光度并绘制工作曲线。

（4）注意事项

① 大量铜、钛的存在，对测定有干扰。

② 本方法适用于含钒 0.3％以下的试样，含钒 0.3％以上时将使分析结果偏低。

6. 镍的测定

（1）方法提要　在有氧化剂存在的碱性溶液中，镍离子与丁二肟形成酒红色配合物，借此进行镍的光度测定。

（2）试剂与试样

① 柠檬酸氢二铵溶液（200g·L⁻¹）。

② 碘溶液（0.1mol·L⁻¹）：称取 12.7g 碘和 25g 碘化钾，以少量水溶解后，稀释至 1000mL，混匀。

③ 氨性丁二肟溶液（1g·L⁻¹）：称取丁二肟 1g，溶于氨水（$\rho = 0.90$g·mL⁻¹）500mL 中，以水稀释至 1000mL，混匀。

④ 镍标准溶液：称取纯镍 0.1000g 溶于 10mL 硝酸（1＋3）中，煮沸驱除氮的氧化物，冷却。移入 500mL 容量瓶中，以水稀释至刻度，摇匀。或称取硫酸镍（$NiSO_4 \cdot 6H_2O$）1.2g 溶于水中，移入 250mL 容量瓶中，以水稀释至刻度，摇匀。吸取此溶液 20mL，置于 100mL 容量瓶中，以水稀释至刻度，摇匀。上述两种标准溶液含镍为 0.2mg·mL⁻¹。

（3）测定方法　吸取试样溶液 5mL，置于 100mL 容量瓶中，加柠檬酸氢二铵溶液 25mL、0.1mol·L⁻¹碘溶液 5mL，边摇动边加入氨性丁二肟溶液 25mL，以水稀释至刻度，摇匀。在波长 530nm 处，用 3cm 比色皿，以水为空白测定吸光度，从工作曲线上查得镍的含量。

工作曲线的绘制：称取含镍量不同的标准钢样 0.5g 六份，按试样溶液的制备和分析方法操作，测定吸光度，并绘制工作曲线。或称取不含镍的钢样 0.5g 六份，置于六只 100mL 锥形瓶中，按试样溶液的制备方法溶解后，分别加入含镍为 0.2mg·mL⁻¹的标准溶液 0mL、5mL、10mL、15mL、20mL、25mL（相当于含镍 0％、0.2％、0.4％、0.6％、

0.8%、1.0%）移入 100mL 容量瓶中，以水稀释至刻度，摇匀。然后按上述分析方法吸取此溶液显色，测定吸光度并绘制工作曲线。

（4）注意事项

① 显色溶液的稳定性较差，应在显色后 10min 内测定完毕。

② 大量锰的存在，会使镍的分析结果偏高。

7. 钛的测定

（1）方法提要　在微酸性溶液中，钛与变色酸生成红褐色的配合物，借此进行钛的光度测定。

（2）试剂与试样

① 变色酸草酸溶液：取草酸溶液（$100g \cdot L^{-1}$）580mL、变色酸溶液（$16g \cdot L^{-1}$）200mL、亚硫酸钠（$100g \cdot L^{-1}$）溶液 16mL、水 160mL 和硫酸（$\rho = 1.84g \cdot mL^{-1}$）50mL 相混合。贮于棕色瓶中。

② 钛标准溶液：称灼烧过的二氧化钛（TiO_2）0.1668g 置于瓷坩埚中，加焦硫酸钾 3～4g，于 600℃ 高温炉中熔融，冷却，用硫酸（1＋19）浸出，移入 500mL 容量瓶，以硫酸（1＋19）稀释至刻度，摇匀，此溶液含钛为 $0.2mg \cdot mL^{-1}$。

（3）测定方法　显色溶液：吸取试液 10mL，置于 100mL 干燥的锥形瓶中，加变色酸草酸溶液 30mL，摇匀。

空白溶液：加变色酸草酸溶液 30mL 和水 10mL 摇匀。

在波长 500nm 处，用 3cm 比色皿，测定吸光度，从工作曲线上查得钛的含量。

工作曲线的绘制：称取含钛量不同的标准钢样 0.5g 六份，按试样溶液的制备和分析方法操作，测定吸光度，并绘制工作曲线；或称取不含钛的钢样 0.5g 六份，置于六只 100mL 锥形瓶中，按试样溶液的制备方法溶解后，分别加入含钛为 $0.2mg \cdot mL^{-1}$ 的标准溶液 0mL、2mL、4mL、6mL、8mL、10mL（相当于含钛 0%、0.08%、0.16%、0.24%、0.32%、0.40%）移入 100mL 容量瓶中，以水稀释至刻度，摇匀。然后按上述分析方法吸取此溶液显色，以未加标准溶液者为参比，测定吸光度，并绘制工作曲线。

（4）注意事项

① 变色酸草酸溶液最好与空气隔绝，防止因氧化而缩短使用时间。

② 显色后，色泽可稳定 20min 左右，所以显色后不宜放置过久。

综合实训 4　玻璃原料化学分析

一、任务目的

① 运用所学的理论知识理解和掌握玻璃原料分析的基本原理。

② 学会玻璃原料主要成分的分析方法。

③ 进一步学习实训中所需各种试剂的配制及标准溶液的标定。

二、制订实施方案

玻璃的原料有砂岩和石英砂、硅砂、石灰石、白云石和镁石、芒硝、萤石、纯碱等。

（一）砂岩和石英砂分析

1. 烧失量的测定

称取 1g 式样，精确至 0.0001g，置于已灼烧恒重的瓷坩埚中，将盖斜置于坩埚上，放入高温炉中。从室温开始升温至$1000\sim1050℃$灼烧30min，取出坩埚，置于干燥器中冷却至室温，称重。反复灼烧直至恒重。

烧失量按式（10-2）计算：

$$w_{烧失量}=\frac{m-m_1}{m}\times100 \qquad (10-2)$$

式中 $w_{烧失量}$——烧失量的质量分数，%；

$\quad m_1$——灼烧后试样的质量，g；

$\quad m$——试样的质量，g。

2. SiO_2 的测定（HF 挥发质量差减法）

（1）方法提要 将试样灼烧至恒重，再用 H_2SO_4 和 HF 处理，SiO_2 则以四氟化硅（SiF_4）逸出，余下的残渣在灼烧至恒重，失重的部分为 SiO_2 的质量。

反应式如下：

$$SiO_2+4HF\longrightarrow SiF_4\uparrow+2H_2O$$

（2）试剂与试样 所用试剂为 $H_2SO_4(1+1)$ 和 HF。

（3）任务实施步骤 将测定烧失量后的试样，用少许水润湿，加 5 滴 $H_2SO_4(1+1)$ 和 $8\sim10mL$ HF，于低温电炉上加热蒸发至干，取下，冷却后再加 4 滴 $H_2SO_4(1+1)$ 和 4mL HF，继续加热蒸发至干，并驱尽 SO_3 白烟。冷却后用干净的湿滤纸擦净坩埚外壁，置于 $950℃$ 的高温炉内灼烧 30min。

SiO_2 的质量分数按式（10-3）计算：

$$w(SiO_2)=\frac{m_1-m_2}{m}\times100 \qquad (10-3)$$

式中 $w(SiO_2)$——SiO_2 的质量分数，%；

$\quad m_1$——测定烧失量后未经 HF 处理的试样及坩埚的质量，g；

$\quad m_2$——用 HF 处理并经灼烧后的残渣及坩埚的质量，g；

$\quad m$——试样的质量，g。

（4）注意事项 HF 挥发质量差减法只适用于 SiO_2 的含量在 98% 以上的试样，若试样中铁、铝、钙、镁等含量较高时，会与加入的 H_2SO_4 生成难以完全分解的硫酸盐，致使 SiO_2 测定结果偏低。此时应改用 K_2SiF_6 容量法。

3. Fe_2O_3 的测定方法

Fe_2O_3 的测定方法与水泥生料分析方法中 Fe_2O_3 的测定相同，或用邻菲啰啉比色法测定。下面主要介绍邻菲啰啉比色法。

（1）方法提要 Fe^{3+} 以上盐酸羟胺或抗坏血酸还原为 Fe^{2+}，在 pH $2\sim9$ 的范围内，Fe^{2+} 与邻菲啰啉生成稳定的橙红色配合物 $\{[(C_{12}H_8N_2)_3\cdot Fe]^{2+}\}$。$Fe^{2+}$ 的浓度与生成配合物的颜色强度符合比尔定律。配合物 $\{[(C_{12}H_8N_2)_3\cdot Fe]^{2+}\}$ 的颜色相当稳定，可长达 24h 以上甚至几天内无变化。一般在 pH $5\sim6$ 时显色，放置 0.5h 后即可测定。

（2）试剂和试样

① Fe_2O_3(GR)、HCl(1+1)、$NH_3\cdot H_2O$(1+1)、H_2SO_4(1+1)、HF、HNO_3（相对密度 1.42）。

② 邻菲啰啉溶液（$10g\cdot L^{-1}$）：将 1g 邻菲啰啉溶于 100mL 乙酸（1+1）中，现用现配。

③ 对硝基苯酚指示剂溶液 $[0.5g\cdot(100mL)^{-1}]$：将 0.5g 对硝基苯酚用 95% 乙醇溶解

至 100mL。

④ 盐酸羟胺溶液（100g·L^{-1}）：将 10g 盐酸羟胺用水溶解后稀释至 100mL，现用现配。

⑤ 酒石酸溶液（100g·L^{-1}）：将 10g 酒石酸溶于 100mL 水中。

（3）仪器与设备

① 常规分析实训仪器。

② 72 型、721 或其他型号分光光度计一台。

（4）任务实施步骤

① Fe$_2$O$_3$ 标准溶液的配制　称取 0.1000g 已在 105～110℃烘干 2h 的 Fe$_2$O$_3$，精确至 0.0001g，置于 300mL 烧杯中，依次加入 20mL HCl（1+1）、2mL HNO$_3$，低温加热至微沸，溶解后冷却至室温，转入 1000mL 容量瓶中，用水稀释至标线摇匀。此标准溶液含 Fe$_2$O$_3$ 0.1mg·mL^{-1}。

0.02mg·mL^{-1} Fe$_2$O$_3$ 标准溶液的制备：吸取 100mL 上述 Fe$_2$O$_3$（0.1mg·mL^{-1}）标准溶液，放入 500mL 容量瓶中，用水稀释至标线摇匀。

② 工作曲线的绘制　吸取 0.02mg·mL^{-1} Fe$_2$O$_3$ 标准溶液 0、1.0mL、3.0mL、5.0mL、7.0mL、9.0mL、11.0mL，分别放入一组 100mL 容量瓶中，用水稀释至 40～50mL，加入 4mL 酒石酸溶液、1～2 滴对硝基苯酚指示剂溶液，滴加 NH$_3$·H$_2$O（1+1）至溶液呈黄色，随即滴加 HCl（1+1）至溶液刚无色，此时溶液 pH 接近 5，加 2mL 盐酸羟胺溶液、10mL 邻菲啰啉溶液，用水稀释至标线摇匀。放置 20min 后，在分光光度计上，用 1cm 比色皿，以试剂空白为参比溶液，在 510nm 处测定溶液的吸光度。绘制工作曲线（A-c 曲线）。

③ 试验溶液的制备　称取 0.5g 试样，精确至 0.0001g，置于铂皿中，用少量水润湿，加 1mL H$_2$SO$_4$（1+1）和 7～10mL HF，于低温电炉上蒸发至冒 SO$_3$ 白烟，重复处理一次，逐渐升高温度，直至 SO$_3$ 白烟冒尽，冷却，加 10mL HCl（1+1）及适量水，加热浸出残渣并转移到烧杯中，加热使其溶解，冷却后移入 250mL 容量瓶中，用水稀释至标准，摇匀。此即为试验溶液。

④ 试样测定　吸取 25.00mL 试验溶液于 100mL 容量瓶中，用水稀释至 40～50mL，加入 4mL 酒石酸溶液、1～2 滴对硝基苯酚指示剂溶液，滴加 NH$_3$·H$_2$O（1+1）至溶液呈黄色，随即滴加 HCl（1+1）至溶液刚无色，此时溶液 pH 接近 5，加 2mL 盐酸羟胺溶液、10mL 邻菲啰啉溶液，用水稀释至标准线摇匀。放置 20min 后，在分光光度计上，用 1cm 比色皿，以试剂空白为参比溶液，在 510nm 处测定溶液的吸光度。根据测定的吸光度，在工作曲线上查得试样中 Fe$_2$O$_3$ 的含量。

（5）分析结果计算　Fe$_2$O$_3$ 的质量分数按式（10-4）计算：

$$w(\text{Fe}_2\text{O}_3) = \frac{c \times 10}{m \times 1000} \times 100 \qquad (10\text{-}4)$$

式中　$w(\text{Fe}_2\text{O}_3)$——Fe$_2$O$_3$ 的质量分数，%；

c——在工作曲线上查得的 Fe$_2$O$_3$ 的含量，mg；

m——试样的质量，g。

4. Al$_2$O$_3$ 的测定方法

（1）方法提要　在 pH 3～3.5 的条件下，加入过量的 EDTA，使其与 Al^{3+} 配位，在 pH 5.5～5.8 的条件下，以二甲酚橙（XO）为指示剂，用锌盐回滴剩余的 EDTA。反应式为：

$$Al^{3+}+H_2Y^{2-}（过量）\longrightarrow AlY^-+2H^+$$
$$Zn^{2+}+H_2Y^{2-}（过量）\longrightarrow ZnY^{2-}+2H^+$$
$$Zn+XO\longrightarrow Zn\text{-}XO$$

（2）试剂与试样

① H_2SO_4（1+1）、HCl（1+1）、$NH_3 \cdot H_2O$（1+1）、HF、冰醋酸、二甲酚橙（XO）指示剂（$2g \cdot L^{-1}$）。

② KOH 溶液（$200g \cdot L^{-1}$）：将 20g KOH 溶于适量水中，在稀释至 100mL，贮存于塑瓶中。

③ 六亚甲基四胺-盐酸缓冲溶液（pH 5.5）：将 200g 六亚甲基四胺溶于水，加 40mL HCl，用水稀释到 1L，摇匀。

④ $0.01mol \cdot L^{-1}$EDTA 标准滴定溶液：称取 3.7g EDTA 二钠于烧杯中，加入 200mL 水，加热溶解，用水稀释至 1L。

⑤ $0.01mol \cdot L^{-1}$乙酸锌标准滴定溶液：称取 2.1g 乙酸锌于烧杯中，加入少量水及 2mL 乙酸溶液，用水稀释至 1L。

（3）任务实施步骤

① 乙酸锌标准滴定溶液与 EDTA 标准滴定溶液体积比的测定　吸取 10.00mL $0.01mol \cdot L^{-1}$ EDTA 标准滴定溶液于 300mL 烧杯中，加约 150mL 水，加 5mL 六亚甲基四胺-盐酸缓冲溶液（此时溶液 pH 应为 5.5～5.8）和 3～4 滴二甲酚橙（XO）指示剂，用 $0.01mol \cdot L^{-1}$乙酸锌标准滴定溶液滴定至溶液由黄色变为红色。

乙酸锌标准滴定溶液与 EDTA 标准滴定溶液体积比按式（10-5）计算：

$$K=\frac{10}{V} \tag{10-5}$$

式中　V——滴定时消耗乙酸锌标准滴定溶液的体积，mL。

② Al_2O_3 含量的测定　称取约 0.5g 试样，精确至 0.0001g，置于铂皿中，用少量水润湿，加 1mL H_2SO_4（1+1）和 7～10mL HF 于低温电炉上蒸发至冒 SO_3 白烟，重复处理一次，逐渐升高温度，至 SO_3 白烟冒尽。冷却，加 10mL HCl（1+1）及适量水，加热溶解。冷却后，移入 250mL 容量瓶中，用水稀释至标线，摇匀。

吸取 25.00mL 上述试样溶液于 300mL 烧杯中，用滴定管准确加入 10.00mL $0.01mol \cdot L^{-1}$的 EDTA 标准滴定溶液，以 $NH_3 \cdot H_2O$（1+1）调节溶液 pH 至 3～3.5，加热煮沸 2～3min，冷却至室温。用水稀释至 200mL 左右，加 5mL 六亚甲基四胺-盐酸缓冲溶液（此时溶液 pH 应为 5.5～5.8）和 3～4 滴二甲酚橙（XO）指示剂，用 0.01mol/L 乙酸锌标准滴定溶液滴定至溶液由黄色变为红色。

（4）分析结果计算　Al_2O_3 的质量分数按式（10-6）计算：

$$w(Al_2O_3)=\frac{T_{Al_2O_3}(V-KV_1)\times \frac{250}{25}}{m\times 1000}\times 100-0.6380w(TiO_2)-0.6384w(Fe_2O_3) \tag{10-6}$$

式中　$w(Al_2O_3),w(TiO_2),w(Fe_2O_3)$——$Al_2O_3$、$TiO_2$、$Fe_2O_3$ 的质量分数，%；

$T_{Al_2O_3}$——每毫升 EDTA 标准滴定溶液相当于 Al_2O_3 的质量，$mg \cdot mL^{-1}$；

V——加入 EDTA 标准滴定溶液的体积，mL；

V_1——滴定时消耗的乙酸锌标准滴定溶液体积，mL；

K——EDTA 标准滴定溶液与乙酸锌标准滴定溶液的体

积比；

    0.6380——TiO_2 与 Al_2O_3 的换算因子；

    0.6384——Fe_2O_3 与 Al_2O_3 的换算因子；

    m——试样的质量，g。

5. K_2O、Na_2O 的测定

（1）试剂与仪器

① 试剂：HF、HCl（1+1）、KCl（GR）、H_2SO_4（1+1）、NaCl（GR）。

② 仪器：6400 型火焰光度计。

（2）K_2O、Na_2O 混合标准溶液的配制

① K_2O 标准溶液　称取 1.5830g 已于 105～110℃ 烘过 2h 的 KCl（GR），精确至 0.0001g，置于烧杯中，加水溶解后，移入 1000mL 容量瓶中，用水稀释至标线、摇匀。贮存于塑料瓶中，此标准溶液含 K_2O 1mg·mL^{-1}。

② Na_2O 标准溶液的配制：称取 9.4290g 已于 105～110℃ 烘过 2h 的 NaCl（GR），精确至 0.0001g，置于烧杯中，加水溶解后，移入 1000mL 容量瓶中，用水稀释至标线、摇匀。贮存于塑料瓶中，此标准溶液含 Na_2O 5mg·mL^{-1}。

③ K_2O 和 Na_2O 混合标准溶液　分别吸取 10.00mL K_2O 标准溶液和 20.00mL Na_2O 标准溶液，于 100mL 容量瓶中，用水稀释至标线，摇匀。贮存于塑料瓶中，此标准溶液每毫升相当于 0.1mg K_2O 和 1mg Na_2O。

（3）工作曲线的绘制　吸取上述 K_2O（0.1mg·mL^{-1}）和 Na_2O（1mg·mL^{-1}）混合标准溶液 0、2.0mL、3.0mL、4.0mL、5.0mL、6.0mL、7.0mL 分别放入一组 100mL 容量瓶中，加入 2mL HCl（1+1），用水稀释至标线，摇匀。使用火焰光度计进行测定，用测得的读数为纵坐标，以相应的 K_2O、Na_2O 的含量为横坐标，绘制工作曲线。

（4）任务实施步骤　称取 0.1g 试样，精确至 0.0001g，置于铂皿中，用少量水润湿，加 4～5 滴 H_2SO_4（1+1）及 7～10mL HF，于低温电热板上蒸发。近干时摇动铂皿，以防溅失，待 HF 驱尽后升高温度，继续将 SO_3 白烟赶尽。取下放冷，加入 30mL 水及 5mL HCl（1+1），压碎残渣使其溶解，置于电热板上加热 20～30min。冷却至室温，移至 250mL 容量瓶中，用水稀释至标线，摇匀。此溶液 A 供测定 K_2O 之用。

吸取 50.00mL 上述实训溶液 A 于 100mL 容量瓶中，加 1mL HCl（1+1），用水稀释至标线，摇匀。此溶液 B 供测定 Na_2O 之用。

（5）分析结果计算　在火焰光度计上进行测定。在工作曲线上分别查出 K_2O、Na_2O 的含量。

K_2O、Na_2O 的质量分数分别按式（10-7）、式（10-8）计算：

$$w（K_2O）=\frac{c（K_2O）\times 250}{m\times 1000}\times 100 \tag{10-7}$$

$$w（Na_2O）=\frac{c（Na_2O）\times 250\times 2}{m\times 1000}\times 100 \tag{10-8}$$

式中 $w（K_2O）$——K_2O 的质量分数，%；

    $w（Na_2O）$——Na_2O 的质量分数，%；

$c（K_2O）$，$c（Na_2O）$——在工作曲线上查得的 K_2O、Na_2O 的浓度，mg·mL^{-1}；

    m——试样的质量，g。

6. CaO 和 MgO 的测定

CaO 与 MgO 的测定与实训模块二配位滴定法测定 CaO、MgO 含量的方法相同，注意此分析中吸取试样溶液的体积为 50mL，不加入 KF。

（二）硅砂分析

烧失量的测定同砂岩和石英砂的分析方法。

1. SiO₂ 的测定

称取 0.08g 试样，精确至 0.0001g，置于镍坩埚中，加 2g KOH，于电炉上先以低温熔融，经常摇动坩埚。然后，在 600～650℃继续熔融 15～20min。旋转坩埚，使熔融物均匀地附着在坩埚内壁。冷却，用热水浸取熔融物于 300mL 塑料烧杯中，用热水和 HCl（1＋5）冲洗坩埚和盖。然后加入 15mL 硝酸，搅拌，冷却至室温。加入固体 KCl，仔细搅拌至饱和并有少量 KCl 析出，再加 2g KCl 及 10mL KF 溶液，仔细搅拌（如 KCl 析出量不够，应再补充加水），放置 15～20min。用中速滤纸过滤，用 KCl 溶液（50g·L⁻¹）洗涤塑料烧杯及沉淀 3 次。

将滤纸连同沉淀取下，置于原塑料烧杯中，沿杯壁加入 10mL 30℃以下 KCl-乙醇溶液（50g·L⁻¹）及 1mL 酚酞指示剂，用 0.15mol·L⁻¹ NaOH 标准滴定溶液中和未洗净的残余酸，仔细搅动滤纸并随之擦洗杯壁直至溶液呈微红色，向杯中加入 200～250mL 已用 NaOH 溶液中和至酚酞指示剂呈微红色的沸水，用 0.15mol·L⁻¹ NaOH 标准滴定溶液滴定至呈微红色。记录消耗 NaOH 标准滴定溶液体积 V。

SiO₂ 的质量分数按式（10-9）计算：

$$w\,(\mathrm{SiO_2})=\frac{T_{\mathrm{SiO_2}}V}{m\times1000}\times100 \tag{10-9}$$

式中　$w_{\mathrm{SiO_2}}$——SiO₂ 的质量分数，%；

　　　$T_{\mathrm{SiO_2}}$——每毫升 NaOH 标准滴定溶液相当于 SiO₂ 的质量，mg·mL⁻¹；

　　　V——滴定时消耗 NaOH 标准滴定溶液的体积，mL；

　　　m——试样的质量，g。

2. Fe₂O₃ 的测定

采用邻菲啰啉比色法与砂岩和石英砂分析中 Fe₂O₃ 的测定方法相同。

另外 Al₂O₃ 的测定与砂岩和石英砂分析中 Al₂O₃ 的测定方法相同；CaO 与 MgO 的测定与实训模块二配位滴定法测定 CaO、MgO 含量的方法相同，注意此分析中吸取试样溶液的体积为 50mL，不加入 KF；K₂O、Na₂O 的测定与砂岩和石英砂分析中 K₂O、Na₂O 的测定方法相同。

综合实训 5　设计工业原料或废渣的系统分析

一、任务目的

① 培养学生在矿石矿物分析中解决实际问题的能力，并通过实践加深对理论课程的理解，掌握分析技巧。

② 培养学生查阅参考资料的能力。

二、基本内容和要求

由老师指定或学生自选一种工业原料或工业废渣的全分析为课题，在充分调研和分析参考资料的基础上，提出系统分析方案，经教师审阅后写出详细的实训实施方案，并通过实训完成系统分析，写出实训报告。

系统分析方案提纲只要求写出完成系统分析所包括的项目及对这些项目进行系统分析的思路提纲。要求文字简练，为提纲式，但一个题目应有两个以上不同系统的方案。

实训实施方案是在老师审定提纲后确定的系统分析方案，写出具体实训实施方案。实施方案内容包括：

① 任务题目；

② 方法提要；

③ 所需仪器和试剂，以及试剂名称、规格数量和配制方法；

④ 任务实施步骤；

⑤ 分析结果计算；

⑥ 注意事项。

进行系统分析实训，要求按自行设计的实训方案独自完成系统分析实训（要求从仪器试剂选用、配制样品及有关试剂到样品分析均自行独立完成）。

实训完成后要进行总结，并撰写实训报告。实训报告的内容包括：系统分析方案简述、实训结果、本方案与常规现行方案的比较（系统的科学性、最优化比较）、讨论（操作关键、存在问题及改进意见）。

附　　录

石油产品分析技术测定项目记录表

一、石油及石油产品密度测定记录表

<table>
<tr><td colspan="6" align="center">石油及石油产品密度测定记录</td></tr>
<tr><td>试样名称</td><td></td><td></td><td>采样地点</td><td colspan="2"></td></tr>
<tr><td>采样时间</td><td colspan="2" align="center">年　月　日</td><td>分析时间</td><td colspan="2" align="center">年　　月　　日</td></tr>
<tr><td>密度计号</td><td></td><td>校正值/kg・m^{-3}</td><td></td><td colspan="2"></td></tr>
<tr><td>温度计号</td><td></td><td>实测温度</td><td></td><td>补正后温度</td><td></td></tr>
<tr><td>（1）视值</td><td></td><td>校正后值</td><td></td><td>标准值</td><td></td></tr>
<tr><td>（2）视值</td><td></td><td>校正后值</td><td></td><td>标准值</td><td></td></tr>
<tr><td>平均结果/kg・m^{-3}</td><td colspan="5"></td></tr>
</table>

二、运动黏度记录表

<table>
<tr><td>试样名称</td><td></td><td></td><td>取样地点</td><td></td><td></td></tr>
<tr><td>分析时间</td><td colspan="2" align="center">年　月　日　时</td><td>试验温度</td><td></td><td align="right">℃</td></tr>
<tr><td>黏度计号</td><td colspan="2"></td><td colspan="2">规定温度 T_1</td><td></td></tr>
<tr><td>黏度计规格</td><td colspan="2"></td><td colspan="2">空气温度 T_2</td><td></td></tr>
<tr><td>黏度计常数 C</td><td colspan="2"></td><td colspan="2">k</td><td></td></tr>
<tr><td rowspan="3">流
动
时</td><td>第 1 次/s</td><td></td><td colspan="2">h</td><td></td></tr>
<tr><td>第 2 次/s</td><td></td><td colspan="2">Δt</td><td></td></tr>
<tr><td>间</td><td>第 3 次/s</td><td></td><td colspan="2"></td><td></td></tr>
<tr><td>平均流动时间 t/s</td><td colspan="2"></td><td colspan="2">T</td><td></td></tr>
<tr><td>测定结果/mm^2・s^{-1}</td><td colspan="2"></td><td colspan="3"></td></tr>
<tr><td>平均结果/mm^2・s^{-1}</td><td colspan="2"></td><td colspan="3"></td></tr>
</table>

计算：　　　　$v_{t_1} = Ct_1 =$　　　　　　　　　　mm^2・s^{-1}

　　　　　　　$v_{t_1} = Ct_2 =$　　　　　　　　　　mm^2・s^{-1}

注：$\Delta t = kh(T_2 - T_1)$，水银温度计 $k = 0.00016$，酒精温度计 $k = 0.001$。

三、石油产品闭口闪点记录表

试样名称					采样地点				
采样日期	年　月　日				分析时间	年　月　日			
大气压/kPa					校正值/℃				
温度计号			校正值/℃		温度计号			校正值/℃	
上升温度/℃	时	分	℃		时		分		℃
视测值/℃									
校正后结果/℃									
平均值/℃									

四、石油产品蒸馏测定记录表

样品名称			采样地点			大气压力/kPa			
采样时间	年　月　日			分析时间			年　月　日		
温度计号 温度/℃ 馏程	视值(1)	温度计补正值	视值(2)	温度计补正值	大气压补正值/℃	修正值 t_1/℃	修正值 t_2/℃	蒸发温度 T_1/℃	蒸发温度 T_2/℃	平均值/℃
初馏点										
5%										
10%										
40%										
50%										
85%										
90%										
95%(110℃)										
98%(120℃)										
终馏点										
残留量(体积分数)%										
残损量体积分数/%										
最大回收体积分数/%										

计算公式： $$T = T_L + (T_H - T_L)(R - R_L)/(R_H - R_L)$$

式中　T——蒸发温度,℃;

T_L——在 R_L 时记录的温度计读数,℃;

T_H——在 R_H 时记录的温度计读数,℃;

R——回收百分数,%,R=观测值－损失值;

R_H——邻近并高于 R 的回收百分数,%;

R_L——邻近并低于 R 的回收百分数,%。

五、石油产品凝固点测定记录表

样名称			采样地点		
采样日期		年 月 日	分析时间		年 月 日
温度计号	冷剂温度/℃	观察温度/℃	校正温度/℃		校正后温度/℃

结　果＿＿＿＿＿＿＿℃

六、石油产品硫含量测定记录表

试样名称		采样地点	
采样日期		分析时间	
标样浓度/mg·kg^{-1}		标样实测浓度/mg·kg^{-1}	
样品密度/kg·m^{-3}			
编号	I		II
硫含量/mg·kg^{-1}			
平均硫含量/mg·kg^{-1}			

七、石油产品酸度（酸值）测定记录表

试样名称			采样地点		
采样时间			分析时间		
标准溶液名称	氢氧化钾乙醇	标准溶液浓度 c/mol·L^{-1}		移液管号	
滴定管号		室温/℃		室温补正值	mL·L^{-1}
编　　号			I		II
试样量 V_0(mL)或 m(g)					
校正后试样量 V_0/mL					
消耗标准溶液体积 V/mL					
仪器校正和温度校正					
校正后消耗标准溶液体积 V'(20℃)/mL					
酸度 Xmg KOH·(100mL)$^{-1}$ 酸值/mg KOH·g^{-1}					
平均结果： 酸度/mg KOH·(100mL)$^{-1}$ 酸值/mg KOH·g^{-1}					

计算：
$$V_{20} = \frac{校正值}{1000} \times V_{实测}$$

酸度 X[mg KOH·(100mL)$^{-1}$]

$$X = \frac{cV'_{20} \times 56.1}{V_0} \times 100$$

酸值 X(mg KOH·g^{-1})

$$X = \frac{cV'_{20} \times 56.1}{m} \times 100$$

八、石油产品水溶性酸碱测定记录表

试样名称		采样地点	
采样日期	年 月 日	分析日期	日 时

判定结果：＿＿＿＿＿＿＿＿＿

九、石油及石油产品水分测定记录表

试样名称		采样地点	
采样日期	年 月 日	分析时间	年 月 日

编　号		
试样 m/g		
水分 V/mL		
水分 X/％		
平均结果/％		

计算公式为：

$$X = \frac{V}{m} \times 100\%$$

实验记录填写：

$X_1 = $＿＿＿＿＿＿＿＿＿＿＿＿$\times 100\% = $

$X_2 = $＿＿＿＿＿＿＿＿＿＿＿＿$\times 100\% = $

附录 2

《工业分析实训》 项目任务单

《工业分析实训》项目任务单

项目名称		训练班级	
任务名称			
训练目的			
参考资料			
姓名		项目组成员	

<table>
<tr><td colspan="2" align="center">任务单具体内容</td></tr>
<tr><td>完成任务过程</td><td align="center">内容</td></tr>
<tr><td></td><td></td></tr>
</table>

理论支撑	
结论 （收获）	
得分	

2013 年全国工业分析工技能大赛题选

工业分析实训

一、单选题

1. GB/T 6583－92 中 6583 是指 （A）。

A. 顺序号　　　　　　B. 制定年号　　　　　C. 发布年号　　　　　D. 有效期

2. 根据中华人民共和国标准化法规定，我国标准分为 （D） 两类。

A. 国家标准和行业标准　　　　　　B. 国家标准和企业标准

C. 国家标准和地方标准　　　　　　D. 强制性标准和推荐性标准

3. 在国家行业标准的代号与编号 GB/T 18883—2002 中，GB/T 是指 （B）。

A. 强制性国家标准　　　　　　B. 推荐性国家标准

C. 推荐性化工部标准　　　　　　D. 强制性化工部标准

4. 进行有危险性的工作，应 （C）。

A. 穿戴工作服　　　B. 戴手套　　　　　　C. 有第二者陪伴　　　D. 自己独立完成

5. 分光光度法测定微量铁试验中，缓冲溶液是采用 （A） 配制。

A. 乙酸-乙酸钠　　　　　　B. 氨-氯化铵

C. 碳酸钠-碳酸氢钠　　　　　　D. 磷酸钠-盐酸

6. 下列为卡尔·费休试剂所用的试剂是 （C）。

A. 碘、三氧化硫、吡啶、甲醇　　　　　　B. 碘、三氧化硫、吡啶、乙二醇

C. 碘、二氧化硫、吡啶、甲醇　　　　　　D. 碘化钾、二氧化硫、吡啶、甲醇

7. pH 标准缓冲溶液应贮存于 （B） 中密封保存。

A. 玻璃瓶　　　　　　B. 塑料瓶　　　　　C. 烧杯　　　　　　D. 容量瓶

8. 目视比色法中，常用的标准系列法是比较 （D）。

A. 入射光的强度　　　　　　B. 吸收光的强度

C. 透过光的强度　　　　　　D. 溶液颜色的深浅

9. 常用光度计分光的重要器件是 （A）。

A. 棱镜（或光栅）＋狭缝　　　　　　B. 棱镜

C. 反射镜　　　　　　D. 准直透镜

10. 可见分光光度计适用的波长范围为 （C）。

A. 小于 400nm　　　B. 大于 800nm　　　C. 400～800nm　　　D. 小于 200nm

11. 可见-紫外分光光度法的适合检测波长范围是 （C）。

A. 400～760nm　　　B. 200～400nm　　　C. 200～760nm　　　D. 200～1000nm

12. 国际上对"绿色"的理解包括 （A） 三个方面。

A. 生命、节能、环保　　　　　　B. 人口、土地、经济

C. 森林、河流、湖泊　　　　　　D. 工业、农业、服务业

13. 可持续发展的重要标志是资源的永续利用和（A）。

A. 良好的生态环境　　B. 大量的资金投入　　　C. 先进的技术支持　　　　D. 高科技的研究

14. 启动气相色谱仪时，若使用热导池检测器，有如下操作步步骤：1—开载气；2—汽化室升温；3—检测室升温；4—色谱柱升温；5—开桥电流；6—开记录仪，下面哪个操作次序是绝对不允许的（A）。

A. 2—3—4—5—6—1

B. 1—2—3—4—5—6

C. 1—2—3—4—6—5

D. 1—3—2—4—6—5

15. 在高效液相色谱流程中，试样混合物在（C）中被分离。

A. 检测器　　　　　B. 记录器　　　　　C. 色谱柱　　　　　D. 进样

16. 德瓦达合金还原法只适用于（B）测定。

A. 氨态氮　　　　　B. 硝态氮　　　　　C. 有机态氮　　　　　D. 过磷酸钙

17. 杜马法测定氮时，试样在装有氧化铜和还原铜的燃烧管中燃烧分解，有机含氮化合物中的氮转变为（A）。

A. 氮气　　　　　B. 一氧化氮　　　　　C. 氧化二氮　　　　　D. 氨气

18. 凯达尔定氮法的关键步骤是消化，为加速分解过程，缩短消化时间，常加入适量的（C）。

A. 无水碳酸钠　　　　B. 无水碳酸钾　　　　C. 无水硫酸钾　　　　D. 草酸钾

19. 高碘酸氧化法测甘油含量时，n（甘油）与 n（硫代硫酸钠）之间的化学计量关系为（C）。

A. n（甘油）＝(1/2)n（硫代硫酸钠）

B. n（甘油）＝(1/3)n（硫代硫酸钠）

C. n（甘油）＝(1/4)n（硫代硫酸钠）

D. n（甘油）＝n（硫代硫酸钠）

20. 工业燃烧设备中所获得的最大理论热值是（C）。

A. 弹筒发热量　　　　B. 高位发热量　　　　C. 低位发热量　　　　D. 三者一样

21. 以下测定项目不属于煤样的半工业组成的是（B）。

A. 水分　　　　　B. 总硫　　　　　C. 固定碳　　　　　D. 挥发分

22. 用艾氏卡法测煤中全硫含量时，艾氏卡试剂的组成为（B）。

A. $MgO＋Na_2CO_3$（1＋2）

B. $MgO＋Na_2CO_3$（2＋1）

C. $MgO＋Na_2CO_3$（3＋1）

D. $MgO＋Na_2CO_3$（1＋3）

23. 煤的元素分析不包括（D）。

A. 碳　　　　　B. 氢　　　　　C. 氧　　　　　D. 磷

24. 不属于钢铁中五元素的是（B）。

A. 硫　　　　　B. 铁　　　　　C 锰　　　　　D. 磷

25. 二安替比林甲烷光度法测定硅酸盐中二氧化钛含量时，生成的产物颜色为（C）。

A. 红色　　　　　B. 绿色　　　　　C. 黄色　　　　　D. 蓝色

26. 氟硅酸钾容量法测定硅酸盐中二氧化硅含量时，滴定终点时溶液温度不宜低于（C）。

A. 50℃　　　　　B. 60℃　　　　　C. 70℃　　　　　D. 80℃

27. 对工业气体进行分析时，一般测量气体的（B）。

A. 质量　　　　　B. 体积　　　　　C. 物理性质　　　　　D. 化学性质

28. 含 CO 与 N_2 的样气 10mL，在标准状态下加入过量氧气使 CO 完全燃烧后，气体体积减少了 2mL，则样气中有 CO（B）。

    A. 2mL   B. 4mL   C. 6mL   D. 8mL

29. 气体吸收法测定 CO_2、O_2、CO 含量时，吸收顺序为（B）。

    A. CO、CO_2、O_2 B. CO_2、O_2、CO

    C. CO_2、CO、O_2 D. CO、O_2、CO_2

30. 挥发性较强的石油产品比挥发性低的石油产品闪点（B）。

    A. 高   B. 低   C. 一样   D. 无法判断

31. 在油品闪点的测定中，测轻质油的闪点时应采用（B）方法。

    A. 开口杯法   B. 闭口杯法   C. 两种方法均可   D. 都不行

32. 对氮肥中氨态氮的测定，不包括哪种方法（D）。

    A. 甲醛法   B. 蒸馏后滴定   C. 酸量法   D. 尿素酶法

33. 下列哪个农药属于有机氯农药（C）。

    A. 代森锌   B. 三唑酮   C. 滴滴涕   D. 三乙膦酸铝

34. 工业用水中酚酞碱度的测定是以（C）为指示剂的。

    A. 甲基橙   B. 甲基红   C. 酚酞   D. 百里酚酞

35. 闭口杯闪点测定仪的杯内所盛的试油量太多，测得的结果比正常值（A）。

    A. 低   B. 高

    C. 相同   D. 有可能高也有可能低

36. 有 H_2 和 N_2 的混合气体 50mL，加空气燃烧后，体积减小 15mL，则 H_2 在混合气体中的体积分数为（B）。

    A. 30%   B. 20%   C. 10%   D. 45%

37. 实验室用酸度计结构一般由（A）组成。

    A. 电极系统和高阻抗毫伏计   B. pH 玻璃电和饱和甘汞电极

    C. 显示器和高阻抗毫伏计   D. 显示器和电极系统

38. 实验室三级水对电导率的要求是（A）。

    A. $\leqslant 0.50\mu S \cdot cm^{-1}$ B. $\leqslant 0.10\mu S \cdot cm^{-1}$

    C. $\leqslant 0.01\mu S \cdot cm^{-1}$ D. $\leqslant 0.20\mu S \cdot cm^{-1}$

39. 紫外可见分光光度计是根据被测量物质分子对紫外可见波段范围的单色辐射的（B）来进行物质的定性的。

    A. 散射   B. 吸收   C. 反射   D. 受激辐射

40. 气相色谱仪的气源纯度很高，一般都需要（A）处理。

    A. 净化   B. 过滤   C. 脱色   D. 再生

二、多选题

1. 化学检验工的职业守则包括（ABCD）。

    A. 认真负责，实事求是，坚持原则，一丝不苟地依据标准进行检验和判定

    B. 努力学习，不断提高基础理论水平和操作技能

    C. 遵纪守法，不谋私利，不徇私情

    D. 爱岗敬业，工作热情主动

2. 下列（ABCD）属于化学检验工职业守则内容。

    A. 爱岗敬业   B. 认真负责

C. 努力学习   D. 遵守操作规程

3. 化学检验室质量控制的内容包括（ABCD）。

A. 试剂和环境的控制

B. 样品的采取、制备、保管及处理控制

C. 标准操作程序、专门的实验记录

D. 分析数据的处理

4. 下面所述内容属于化学检验工职业道德的社会作用的（ABCD）。

A. 试剂和环境的控制

B. 样品的采取、制备、保管及处理控制

C. 标准操作程序、专门的实验记录

D. 分析数据的处理

5. 为保证检验人员的技术素质，可从（ABCD）。

A. 学历   B. 技术职务

C. 技能等级   D. 实施检验人员培训

6. 技术标准按产生作用的范围可分为（ABCD）。

A. 行业标准   B. 国家标准   C. 地方标准   D. 企业标准

7. 下面给的各种标准的代号，属于国家标准的是（BC）。

A. "HG/T"   B. "GB"   C. "GB/T"   D. "DB/T"

8. 标准物质的主要用途有（ABCD）。

A. 容量分析标准溶液的定值   B. pH 计的定位；

C. 色谱分析的定性和定量   D. 有机物元素分析

9. 为提高滴定分析的准确度，对标准溶液必须做到（ABC）。

A. 正确地配制

B. 准确地标定

C. 对有些标准溶液必须当天配、当天标、当天用

D. 所有标准溶液必须计算至小数点后第四位

10. 下列分析方法遵循朗伯-比尔定律（AC）。

A. 原子吸收光谱法   B. 原子发射光谱法

C. 紫外-可见光分光光度法   D. 气相色谱法

11. 按污染物的特性划分的污染类型包括以下的（BCD）。

A. 大气污染   B. 放射污染   C. 生物污染危害   D. 化学污染危害

12. 当今全球性环境问题的主要包括（ABCD）。

A. 温室效应   B. 酸雨

C. 能源问题   D. 荒漠化和生物多样性

13. 下列属于水体化学性污染的有（BC）。

A. 热污染   B. 酸碱污染   C. 有机有毒污染   D. 悬浮物污染

14. 气相色谱法制备性能良好的填充柱，须遵循的原则（ABCD）。

A. 尽可能筛选粒度分布均匀载体和固定相填料

B. 保证固定液在载体表面涂渍均匀

C. 保证固定相填料在色谱柱内填充均匀

D. 避免担体颗粒破碎和固定液的氧化作用等

15. 气相色谱填充柱老化是为了（CD）。

A. 使固定相填充得更加均匀紧密

B. 使载体颗粒强度提高，不容易破碎

C. 进一步除去残余溶剂和低沸点杂质

D. 使固定液在载体表面涂得更加均匀牢固

16. 常用的火焰原子化器的结构包括（ABC）。

A. 燃烧器　　　　　B. 预混合室　　　　　C. 雾化器　　　　　D. 石墨管

17. 下列光源不能作为原子吸收分光光度计的光源（ABC）。

A. 钨灯　　　　　　B. 氖灯　　　　　　C. 直流电弧　　　　D. 空心阴极灯

18. 红外分光光度计的检测器主要有（ABCD）。

A. 高真空热电偶　　B. 测热辐射计　　　C. 气体检测器　　　D. 光电检测器

19. 韦氏法测定油脂碘值时加成反应的条件是（ABCD）。

A. 避光　　　　　　B. 密闭　　　　　　C. 仪器干燥　　　　D. 加催化剂

20. 凯氏定氮法测定有机氮含量全过程包括（ABCD）等步骤。

A. 消化　　　　　　B. 碱化蒸馏　　　　C. 吸收　　　　　　D. 滴定

21. 费休试剂是测定微量水的标准溶液，它的组成有（ABD）。

A. SO_2 和 I_2　　　　B. 吡啶　　　　　　C. 丙酮　　　　　　D. 甲醇

22. 煤的元素分析包括（ABCD）。

A. 碳　　　　　　　B. 氢　　　　　　　C. 氧　　　　　　　D. 硫

23. 以下测定项目属于煤样的半工业组成的是（ACD）。

A. 水分　　　　　　B. 总硫　　　　　　C. 固定碳　　　　　D. 挥发分

24. 常见的天然硅酸盐有（BC）。

A. 玻璃　　　　　　B. 黏土　　　　　　C. 长石　　　　　　D. 水泥

25. 用非水滴定法测定钢铁中碳含量时，吸收液兼滴定液的组成为（BC）。

A. 氢氧化钠　　　　B. 氢氧化钾　　　　C. 乙醇　　　　　　D. 氨水

26. 对半水煤气的分析结果有影响的是（ABD）。

A. 半水煤气含量的变化　　　　　　　　　B. 半水煤气采样

C. 环境湿度或气候的改变　　　　　　　　D. 环境温度改变

27. 气体分析仪器通常包括（ABCD）。

A. 量气管　　　　　B. 吸收瓶　　　　　C. 水准瓶　　　　　D. 燃烧瓶

28. 气体化学吸收法包括（AB）。

A. 气体吸收体积法　　　　　　　　　　　B. 气体吸收滴定法

C. 气相色谱法瓶　　　　　　　　　　　　D. 电导法

29. 下列气体中可以用吸收法测定的有（CD）。

A. CH_4　　　　　　B. H_2　　　　　　C. O_2　　　　　　D. CO

30. 氮肥中氮的存在形式有（BCD）。

A. 游离态　　　　　B. 氨态　　　　　　C. 硝酸态　　　　　D. 有机态

31. 肥料三要素包括（AC）。

A. 氮　　　　　　　B. 氧　　　　　　　C. 磷　　　　　　　D. 碳

32. 我国的农药标准包括（ACD）。

A. 企业标准　　　　B. 地方标准　　　　C. 行业标准　　　　D. 国家标准

33. 下列哪个农药不属于有机氯农药（ABD）。

A. 代森锌　　　　B. 三唑酮　　　　C. 滴滴涕　　　　D. 三乙膦酸铝

34. 工业用水分析的项目通常包括（ABCD）。

A. 碱度　　　　B. 酸度　　　　C. pH　　　　D. 硬度

35. 水质指标按其性质可分为（ACD）。

A. 物理指标　　　B. 物理化学指标　　　C. 化学指标　　　D. 微生物学指标

36. 国家标准（SY 2206—76）规定，石油产品的密度用（AB）方法测定。

A. 密度计法　　　B. 比重瓶法　　　C. 韦氏天平法　　　D. 计算密度法

37. 下列气体中可以用吸收法测定的有（CD）。

A. CH_4　　　　B. H_2　　　　C. O_2　　　　D. CO

38. 一般化工生产分析包括（ABCD）。

A. 原材料方法　　B. 中间产品分析　　C. 产品分析　　D. 副产品分析

39. 物质中混有杂质时通常导致（BD）。

A. 熔点上升　　　B. 熔点下降　　　C. 熔距变窄　　　D. 熔距变宽

40. 开口杯和闭口杯闪点测定仪的区别是（AC）。

A. 仪器不同　　　　　　　　　　　B. 温度计不同

C. 加热和引火条件不同　　　　　　D. 坩埚不同

三、判断题

1. EDTA 滴定某金属离子有一允许的最高酸度（pH），溶液的 pH 再增大就不能准确滴定该金属离子了。（×）

2. 在测定水硬度的过程中、加入 NH_3-NH_4Cl 是为了保持溶液酸度基本不变。（√）

3. 红外与紫外分光光度计在基本构造上的差别是检测器不同。（×）

4. 原子吸收法是根据基态原子和激发态原子对特征波长吸收而建立起来的分析方法。（×）

5. 测溶液的 pH 时玻璃电极的电位与溶液的氢离子浓度成正比。（×）

6. 用酸度计测定水样 pH 时，读数不正常，原因之一可能是仪器未用 pH 标准缓冲溶液校准。（√）

7. 气相色谱分析中，混合物能否完全分离取决于色谱柱，分离后的组分能否准确检测出来，取决于检测器。（√）

8. 采用高锰酸银催化热解定量测定碳氢含量的方法为热分解法。（×）

9. 煤中挥发分的测定，加热时间应严格控制在 7min。（√）

10. 煤中水分的测定包括结晶水的含量。（×）

11. 硅酸盐经典分析系统基本上是建立在沉淀分离和重量法的基础上。（√）

12. 硅酸盐全分析的结果，要求各项的质量分数总和应在 $100\% \pm 5\%$ 范围内。（×）

13. 对于常压下的气体，只需放开取样点上的活塞，气体即可自动流入气体取样器中。（×）

14. 工业气体中 CO 的测定可采用燃烧法或吸收法。（√）

15. 测定浓硝酸含量时，可以用滴瓶称取试样。（×）

16. 在石油或石油产品的分析检验中，一般不做成分测定，而通常主要是根据有机化合物的某些物理性质，作为衡量石油产品质量的指标。（√）

17. 磷肥中水溶性磷用水抽取，有机磷不可用 EDTA 液抽取。（√）

18. 水的微生物学指标包括细菌总数、大肠杆菌群和游离性余氯。（√）

19. 水中溶解氧的含量随水的深度的增加而减少。（√）

20. 化工产品质量分析的目的只是测定主成分的含量。（×）

参 考 文 献

[1] GB/T 601—2002 化学试剂标准滴定溶液的制备.
[2] GB/T 1576—2008 工业锅炉水质.
[3] GB/T 5750—2006 生活饮用水标准检验方法.
[4] GB/T 12573—2008 水泥取样方法.
[5] GB/T 176—2008 水泥化学分析方法.
[6] GB 475—2008 商品煤样人工采取方法.
[7] GB/T 212—2008 煤的工业分析方法.
[8] GB/T 476—2008 煤中碳和氢的测定方法.
[9] GB/T 19227—2008 煤中氮的测定方法.
[10] GB/T 214—2007 煤中全硫的测定方法.
[11] GB/T 223.86—2009 钢铁及合金　总碳含量的测定　感应炉燃烧后红外吸收法.
[12] GB/T 223.85—2009 钢铁及合金　硫含量的测定　感应炉燃烧后红外吸收法.
[13] GB/T 223.83—2009 钢铁及合金　高硫含量的测定　感应炉燃烧后红外吸收法.
[14] GB/T 223.3—1988（2004）钢铁及合金化学分析方法　二安替比林甲烷磷钼酸重量法测定磷量.
[15] GB/T 223.63—1988（2004）钢铁及合金化学分析方法　高碘酸钠（钾）光度法测定锰量.
[16] GB/T 223.60—1997（2004）钢铁及合金化学分析方法　高氯酸脱水重量法测定硅含量.
[17] GB/T 2440—2001 尿素.
[18] GB/T 6679—2003 固体化工产品采样通则.
[19] GB/T 2441.1—2008 尿素的测定方法　第1部分：总氮含量.
[20] GB/T 2441.2—2010 尿素的测定方法　第2部分：缩二脲含量　分光光度法.
[21] GB/T 2441.3—2010 尿素的测定方法　第3部分：水分　卡尔·费休法.
[22] GB/T 2441.4—2010 尿素的测定方法　第4部分：铁含量　邻菲啰啉分光光度法.
[23] GB/T 2441.5—2010 尿素的测定方法　第5部分：碱度　容量法.
[24] GB/T 2441.6—2010 尿素的测定方法　第6部分：水不溶物含量　重量法.
[25] GB/T 2441.7—2010 尿素的测定方法　第7部分：粒度　筛分法.
[26] GB/T 2441.8—2010 尿素的测定方法　第8部分：硫酸盐含量　目视比浊法.
[27] GB/T 2441.9—2010 尿素的测定方法　第9部分：亚甲基二脲含量　分光光度法.
[28] GB/T 1600—2001（2004）农药水分测定方法.
[29] GB/T 1601—1993（2004）农药pH值的测定方法.
[30] GB/T 1602—2001（2004）农药熔点测定方法.
[31] GB/T 1603—2001（2004）农药乳液稳定性测定方法.
[32] GB/T 19138—2003（2004）农药丙酮不溶物测定方法.
[33] GB/T 6284—2006 化工产品中水分测定的通用方法　干燥减量法.
[34] GB/T 4756—1998 石油液体手工取样法.
[35] GB/T 6739—2006 色漆和清漆　铅笔法测定漆膜硬度.
[36] GB/T 1723—1993 涂料黏度测定法.
[37] GB 6753.1—2007 色漆、清漆和印刷油墨　研磨细度的测定.
[38] GB/T 1725—2007 色漆、清漆和塑料　不挥发物含量的测定.
[39] GB 6750—86 色漆和清漆密度的测定　比重瓶法.
[40] GB/T 1876—1995 磷矿石和磷精矿中二氧化碳含量的测定　气量法.
[41] GB/T 3864—1996 工业氮.
[42] GB/T 8984—2008 气体中一氧化碳、二氧化碳和碳氢化合物的测定　气相色谱法.
[43] 何晓文，许广胜. 工业分析技术. 北京：化学工业出版社，2012.
[44] 夏玉宇. 化验员实用手册. 北京：化学工业出版社，1999.
[45] 李云巧. 实验室溶液制备手册. 北京：化学工业出版社，2006.

参／考／文／献

235

[46] 刘珍.化验员读本（上册）化学分析.北京：化学工业出版社，2004.

[47] 王英健，张舵.工业分析（实训篇）.第2版.大连：大连理工大学出版社，2010.

[48] 王英健，张舵.工业分析（基础篇）.第2版.大连：大连理工大学出版社，2010.

[49] 高军林，王安群.化学分析实训.北京：化学工业出版社，2011.

[50] 纪明香.化学分析技术.天津：天津大学出版社，2009.

[51] 吴良彪.工业分析实训教程.北京：中国石化出版社，2012.

[52] 张燮，罗明标.工业分析化学.第2版.北京：化学工业出版社，2013.

[53] 张燮.工业分析化学实验.北京：化学工业出版社，2007.

[54] 陈建华.工业分析.北京：科学出版社，2011.

[55] 张小康，张正兢.工业分析.第2版.北京：化学工业出版社，2011.